高等职业教育农业部"十二五"规划教材

农产品质量检测技术

杜宗绪　主编

中国农业出版社
北　京

内 容 摘 要

本教材共分6个项目32个任务，主要包括检测程序、感官检验、物理检验、营养物质检测、添加剂检测和有毒有害成分检测。在内容编排上，完整和系统地介绍了原理、仪器、试剂、方法、计算及注意事项，同时对各检测成分的性质和作用做了简要介绍。教材层次清晰、内容安排合理、采纳新版国家检测标准，具有"实用、规范、新颖"的特点。

本教材可作为高等职业院校农产品质量检测专业教材，也可供相关专业及有关食品生产加工、质量管理人员参考。

编审人员名单

主　编　杜宗绪
副主编　郝瑞芳　刘小宁
编　者　（以姓名笔画为序）
　　　　刘小宁　杜宗绪　张雪松　张朝辉
　　　　郝瑞芳　焦兴弘　谢虎军
审　稿　李英强　刘新明

前　　言

本教材本着以真实检验任务为驱动，以检测项目为载体，突出职业能力培养进行编写，将课程学习分成若干项目，根据项目设计检测任务，将检测原理与检测技能相结合。教材内容包括检测程序、感官检验、物理检验、营养物质检测、添加剂检测和有害有毒成分检测六个项目。

内容以《中华人民共和国食品卫生检验方法（理化部分）》为蓝本，主要介绍国家的标准分析方法，以培养学生在今后的工作中执行国家标准的能力。同时结合国家职业技能鉴定标准（高级食品检验工），注重从岗位工作实际需求去组织编写教材内容。

本教材由杜宗绪主编，具体分工如下：绪论、项目三和项目四的任务八由潍坊职业学院杜宗绪编写，项目一由湖南生物机电职业技术学院张朝辉编写，项目二由江苏农林职业技术学院张雪松编写，项目四由山西林业职业技术学院郝瑞芳和杨凌职业技术学院刘小宁编写，项目五由甘肃畜牧工程职业技术学院焦兴弘编写，项目六由湖南商务职业技术学院谢虎军编写。全书由杜宗绪统稿，潍坊出入境检验检疫局李英强和寿光市农产品质量检测中心刘新明对全书进行了审阅并提出许多宝贵意见，在此深表谢意。

本书可作为高职院校农产品质量检测专业、食品营养与检测专业、食品质量与安全专业及与食品相关专业的教材，同时也可作为食品质量管理部门、食品检验机构、食品企业及有关食品质量与安全管理人员的参考用书。

由于编写者水平有限，加之农产品质量检测技术不断更新完善，教材中难免有不妥之处，恳请同行和读者批评指正。

编　者
2015 年 1 月

目　录

前言

绪论 ·· 1
  实训操作　氢氧化钠标准溶液（0.1 mol/L）的配制 ·························· 3
       盐酸标准溶液（0.1 mol/L）的配制 ······························ 3

项目一　检测程序 ·· 5

任务一　采样 ·· 5
  一、采样原则 ··· 5
  二、采样程序 ··· 6
  三、采样方法 ··· 6
  四、采样数量 ··· 7
  五、注意事项 ··· 7
  实训操作　粮食样品的采集 ·· 7

任务二　制备与保存 ·· 8
  一、样品制备 ··· 8
  二、样品保存 ··· 8
  实训操作　农产品样品的制备与保存 ··· 8

任务三　预处理 ·· 9
  一、有机物破坏法 ·· 9
  二、蒸馏法 ·· 9
  三、溶剂提取法 ··· 9
  四、化学分离法 ··· 10
  五、色谱分离法 ··· 10
  六、浓缩法 ·· 11
  实训操作　检测样品的预处理 ·· 11

任务四　分析检测 ·· 12
  一、方法选择 ··· 12
  二、误差分析 ··· 12
  三、结果评价 ··· 13
  实训操作　分析结果的评价 ··· 14

任务五　数据处理 ·· 14
  一、数据处理 ··· 14

二、结果表示 ……………………………………………………………………… 15
　　实训操作　检测结果的数据处理 …………………………………………… 15
　任务六　检验报告 ……………………………………………………………………… 16
　　一、原始记录 ……………………………………………………………………… 16
　　二、检验报告 ……………………………………………………………………… 17
　　实训操作　检验报告单的设计与填写 …………………………………………… 17

项目二　感官检验 …………………………………………………………………… 19

　任务一　差别检验 ……………………………………………………………………… 20
　　一、成对比较检验 ………………………………………………………………… 20
　　二、三点检验 ……………………………………………………………………… 21
　　三、二-三点检验 …………………………………………………………………… 21
　　实训操作　茶叶的感官成对比较检验 ……………………………………………… 21
　任务二　类别检验 ……………………………………………………………………… 22
　　一、分类检验 ……………………………………………………………………… 22
　　二、排序检验 ……………………………………………………………………… 22
　　三、评分检验 ……………………………………………………………………… 22
　　四、评估检验 ……………………………………………………………………… 22
　　实训操作　西瓜的感官排序检验 ………………………………………………… 23
　任务三　描述性检验 …………………………………………………………………… 23
　　一、简单描述检验 ………………………………………………………………… 23
　　二、定量描述检验 ………………………………………………………………… 24
　　实训操作　面粉的感官简单描述检验 …………………………………………… 24

项目三　物理检验 …………………………………………………………………… 26

　任务一　相对密度法 …………………………………………………………………… 26
　　一、相对密度 ……………………………………………………………………… 26
　　二、测定方法 ……………………………………………………………………… 27
　　实训操作　蜂蜜相对密度的测定 ………………………………………………… 29
　任务二　折射法 ………………………………………………………………………… 30
　　一、折射率 ………………………………………………………………………… 30
　　二、折射仪 ………………………………………………………………………… 30
　　实训操作　饮料中可溶性固形物的测定 ………………………………………… 32
　任务三　旋光法 ………………………………………………………………………… 33
　　一、旋光度 ………………………………………………………………………… 33
　　二、旋光仪 ………………………………………………………………………… 34
　　实训操作　农药比旋光度的测定 ………………………………………………… 35

项目四　营养物质检测 ……………………………………………………………… 37

　任务一　水分测定 ……………………………………………………………………… 37

一、直接干燥法 …………………………………………………… 38
　　二、卡尔·费休法 ………………………………………………… 39
　　三、水分活度测定 ………………………………………………… 40
　实训操作　玉米粉中水分的测定 ……………………………………… 44
任务二　灰分测定 …………………………………………………………… 44
　　一、总灰分测定 …………………………………………………… 45
　　二、水不溶性灰分测定 …………………………………………… 47
　　三、酸不溶性灰分测定 …………………………………………… 47
　实训操作　面粉中灰分的测定 ………………………………………… 48
任务三　酸度测定 …………………………………………………………… 48
　　一、总酸度测定 …………………………………………………… 49
　　二、挥发酸测定 …………………………………………………… 51
　　三、有效酸度（pH）测定 ………………………………………… 52
　实训操作　果汁饮料中酸度的测定 …………………………………… 53
任务四　脂肪测定 …………………………………………………………… 54
　　一、索氏提取法 …………………………………………………… 54
　　二、酸水解法 ……………………………………………………… 56
　　三、氯仿-甲醇提取法 …………………………………………… 57
　　四、乳脂肪测定 …………………………………………………… 58
　　五、脂肪特征值测定 ……………………………………………… 59
　实训操作　花生中脂肪的测定 ………………………………………… 62
任务五　糖类测定 …………………………………………………………… 63
　　一、还原糖测定 …………………………………………………… 63
　　二、蔗糖测定 ……………………………………………………… 67
　　三、总糖测定 ……………………………………………………… 70
　　四、淀粉测定 ……………………………………………………… 72
　　五、粗纤维测定 …………………………………………………… 77
　　六、果胶测定 ……………………………………………………… 78
　实训操作　葡萄中还原糖的测定 ……………………………………… 80
任务六　蛋白质和氨基酸测定 ……………………………………………… 81
　　一、蛋白质测定 …………………………………………………… 82
　　二、氨基酸测定 …………………………………………………… 87
　实训操作　牛乳中蛋白质的测定 ……………………………………… 90
任务七　维生素测定 ………………………………………………………… 91
　　一、脂溶性维生素测定 …………………………………………… 92
　　二、水溶性维生素测定 …………………………………………… 97
　实训操作　猪肝中维生素 A 的测定 …………………………………… 104
任务八　矿物元素测定 ……………………………………………………… 106
　　一、钙的测定 ……………………………………………………… 106

二、铁的测定 …………………………………………………………………… 108
　　三、碘的测定 …………………………………………………………………… 110
　　四、锌的测定 …………………………………………………………………… 112
　　五、硒的测定 …………………………………………………………………… 117
　　实训操作　稻米中硒的测定 …………………………………………………… 121

项目五　添加剂检测 …………………………………………………………………… 124

　任务一　防腐剂测定 ……………………………………………………………… 124
　　一、气相色谱法 ………………………………………………………………… 125
　　二、高效液相色谱法 …………………………………………………………… 126
　　实训操作　果汁中防腐剂山梨酸的测定 ……………………………………… 128
　任务二　抗氧化剂测定 …………………………………………………………… 129
　　一、气相色谱法 ………………………………………………………………… 129
　　二、分光光度法 ………………………………………………………………… 131
　　实训操作　饼干中抗氧化剂 BHT 的测定 …………………………………… 132
　任务三　发色剂测定 ……………………………………………………………… 133
　　一、离子色谱法 ………………………………………………………………… 133
　　二、分光光度法 ………………………………………………………………… 136
　　实训操作　火腿中发色剂亚硝酸盐的测定 …………………………………… 140
　任务四　漂白剂测定 ……………………………………………………………… 141
　　一、盐酸副玫瑰苯胺法 ………………………………………………………… 141
　　二、蒸馏法 ……………………………………………………………………… 143
　　实训操作　果脯中漂白剂 SO_2 的测定 ……………………………………… 144
　任务五　甜味剂测定 ……………………………………………………………… 145
　　一、高效液相色谱法 …………………………………………………………… 145
　　二、气相色谱法 ………………………………………………………………… 146
　　实训操作　饮料中甜味剂糖精钠的测定 ……………………………………… 148
　任务六　着色剂测定 ……………………………………………………………… 149
　　一、高效液相色谱法 …………………………………………………………… 149
　　二、薄层色谱法 ………………………………………………………………… 151
　　三、示波极谱法 ………………………………………………………………… 151
　　实训操作　橘子汁中着色剂的测定 …………………………………………… 151

项目六　有毒有害成分检测 …………………………………………………………… 154

　任务一　有害元素测定 …………………………………………………………… 154
　　一、镉的测定 …………………………………………………………………… 154
　　二、铅的测定 …………………………………………………………………… 158
　　三、砷的测定 …………………………………………………………………… 162
　　四、汞的测定 …………………………………………………………………… 168

实训操作　大米中镉的测定 …………………………………………………… 173
任务二　农药残留测定 ……………………………………………………………… 174
　　一、有机氯农药残留检测 ……………………………………………………… 174
　　二、有机磷农药残留检测 ……………………………………………………… 180
　　实训操作　生姜中有机氯农药残留量的测定 ………………………………… 183
任务三　兽药残留测定 ……………………………………………………………… 185
　　一、青霉素族抗生素测定 ……………………………………………………… 185
　　二、激素多残留测定 …………………………………………………………… 188
　　实训操作　牛乳中青霉素残留量的测定 ……………………………………… 191
任务四　黄曲霉毒素测定 …………………………………………………………… 193
　　一、荧光光度法 ………………………………………………………………… 193
　　二、液质联用法 ………………………………………………………………… 197
　　实训操作　乳粉中黄曲霉毒素的测定 ………………………………………… 201
任务五　包装材料有害物质检测 …………………………………………………… 203
　　一、主要有害物质 ……………………………………………………………… 203
　　二、聚乙烯包装材料检测 ……………………………………………………… 204
　　三、三聚氰胺包装材料检测 …………………………………………………… 206
　　四、包装材料中甲醛测定 ……………………………………………………… 209
　　实训操作　聚乙烯包装材料中蒸发残渣的测定 ……………………………… 211
任务六　其他有害成分检测 ………………………………………………………… 212
　　一、克仑特罗残留测定 ………………………………………………………… 212
　　二、苏丹红测定 ………………………………………………………………… 215
　　三、孔雀石绿残留量测定 ……………………………………………………… 217
　　四、油脂中丙二醛测定 ………………………………………………………… 219
　　实训操作　辣椒酱中苏丹红的测定 …………………………………………… 220

参考文献 ……………………………………………………………………………… 222

绪 论

农产品是人类生存和社会发展的物质基础，其质量直接关系到人类的健康及生活水平。农产品质量检测是农产品生产和科学研究的"眼睛"和"参谋"，是不可缺少的手段。在保证食品的营养卫生，防止食物中毒及食源性疾病发生，确保食品的品质及食用的安全，研究食品化学性污染的来源、途径，以及控制污染等方面都有着十分重要的意义。

一、检测任务

农产品质量检测技术就是通过使用感官的、物理的、化学的、微生物学的方法对农产品的感官特性、理化性能及卫生状况进行分析检测，并将结果与规定的标准进行比较，以确定每项特性合格情况的活动。

农产品质量检测技术的性质是专门研究各种农产品组成成分的检测方法及有关理论，进而评定农产品品质的一门技术性学科。

农产品质量检测工作是农产品质量管理过程中的一个重要环节，在确保原材料质量方面起着保障作用，在生产过程中起着监控作用，在最终产品检验方面起着监督和标示作用。农产品质量检测贯穿于农产品开发、研制、生产和销售的全过程。

（1）根据制定的技术标准，运用现代科学技术和检测手段，对食品生产的原料、辅助材料、半成品、包装材料及成品进行分析与检验，从而对食品的品质、营养、安全与卫生进行评定，保证食品质量符合食品标准的要求。

（2）对食品生产工艺参数、工艺流程进行监控，确定工艺参数、工艺要求，掌握生产情况，以确保食品的质量，从而指导与控制生产工艺过程。

（3）检验机构根据政府质量监督行政部门的要求，对生产企业的产品或上市的商品进行检验，为政府管理部门对食品品质进行宏观监控提供依据。

（4）当发生产品质量纠纷时，第三方检验机构根据解决纠纷的有关机构（包括法院、仲裁委员会、质量管理行政部门及民间调解组织等）的委托，对有争议的产品做出仲裁检验，为有关机构解决产品质量纠纷提供技术依据。

（5）在进出口贸易中，根据国际标准、国家标准和合同规定，对进出口食品进行检测，保证进出口食品的质量，维护国家出口信誉。

（6）当发生食物中毒事件时，检验机构对残留食物做出仲裁检验，为事情的调查及解决提供技术依据。

二、检测内容

农产品质量检测旨在保证农产品既营养又安全，检测技术的主要内容是农产品的感官检验、理化检验和微生物检验。检测技术依据的标准是现行的国际标准、国家标准、行业标准、地方标准和企业标准。

1. 感官检验 农产品的感官检验是利用人体的感觉器官如视觉、嗅觉、味觉和触觉等对农产品的色、香、味、形等方面进行检验,以判断和评定农产品的品质。感官检验是农产品质量检测内容中的第一项。若感官检验不合格,即可判定该产品不合格,不需再进行理化检测了。感官检验具有简单、方便、快速的优势,是农产品生产、销售、管理人员所必须掌握的一项技能。

2. 理化检验　农产品的理化检验主要是利用物理、化学和仪器等分析方法对农产品中的营养成分和有毒有害化学成分进行检验。有资质的检测单位依据国家标准规定的方法而得到的检测结果,具有法律效力。

3. 微生物检验　农产品的微生物检验是应用微生物学的相关理论和方法,对农产品中细菌总数、大肠菌群以及致病菌进行测定。农产品的微生物污染情况是农产品卫生质量的重要指标之一。通过对农产品的微生物污染情况进行检验,可以正确而客观地揭示农产品的卫生情况,加强农产品卫生方面的管理,保障人体健康。

三、标准认识

标准是为了在一定的范围内获得最佳秩序,经协商一致制定并由公认机构批准,共同使用和重复使用的一种规范性文件。

1. 国际标准　国际标准是指由国际标准组织(ISO)通过并公开发布的标准。这类标准由国际标准组织的技术委员会起草,发布后在世界范围内适用,作为世界各国进行贸易和技术交流的基本准则和统一要求。

2. 国家标准　国家标准是指由国家标准机构通过并公开发布的标准。对我国而言,是指由国务院标准化行政主管部门制定,并对全国经济和技术发展以及建设创新型国家有重大意义,必须在全国范围内统一的标准。

3. 行业标准　行业标准是指在国家的某个行业通过并公开发布的标准。对我国而言,是指当没有国家标准而又需要在全国某个行业范围内统一的技术要求,可以制定行业标准(含标准样品的制作)。

4. 地方标准　地方标准是指在国家的某个地区通过并公开发布的标准。对我国而言,是指当没有国家标准和行业标准而又需要在省、自治区、直辖市范围内统一的要求,可以制定地方标准(含标准样品的制作)。

5. 企业标准　在企业范围内需要协调统一的技术要求、管理要求和工作要求所制定的标准,称为企业标准。企业标准是由企业制定并由企业法人代表或其授权人批准、发布,由企业法定代表人授权的部门统一管理。作为企业生产和交货依据的企业产品标准发布后,企业应按有关规定及其隶属关系,报当地政府标准化行政主管部门和有关行政主管部门备案,经备案后,方可实施。

四、基本规定

1. 方法要求　称取是指用天平进行的称量操作,其精度要求用数值的有效数位表示。准确称取是指用精密天平进行的称量操作,其精度为±0.000 1 g。量取是指用量筒或量杯取液体物质的操作,其精度要求用数值的有效数位表示。吸取是指用移液管或吸量管取液体物质的操作,其精度要求用数值的有效数位表示。

2. 方法选择　标准方法如有两个以上检验方法时,可根据所具备的条件选择使用,以第一法为仲裁方法。标准方法中根据适用范围设几个并列方法时,要依据适用范围选择适宜的方法。

3. 试剂和水 根据质量标准及用途的不同,农产品质量检测中常用的化学试剂大致可分为基准试剂(JZ)、优级纯(GR)、分析纯(AR)、化学纯(CP)、实验试剂(LR)、高纯试剂(EP)、色谱纯(GC、LC)、光谱纯(SP)等。检测中所用试剂,除特别注明外,均为分析纯。

检测中所使用的水,未注明其他要求时,是指蒸馏水或去离子水。用于配制高效液相色谱流动相和标准溶液时,是指二次蒸馏水。未指明溶液用何种溶剂配制时,均指水溶液。

盐酸、硫酸、硝酸、氨水等,未指明具体浓度时,均指市售试剂规格的浓度。

液体的滴是指蒸馏水自滴定管流下的1滴的量,在20 ℃时20滴相当于1.0 mL。

试验时的温度,未注明者,是指在室温下进行。温度高低对试验结果有显著影响者,除另有规定外,应以25 ℃±2 ℃为准。

实训操作

氢氧化钠标准溶液(0.1 mol/L)的配制

【实训目的】了解用固体试剂配制标准溶液的过程,掌握电子天平的正确操作。

【实训原理】间接法配制标准溶液。固体NaOH具有很强的吸湿性,容易吸收空气中的水分和CO_2,因此NaOH标准溶液只能用间接法配制。

【实训试剂】固体NaOH,邻苯二甲酸氢钾,酚酞指示液(10 g/L)。

【实训仪器】电子天平,碱式滴定管,锥形瓶,吸量管,称量瓶,烧杯,聚乙烯塑料瓶。

【操作步骤】

1. 配制 称取110 g NaOH,溶于100 mL无CO_2的蒸馏水中,摇匀,注入聚乙烯容器中,密闭放置至溶液清亮。用吸量管量取上层清液5.4 mL,用无CO_2的蒸馏水稀释至1 000 mL,摇匀。

2. 标定 称取于105~110 ℃电烘箱中干燥至恒重的工作基准试剂邻苯二甲酸氢钾0.75 g,加无CO_2的蒸馏水50 mL溶解,加2滴酚酞指示液(10 g/L),用配制好的氢氧化钠溶液滴定至溶液呈粉红色,并保持30 s。

同时做空白试验。

【结果计算】

$$X = \frac{m \times 1000}{(V_1 - V_2)M}$$

式中:X——氢氧化钠标准溶液的浓度,mol/L;
m——邻苯二甲酸氢钾的质量,g;
V_1——氢氧化钠溶液的体积,mL;
V_2——空白试验氢氧化钠溶液的体积,mL;
M——邻苯二甲酸氢钾的摩尔质量(204.22 g/mol)。

盐酸标准溶液(0.1 mol/L)的配制

【实训目的】了解用液体试剂配制标准溶液的过程,掌握移液管的正确操作。

【实训原理】间接法配制标准溶液。盐酸是氯化氢（HCl）气体的水溶液，具有极强的挥发性，因此盐酸标准溶液只能间接法配制。

【实训试剂】溴甲酚绿-甲基红指示液：量取 30 mL 溴甲酚绿乙醇溶液（2 g/L），加入 20 mL 甲基红乙醇溶液（1 g/L），混匀；盐酸；碳酸钠。

【实训仪器】电子天平，酸式滴定管，锥形瓶，吸量管，称量瓶，烧杯，试剂瓶。

【操作步骤】

1. 配制　量取 9 mL 盐酸，注入 1 000 mL 水中，摇匀。

2. 标定　称取于 270~300 ℃高温炉中灼烧至恒重的工作基准试剂无水碳酸钠 0.2 g，溶于 50 mL 水中，加 10 滴溴甲酚绿-甲基红指示剂，用配制好的盐酸溶液滴定至溶液由绿色变为暗红色，煮沸 2 min，冷却后继续滴定至溶液再呈暗红色。

同时做空白试验。

【结果计算】

$$X = \frac{m \times 1000}{(V_1 - V_2) M}$$

式中：X——盐酸标准溶液的浓度，mol/L；

　　　m——无水碳酸钠的质量，g；

　　　V_1——盐酸溶液的体积，mL；

　　　V_2——空白试验盐酸溶液的体积，mL；

　　　M——$\frac{1}{2}$ 无水碳酸钠的摩尔质量（52.994 g/mol）。

问题思考

1. 农产品质量检测技术的含义及主要内容是什么？
2. 农产品质量检测技术依据的标准有哪些？
3. 如何配制标准溶液？

项目一　检测程序

【知识目标】

1. 了解检测的一般程序。
2. 重点掌握采样、制备和保存的方法。
3. 掌握有机物破坏法、溶剂提取法和蒸馏法等各种样品的预处理方法。
4. 了解选择恰当的分析方法需要考虑的因素。
5. 掌握检验结果的数据处理方法。

【技能目标】

1. 能够正确进行采样。
2. 能够熟练样品的制备、预处理的操作。
3. 掌握农产品质量检测技术的性质、任务。
4. 能够正确进行分析检测、数据处理和误差计算。
5. 能够独立完成设计检验报告单并准确填写。

项目导入

农产品质量检测根据其检测目的、检测要求和检测方法的不同有其相应的检测程序,其检测的一般程序是:样品的采集;样品的制备和保存;样品的预处理;分析检测;数据的分析处理;出具检验报告。

任务一　采　样

样品的采集简称采样,是指从大量的分析对象中抽取有代表性的一部分样品作为分析材料(分析样品)。采样是农产品质量检测的首项工作,也是检测工作中非常重要的环节。

一、采样原则

1. 代表性原则　采集的样品能代表全部被检对象,代表产品整体。否则,无论样品处理、检测等一系列环节做得如何认真、精确都是毫无意义的,甚至会得出错误的结论。

2. 真实性原则　采样过程中要设法保持原有的理化指标,防止成分逸散或带入杂质。如果检测样品的成分发生逸散(如水分、气味、挥发性酸等)或带入杂质,将会影响检测结果的正确性。

二、采样程序

采样一般分三步,依次获得检样、原始样品和平均样品。

$$待检食品 \xrightarrow{采集} 检样 \xrightarrow{混合} 原始样品 \xrightarrow{处理、缩分} 平均样品 \begin{cases} 检验样品 \\ 复验样品 \\ 保留样品 \end{cases}$$

检样:由整批待检农产品的各个部分分别采取的少量样品。

原始样品:把所有的检样混合在一起,构成原始样品。

平均样品:是指原始样品经过处理,再按一定的方法抽取其中的一部分供分析检测的样品。

检验样品:由平均样品中分出,用于全部项目检验的样品。

复验样品:由平均样品中分出,当对检验结果有疑义或分歧时,用来进行复验的样品。

保留样品:由平均样品中分出,封存保留一段时间,作为备查用的样品。

三、采样方法

样品采集有随机抽样和代表性取样两种方法。

随机抽样是按照随机的原则,从大批物料中抽取部分样品。操作时,可采用多点取样法,使所有物料的各个部分均有被抽取的机会。

代表性取样是用系统抽样法进行采样,根据样品随空间(位置)和时间变化的规律,采集能代表其相应部分的组成和质量的样品。如分层采样,依生产程序流动定时采样、按批次或件数采样、定期抽取货架上陈列的食品采样等。

两种方法各有利弊。随机抽样可以避免人为的倾向性,但是对不均匀样品仅使用随机抽样法是不够的,必须结合代表性取样,从有代表性的各个部分分别取样,保证样品的代表性。因此,采样通常采用随机抽样和代表性取样相结合的方式。

1. 均匀固体样品(如粮食、粉状食品等) 有完整包装(袋、桶、箱等)的样品,按 $\sqrt{总件数/2}$ 确定采样件(袋、桶、箱等)数,用采样器从每一包装上、中、下三层取出三份检样,将许多份检样综合起来成为原始样品,原始样品用四分法做成平均样品。重复四分法操作,分取缩减直至取得所需数量为止,即得到平均样品。

无包装的散堆样品,先划成若干等体积层,然后在每层的四角和中心点,用采样器各取少量样品,得到检样,再按上法处理得平均样品。

2. 黏稠半固体样品(如稀奶油、动物油脂、果酱等) 这类样品不易充分混匀,可先按 $\sqrt{总件数/2}$ 确定采样件(桶、罐)数。启开包装,用采样器从各桶(罐)中分上、中、下三层分别取出检样,然后混合分取缩减到所需数量的平均样品。

3. 液体样品(如植物油、鲜乳等) 包装体积不太大的液体样品,可先按 $\sqrt{总件数/2}$ 确定采样件数。开启包装,用混合器充分混合。然后从每个包装中用虹吸法分层取一定量样品,充分混合均匀后,分取缩减至所需数量。

大桶装的或散(池)装的液体样品,不易混合均匀,可用虹吸法分层(大池的还应分四角及中心五点)取样,每层 500 mL 左右,充分混合后,分取缩减至所需数量。

4. 组成不均匀的固体样品（如鱼、肉、果蔬等）

（1）肉类。可根据不同的分析目的和要求而定。有时从不同部位取样，混合后代表该只动物。有时从一只或多只动物的同一部位取样，混合后代表某一部位的情况。

（2）水产品。小鱼小虾可随机取多个样品，切碎混匀后分取缩减至所需数量。个体较大的鱼，可从若干个体上割少量可食部分，切碎混匀后分取缩减至所需数量。

（3）果蔬。体积较小的果蔬（如山楂、葡萄等），可随机取若干整体，切碎混匀后分取缩减至所需数量。体积较大的果蔬（如西瓜、苹果、萝卜等），可按成熟度及个体大小的组成比例，选取若干个体，对每个个体按生长轴纵剖分成四份或八份，取对角线两份，切碎混匀后分取缩减至所需数量。体积蓬松的叶菜类果蔬（如菠菜、小白菜、苋菜等），可由多个包装（一筐、一捆）分别抽取一定数量，混合后捣碎混匀，分取缩减至所需数量。

5. 小包装样品（如罐头、袋或听装乳粉、瓶装饮料等） 一般按班次或批号连同包装一起采样。如果小包装外还有大包装（如纸箱），可按 $\sqrt{总件数/2}$ 在堆放的不同部位抽取一定数量大包装，从每箱中抽取小包装（瓶、袋等）作为检样，将检样混合均匀后得到原始样品，再分取缩减到所需数量即为平均样品。

四、采样数量

确定采样的数量，应考虑分析项目的要求、分析方法的要求和被分析物的均匀程度三个因素。一般平均样品的数量不少于全部检验项目的四倍。检验掺伪物的样品，与一般的成分分析的样品不同，由于分析项目事先不明确，属于捕捉性分析，因此相对来讲取样数量要多一些。

五、注意事项

（1）一切采样工具（如采样器、容器、包装纸等）都应清洁，不应将任何有害物质带入样品中。供微生物检验用的样品，应严格遵守无菌操作规程。

（2）保持样品原有微生物状况和理化指标，在进行检测之前样品不得被污染，不得发生变化。

（3）感官性质不相同的样品，不可混在一起，应分别包装，并注明其性质。

（4）样品采集完后，应迅速送往分析室进行检验，以免发生变化。

（5）盛装样品的器具上要贴上标签，注明样品名称、采样地点、采样日期、样品批号、采样方法、采样数量、采样人及检验项目。

实训操作

粮食样品的采集

【实训目的】学会并掌握有完整包装（袋、桶、箱等）粮食样品的采集。

【实训仪器】双套回转取样管。

【实训原理】

（1）按 $\sqrt{总件数/2}$ 确定采样件数。

(2) 从样品堆放的上、中、下三层中的不同部位，按采样件数确定具体采样袋（桶、箱），再用双套回转取样管插入包装容器中采样，回转180°取出样品。采取部分样品混合。

(3) 按"四分法"将原始样品做成平均样品，即将原始样品充分混合均匀后堆积在清洁的玻璃板上，压平成厚度在3 cm以下的形状，并划成对角线或"十"字线，将样品分成四份，取对角的两份混合。再如上分为四份，取对角的两份。这样操作直至取得所需数量为止。

【实训要求】自拟实施方案；教师修改；方案实施；实训小结。

任务二　制备与保存

一、样品制备

样品制备是指对采取的样品进行粉碎、混匀、缩分等处理工作。样品制备的目的是要保证样品十分均匀，使在分析时采取任何部分都能代表全部样品。

样品制备的方法因样品的不同状态而异。

1. 液体、浆体或悬浮液体　一般将样品充分混匀搅拌。常用的搅拌工具有玻璃棒、电动搅拌器、液体采样器。

2. 固体样品　应用切细、粉碎、捣碎、研磨等方法将样品制成均匀可检状态。常用工具有粉碎机、组织捣碎机、研钵等。

3. 带核、带骨头的样品　对于带核、带骨头的样品，在制备前应该先去核、去骨。常用工具有高速组织捣碎机等。

二、样品保存

采集的样品应尽快分析，以防止样品污染、成分丢失、水分变化、腐败变质等。如果不能立即分析，则应妥善保存。保存的原则是：干燥、低温、避光、密封。检验后的样品，一般应保存一个月，以备需要时复检。保留期从检验报告单签发之日起开始计算。

◆ 实训操作

农产品样品的制备与保存

【实训目的】学会并掌握农产品样品的制备与保存。

【实训仪器】组织粉碎机。

【实训原理】样品制备是指对采取的样品进行粉碎、混匀、缩分等处理工作。样品制备的目的是要保证样品十分均匀，使在分析时采取任何部分都能代表全部样品。

采集的样品应尽快分析，以防止样品污染、成分丢失、水分变化、腐败变质等。如果不能立即分析，则应妥善保存。

1. 苹果的制备　随机选取3个苹果→清洗→沿生长轴按四分法切→取对角2块→加入相同质量的水→组织粉碎机粉碎（长刀）→转移至干净容器→待测。

2. 青菜的制备　随机选取3棵青菜→清洗→沿生长轴按四分法切→取对角2块→组织

粉碎机粉碎（长刀）→转移至干净容器→待测。

3. 大米的制备 取一定量的大米→按四分法取样→组织粉碎机粉碎（短刀）→过80目筛→转移至干净容器→装入铝盒保藏→待测。

4. 大排的制备 取一定量的大排→去骨去筋→按四分法取样→组织粉碎机粉碎（长刀）→转移至干净容器→待测。

制备好的试样应该一式三份，供检验、复验和备查用，每份不得少于5 g。制备好的平均样品应装在洁净、密封的容器内（最好用玻璃瓶，切忌使用带橡皮垫的容器）。

【实训要求】自拟实施方案；教师修改；方案实施；实训小结。

任务三 预 处 理

样品预处理是对样品进行提取、净化、浓缩等操作过程，又称样品前处理。样品预处理总的原则是：排除干扰因素、完整保留被测组分、被测组分浓缩。样品预处理的方法主要有以下几种。

一、有机物破坏法

有机物破坏法主要用于食品中无机元素的测定。食品中的无机元素，常与蛋白质等有机物质结合，成为难溶、难离解的化合物。要测定这些无机成分的含量，需要在测定前破坏有机结合体，释放出被测组分。通常可采用高温或高温加强氧化条件，使有机物质分解，呈气态逸散，而被测组分残留下来。有机物破坏法又可分为干法灰化法、湿法消化法和微波消解法。

1. 干法灰化法 这是一种用高温灼烧的方式破坏样品中有机物的方法，因而又称为灼烧法。除汞外大多数金属元素和部分非金属的测定都可用此法处理样品。将一定量的样品置于坩埚中加热，使其中的有机物脱水、炭化、分解、氧化，再置于高温的电炉中（温度一般550 ℃）灼烧灰化，直至残灰为白色或浅灰色为止，所得残渣即为无机成分，可供测定用。

2. 湿法消化法 湿法消化简称消化，是向样品中加入强氧化剂，并加热消解，使样品中的有机物质完全分解、氧化呈气态逸出，而待测成分转化为无机物状态存在于消化液中，供测试用。常用的强氧化剂有浓硝酸、浓硫酸、高氯酸、高锰酸钾、过氧化氢等。

3. 微波消解法 微波消解法是在2 450 MHz微波电磁场作用下，产生24.5亿次/s的超高频率振荡，使样品与溶剂分子间相互碰撞、摩擦、挤压，重新排列组合，因而产生高热，使样品在数分钟内分解完全。微波消解法以其快速、溶剂用量少、易挥发元素损失少、空白值低、节省能源、易于实现自动化等优点而广为应用。

二、蒸馏法

蒸馏法是利用液体混合物中各组分挥发度不同来进行分离的方法。可以用于除去干扰组分，也可以用于被测组分的蒸馏逸出，收集溜出液进行分析。

根据样品中待测组分性质不同，可采取常压蒸馏、减压蒸馏、水蒸气蒸馏等方式。

三、溶剂提取法

在同一溶剂中，不同的物质具有不同的溶解度。利用样品各组分在某一溶剂中溶解度的差异，将各组分完全或部分地分离的方法称为溶剂提取法。此法常用于维生素、重金属、农药及黄曲霉毒素的测定。溶剂提取法又分为浸提法、萃取法。

1. 浸提法 用适当的溶剂从固体样品中将某种待测成分浸提出来的方法称为浸提法，又称液-固萃取法、浸泡法。为了提高物质在溶剂中的溶解度，往往在浸提时加热，如用索氏提取法提取脂肪。

2. 萃取法 利用某组分在两种互不相溶的溶剂中分配系数的不同，使其从一种溶剂转移到另一种溶剂中，而与其他组分分离的方法称为溶剂萃取法，又称溶剂分层法，通常可用分液漏斗多次提取达到目的。

四、化学分离法

1. 磺化法 浓硫酸和油脂发生磺化反应，油脂由疏水性变为亲水性，不再被弱极性的有机溶剂所溶解，使油脂中需检测的非极性物质能较容易地被非极性或弱极性溶剂提取出来。

用浓硫酸处理样品提取液，有效地除去脂肪、色素等干扰杂质，从而达到分离净化的目的。

2. 皂化法 碱（通常为强碱）和油脂发生皂化反应，油脂由疏水性变为亲水性，不再被弱极性的有机溶剂所溶解，使油脂中需检测的非极性物质能较容易地被非极性或弱极性溶剂提取出来。

用碱处理样品提取液，以除去脂肪等干扰杂质。

磺化法和皂化法是除去油脂经常使用的一种方法，常用于农药检验中样品的净化。

3. 沉淀分离法 沉淀分离法是利用沉淀反应进行分离的方法。在试样中加入适当的沉淀剂，使被测组分沉淀下来，或将干扰组分沉淀除去，从而达到分离目的。

4. 掩蔽法 利用掩蔽剂与样品溶液中干扰成分作用，使干扰成分转变为不干扰测定的状态，即被掩蔽起来。运用这种方法，可以不经过分离干扰成分的操作而消除其干扰作用，简化分析步骤，因而在农产品分析中应用十分广泛，常用于金属元素的测定。

五、色谱分离法

色谱分离法，是在载体上进行物质分离方法的总称。根据分离原理的不同，可分为吸附色谱分离、分配色谱分离和离子交换色谱分离等。此类方法分离效果好，近年来在农产品分析中应用越来越广泛。

1. 吸附色谱分离 利用聚酰胺、硅胶、硅藻土、氧化铝等吸附剂，经过活化处理后具有一定的吸附能力，对被测组分或干扰组分进行选择性吸附而进行的分离称为吸附色谱分离。如食品中色素的测定，可将样品溶液中的色素经吸附剂吸附（其他杂质不被吸附），经过滤、洗涤，再用适当的溶剂解吸，得到比较纯净的色素溶液。吸附剂可以直接加入样品中吸附色素，也可将吸附剂装入玻璃管制成吸附柱或涂布成薄层板使用。

2. 分配色谱分离 分配色谱分离是根据样品中的组分在两相间的分配比不同进行的分离。两相中一相是流动的，称为流动相；另一相是固定的，称为固定相。被分离的组分在流动相沿着固定相移动的过程中，由于不同物质在两相中具有不同的分配比，当溶剂渗透在固定相中并向上渗展时，这些物质在两相中进行反复分配，从而达到分离的目的。

3. 离子交换色谱分离 离子交换色谱分离是利用离子交换剂与溶液中的离子之间所发生的交换反应来进行分离的方法。根据被交换离子的电荷，分为阳离子交换和阴离子交换两种。交换作用可用下列反应式表示：

阳离子交换：R—H+MX⟶R—M+HX

阴离子交换：R—OH+MX⟶R—X+MOH

式中：R 为离子交换剂的母体；MX 为溶液中被交换的物质。

该法可用于从样品溶液中分离待测离子，也可从样品溶液中分离干扰组分。分离操作可将样液与离子交换剂一起混合振荡或将样液缓缓通过事先制备好的离子交换柱，则被测离子与交换剂上的 H^+ 或 OH^- 发生交换，被测离子或干扰组分上柱，从而将其分离。

六、浓缩法

样品经提取、净化后，有时净化液的体积较大，在测定前需进行浓缩，以提高被测成分的浓度。常用的浓缩方法有常压浓缩法和减压浓缩法两种。

1. 常压浓缩法 常压浓缩法主要用于待测组分为非挥发性的样品净化液的浓缩，通常采用蒸发皿直接挥发。若要回收溶剂，则可用一般蒸馏装置或旋转蒸发器。该法简便、快速，是常用的方法。

2. 减压浓缩法 减压浓缩法主要用于待测组分为热不稳定性或易挥发的样品净化液的浓缩。此法浓缩温度低、速度快、被测组分损失少，特别适用于农药残留量分析中样品净化液的浓缩。

实训操作

检测样品的预处理

【实训目的】学会并掌握果蔬中有机磷农药残留检测样品的预处理。

【实训仪器】组织粉碎机，抽滤装置，旋转蒸发仪等。

【实训原理】样品预处理是对样品进行提取、净化、浓缩等操作过程，又称样品前处理。样品预处理总的原则是：排除干扰因素、完整保留被测组分、被测组分浓缩。

1. 制备 果蔬洗净晾干、去掉非可食部分后制成待分析试样。

2. 提取 称取水果、蔬菜待分析试样 50.00 g，置于 300 mL 烧杯中，加入 50 mL 水和 100 mL 丙酮（提取液总体积为 150 mL），用组织捣碎机提取 1～2 min。匀浆液经铺有两层滤纸和约 10 g 助滤剂 Celite 545 的布氏漏斗减压抽滤。取滤液 100 mL 移至 500 mL 分液漏斗中。

3. 净化 向滤液中加入 10～15 g 氯化钠使溶液处于饱和状态。猛烈振摇 2～3 min，静置 10 min，使丙酮与水相分层，水相用 50 mL 二氯甲烷振摇 2 min，再静置分层。将丙酮与二氯甲烷提取液合并经装有 20～30 g 无水硫酸钠的玻璃漏斗脱水滤入 250 mL 圆底烧瓶中，再以约 40 mL 二氯甲烷分数次洗涤容器和无水硫酸钠，洗涤液也并入烧瓶中。

4. 浓缩 净化液用旋转蒸发器浓缩至约 2 mL，浓缩液定量转移至 5～25 mL 容量瓶中，加二氯甲烷定容至刻度。做好标记，供色谱测定。

【实训要求】 自拟实施方案；教师修改；方案实施；实训小结。

任务四 分析检测

一、方法选择

样品中待测成分的分析方法往往很多，选择最恰当的分析方法应综合考虑下列各因素。

1. 分析要求的灵敏度、准确度和精密度 不同分析方法的灵敏度、准确度、精密度各不相同，要根据生产和科研工作对分析结果的要求选择适当的分析方法。

2. 分析方法的繁简和速度 不同的分析方法操作步骤的繁简程度和所需时间及劳动力各不相同，每样次分析的费用也不同。要根据待测样品的数目和要求等来选择适当的分析方法。同一样品需要测定几种成分时，应尽可能选用能用同一份样品处理液同时测定这几种成分的方法，以达到简便、快速的目的。

3. 样品特性 各种样品中待测成分的形态和含量不同，可能存在的干扰物质及其含量不同，样品的溶解和待测成分提取的难易程度也不相同。要根据样品的这些特性来选择制备待测液、定量某成分和消除干扰的适宜方法。

4. 现有条件 分析工作一般在实验室进行，各级实验室的设备条件和技术条件也不相同，应根据具体条件来选择适当的分析方法。

在具体情况下究竟选择哪一种方法，必须综合考虑上述各项因素，但首先必须了解各类方法的特点，如方法的精密度、准确度、灵敏度等，以便加以比较。

二、误差分析

在农产品分析检测中，由于仪器和感官器官的限制及实验条件的变化，实验测得的数据只能达到一定的准确度。测量值与真实值之间的差异称为误差。

误差是客观存在的，一般误差可分为系统误差、偶然误差和过失误差。

1. 系统误差 系统误差是指在分析过程中由于某些固定的原因所造成的误差。

系统误差产生的原因主要有：

（1）测量仪器的不准确性，如玻璃容器的刻度不准确、砝码未经校正等。

（2）测量方法本身存在缺点，如所依据的理论或所用公式的近似性。

（3）观察者本身的特点，如对颜色感觉不灵敏、滴定终点总是偏高等。

2. 偶然误差 偶然误差是指在分析过程中由于某些偶然的原因所造成的误差，也称为随机误差或不可定误差。

偶然误差产生的原因主要有：

（1）观察者感官灵敏度的限制或技巧不够熟练。

（2）实验条件的变化（如实验时温度、压力都不是绝对不变的）。

3. 过失误差 过失误差是指由于在操作过程中犯了某种不应犯的错误而引起的误差，如加错试剂、看错标度、溅出分析操作液等错误操作。这类误差是完全可以避免的。分析人员应加强工作责任心，严格遵守操作规程，做好原始记录，反复核对，能避免过失误差的产生。

三、结果评价

分析结果的评价通常用准确度和精密度两项指标。

1. 准确度　准确度是指测定值与真实值相符合的程度,通常用误差来表示。误差的大小可用绝对误差和相对误差来表示。

$$绝对误差 = x - \mu$$

$$相对误差 = \frac{x - \mu}{\mu}$$

式中：x——测量值；
　　　μ——真实值。

绝对误差和相对误差都有正值和负值。正值表示实验结果偏高,负值表示实验结果偏低。

同样的绝对误差,当被测物的质量较大时,相对误差就比较小,测定的准确度就比较高,因此用相对误差来表示测定结果的准确度更为确切些。

对某一未知试样的测定来说,实际上真实值是不可能知道的,通常可以通过回收率的测定来确定真实值。回收率可按下式计算：

$$P = \frac{x_1 - x_0}{m} \times 100\%$$

式中：P——加入标准物质的回收率,%；
　　　m——加入标准物质的量；
　　　x_1——加标样品的测定值；
　　　x_0——未知样品的测定值。

2. 精密度　精密度是指测定值之间相互接近的程度,通常用偏差来表示。偏差的大小可用绝对偏差（d）、平均偏差（$\bar{d}$）、相对偏差（RD）、标准偏差（s）、相对标准偏差（RSD）等来表示。

（1）绝对偏差 $d = x_i - \bar{x}$。

（2）平均偏差 $\bar{d} = \frac{1}{n} \sum |x_i - \bar{x}|$。

（3）相对偏差 $RD = \frac{|x_i - \bar{x}|}{\bar{x}} \times 100\%$。

（4）标准偏差 $s = \sqrt{\frac{\sum (x_i - \bar{x})^2}{n - 1}}$。

（5）相对标准偏差（又称为变异系数）$RSD = \frac{s}{\bar{x}} \times 100\%$。

对某一测定项目的一组测定数据,根据变异系数可了解测定结果的范围。

$$测定结果 = \bar{x} \pm RSD$$

一般情况下,变异系数低于5%的结果都是可以接受的。

3. 准确度和精密度的关系　准确度说明测定结果准确与否,精密度说明测定结果稳定与否。精密度高准确度不一定高,而准确度高精密度一定也高。

实训操作

分析结果的评价

【实训目的】 学会并掌握分析结果的评价。

【实训原理】 分析结果的评价通常用准确度和精密度两项指标。准确度是指测定值与真实值相符合的程度,通常用误差来表示。误差的大小可用绝对误差和相对误差来表示。精密度是指测定值之间相互接近的程度,通常用偏差来表示。偏差的大小可用绝对偏差、平均偏差、相对偏差、标准偏差、相对标准偏差等来表示。

【实测数据】

有甲、乙、丙三人,在某一次试验中得到的测量值如下:

实验人	甲	乙	丙
X_1(%)	50.40	50.20	50.36
X_2(%)	50.30	50.20	50.35
X_3(%)	50.25	50.18	50.34
X_4(%)	50.23	50.17	50.33

假设真实值为50.38%,分析甲、乙、丙实验结果的准确度和精密度(使用相对平均偏差进行分析)。

【实训要求】 自拟实施方案;教师修改;方案实施;实训小结。

任务五 数据处理

一、数据处理

1. 记录规则 数据的记录应根据分析方法和测量的准确度来决定,只允许保留一位可疑数字。除有特殊规定外,一般可疑数表示末位有一个单位的误差。

2. 修约规则 按"四舍六入五留双"的规则进行。修约数字时,只允许对原测量值一次修约到所需要的位数,不能分次修约。

3. 运算规则 运算过程中,根据"先修约,后计算,再修约"的规则进行计算,运算过程中可多保留一位有效数字。

在加减运算中,每数及它们的和或差的有效数字的保留,以小数点后面有效数字位数最少的为标准。在加减法中,因是各数值绝对误差的传递,所以结果的绝对误差必须与各数中绝对误差最大的那个相当。

在乘除法运算中,每数及它们的积或商的有效数字的保留,以每数中有效数字位数最少的为标准。在乘除法中,因是各数值相对误差的传递,所以结果的相对误差必须与各数中相对误差最大的那个相当。

4. 异常值的取舍 在一组平行测定数据中,常发现有个别测定值比其余测定值明显偏大或偏小,这种明显偏大或偏小的数值称为异常值,又称可疑值。在分析过程中,如果已经知道某个数据是可疑的,计算时应将此数据立即舍去;再复查分析结果时,如果已经找出可疑值出现的原因,也应将这个数据立即舍去;如果找不出可疑值出现的原因,不能随便保留或舍去,常用 Q 检验法或 $4\bar{d}$ 检验法进行统计检验。

二、结果表示

检测结果的表示应采用法定计量单位。

1. 固体试样 固体试样中待测组分的含量,一般以质量分数表示,在实际工作中通常使用的百分比符号"％",是质量分数的一种表示方法,即表示每 100 g 样品中所含被测物质的质量(g)。

当待测组分含量很低时,可采用 mg/kg(或 μg/g)、μg/kg(或 ng/g)、pg/g 来表示。

2. 液体试样 液体试样检测结果的表示法主要有以下几种。

物质的量浓度:表示待测组分的物质的量除以试液的体积,常用单位 mol/mL。

质量摩尔浓度:表示待测组分的物质的量除以试液的质量,常用单位 mol/kg。

质量分数:表示待测组分的质量除以试液的质量,无量纲。

体积分数:表示待测组分的体积除以试液的体积,无量纲。

质量浓度:表示单位体积中某种物质的质量,以 mg/L 或 μg/mL 等表示。

实训操作

检测结果的数据处理

【实训目的】学会并掌握果蔬中有机磷农药残留检测结果的数据处理。

【实训原理】数据处理需遵守记录规则、修约规则和运算规则。对实测值数据的记录应根据分析方法和测量的准确度来决定,只允许保留一位可疑数字。对实测数据的修约应按"四舍六入五留双"的规则进行。运算过程中,根据"先修约,后计算,再修约"的规则进行计算,运算过程中可多保留一位有效数字。在加减运算中,每数及它们的和或差的有效数字的保留,以小数点后面有效数字位数最少的为标准。在乘除法运算中,每数及它们的积或商的有效数字的保留,以每数中有效数字位数最少的为标准。

【实测数据】

1. 果蔬中有机磷农药残留检测数据处理——回收率的测定

	1	2	3
称取果蔬的质量(g)	20.00	20.00	20.00
标准溶液的加入量(μg)	5.0	5.0	5.0
标样的色谱峰面积	1502.0	1499.5	1500.9
标准溶液中该农药的峰面积	1500.0		
加标回收率			
平均回收率			
相对平均偏差			

2. 果蔬中有机磷农药残留检测数据处理——样品含量的测定

	1	2	3
称取果蔬的质量（g）	20.00	20.00	20.00
标准溶液中有机磷农药的含量（μg）	10	50	100
标准溶液中有机磷农药的色谱峰面积	1 000	5 000	10 000
样品中有机磷农药的色谱峰面积		4 888.8	
样品中有机磷农药的含量（μg）			

【实训要求】自拟实施方案；教师修改；方案实施；实训小结。

任务六　检验报告

一、原始记录

原始记录是进行检测溯源的基础，因此在农产品检测中原始记录尤为重要，必须如实记录并妥善保管（表1-1）。

表1-1　原始记录表示例

样品名称		样品编号	
样品来源		生产批号	
检测项目		日期	
检测方法			
滴定次数	1	2	3
样品质量（g）			
滴定管初读数（mL）			
滴定管终读数（mL）			
消耗滴定剂的体积（mL）			
滴定剂的浓度（mol/L）			
计算公式			
被测成分质量分数（%）			
平均值			

（1）原始记录必须客观、真实、规范、完整。原始记录可设计成一定的格式，内容一般包括：样品名称、来源、编号、采样地点、样品地点、样品处理方式、包装及保管状况、检测项目、检测地点、检测日期、检测依据和方法、所用试剂的名称与浓度、称量记录、滴定记录、计算记录、检测结果及参加检测人员（检测人、复核人）的签名以及检测环境条件、仪器名称等。

（2）原始记录本应统一编号、专用，用蓝色或黑色钢笔、签字笔填写，不得用铅笔填写。

（3）原始记录应由检验人员在检验过程中及时填写，不得补记。

（4）不得随意更改，如遇记录错误确需更改时，应由项目检验人员在原始记录的错误字符上划上二横，将正确的字符填在上方并盖上更改人的章或更改人的签名。不得采用涂改、粘贴等方式，以致辨认不清原有的字符。

（5）原始记录的计量单位必须符合我国法定计量单位的要求，不得使用非法定计量单位。数据修改和有效数字表达要符合有关检测方法标准的要求。

（6）确知在操作过程中存在错误的检验数据，不论结果好坏，都必须舍去，并在备注栏中注明原因。

（7）原始记录应统一管理，归档保存，以备查验。

（8）原始记录未经批准，不得随意向外提供。

二、检验报告

检验报告是农产品质量检测的最终产物，是产品质量的凭证，也是产品质量是否合格的技术根据。因此其反映的信息和数据，必须客观公正、准确可靠、清晰完整。检验报告的内容一般包括样品名称、送检单位、生产日期及批号、采样时间、检验日期、检验项目、检验依据、检验结果、报告日期、检验员签字、主管负责人签字、检验单位盖章等（表1-2）。

检验报告单的填写应做到：

（1）检验报告单必须由考核合格的检验技术人员填写。

（2）检验结果必须经第二者复核无误后，才能填写。检验报告单上应有检验人员和复核人员的签字及技术负责人的签字。

（3）检验报告单一式两份，其中正本提供给服务对象，副本留存备查。检验报告单经签字和盖章后即可报出，但如遇到检验不合格或样品不符合要求等情况，检验报告单应交给技术人员审查签字后才能报出。

表1-2 检验报告单示例

××××××（检验单位名称）
检验报告单

样品名称					
送检单位			生产日期		
样品规格		送检日期	生产批号	检验日期	
检验项目			检验依据		
检验结果					
结论					
技术负责人		复核人		检验人	

附注：（1）××××××
（2）××××××

年 月 日

实训操作

检验报告单的设计与填写

【实训目的】学会并掌握农产品分析检验报告单的设计与填写。

【实训原理】检验报告是农产品质量检测的最终产物,是产品质量的凭证,也是产品质量是否合格的技术根据。因此其反映的信息和数据,必须客观公正、准确可靠、清晰完整。检验报告的内容一般包括样品名称、送检单位、生产日期及批号、采样时间、检验日期、检验项目、检验依据、检验结果、报告日期、检验员签字、主管负责人签字、检验单位盖章等。

【实训设计】有机酸是柑橘类水果的特征性指标,根据其含量的高低,可以判定柑橘果实的成熟度;可以检测柑橘果实在储藏保鲜过程中的变化情况;可为食品加工企业制定加工工艺提供依据。

假设你是某食品(果汁)加工企业的质量检测技术人员,某果业生产企业送来一批鲜甜橙样品,需要你对这些样品进行有机酸含量的检测,用酸碱中和法测定结果表明,样品的含酸量为 1.20 g/100 g,请你设计并填写一份农产品分析检验报告单。

【实训要求】自拟实施方案;教师修改;方案实施;实训小结。

项目总结

农产品质量检测的一般程序是:样品的采集;样品的制备和保存;样品的预处理;分析检测;数据的分析处理;出具检验报告。

问题思考

1. 采样的原则是什么?一般分哪几个步骤进行?
2. 为什么要进行样品预处理?样品预处理的方法有哪些?
3. 说明准确度与精密度的区别。
4. 有效数字的处理原则是什么?

项目二　感官检验

【知识目标】
1. 了解感官检验的基本要求。
2. 掌握常用的感官检验方法。

【技能目标】
1. 能够利用感官检验的方法对农产品进行检验。
2. 能够利用感官检验的知识对农产品进行评价。

项目导入

感官检验是根据人的感觉器官对农产品的各种质量特征的感觉，如味觉、嗅觉、视觉、听觉等，用语言、文字、符号或数据进行记录，再运用概率统计原理进行统计分析，从而得出结论，对农产品的色、香、味、形、质地、口感等各项指标做出评价的方法。

原始的感官检验往往采用少数服从多数的简单方法来确定最后的评价，缺乏科学性，可信度不高。随着统计学、生理学、心理学这三门学科的引入，感官检验成为一种科学的测定方法，被广泛应用于市场调研、新产品开发、产品质量控制和产品检验中。

感官检验有分析型感官检验和偏爱型感官检验两大类型。

分析型感官检验是把人的感觉器官作为一种检验测量的工具来评价样品的质量特性或鉴别多个样品之间的差异等。如质量检查、产品评优等都属于这种类型。

偏爱型感官检验与分析型感官检验正好相反，是以样品为工具，来了解人的感官反应及倾向。如在新产品开发过程中对试制品的评价，调查顾客对不同产品的偏爱倾向等。

感官检验过程不但受客观条件的影响，也受主观条件的影响。客观条件包括感官检验室和样品的制备，主观条件则涉及参与感官检验人员的基本条件。因此，感官检验的基本要求是感官检验室、检验人员和样品制备。

1. 感官检验室　感官检验室应隔音、整洁、无异味，室内墙壁宜用白色涂料，室内保持舒适的温度与通风，给检验人员以舒适感，使其注意力集中。室内应分隔成几个间隔，每一间隔内设有检验台和传递样品的小窗口以及简易的通信装置，检验台上装有漱洗盘和水龙头，用来冲洗品尝后吐出的样品。感官实验室常布置三个独立的区域：办公室、样品准备室和检验室。办公室用于工作人员管理事务。样品准备室用于准备和提供样品。检验室用于进行感官检验，检验室还应设集体工作区，用于检验员之间的讨论。

2. 检验人员　偏爱型感官检验和分析型感官检验对检验人员的要求不同。偏爱型检验人员的任务是对农产品进行可接受性评价，检验员可由任意的未经训练的人组成，人数不少于100人,这些人必须在统计学上能代表消费者总体,以保证试验结果的代表性和可靠性。分析型检验的任务是鉴定果蔬产品的质量,检验人员必须具备一定的条件并经过挑选测试。

3. 样品制备 每次提供给评价员的样品数一般控制在4~8个,每个样品的量控制在液体30 mL,固体28 g左右为宜。温度控制在该农产品日常食用的温度,样品过冷或过热均可造成感官不适或感官迟钝,温度升高后,挥发性气味物质的挥发速度加快,会影响其他的感觉。

样品容器应洁净无味、无色或白色、大小形状一致,以避免一些由盛具带来的非评定特性引起的刺激偏差。

样品的编号应以多位数(3~5位)随机编号,检验样品的顺序也应随机化,以减少主观因素对检验结果的影响。通常均采双盲法进行检验,即由工作人员对样品进行编号,而检验人员和综合检验结果的人员不知道哪个编号是哪个样品。

评价员在进行新的评估之前应充分清洗口腔,直至余味全部消失。应根据检验样品来选择冲洗或清洗口腔有效的辅助剂,如水、无盐饼干、米饭、新鲜馒头或淡面包,对具有浓郁味道或余味较大的样品应用稀释的柠檬汁、苹果或不加糖的浓缩苹果汁等进行清洗。

感官检验可在上午、下午评价员感官敏感性较高的时间进行。在周末、饮食前1 h、饮食后1 h以及评价员刚上班和快下班时都不宜进行检验。

常用的感官检验可以分为三类:差别检验、类别检验、描述性检验。

任务一 差别检验

差别检验的目的是要求评价员对两个或两个以上的样品,做出是否存在感官差别的结论。差别检验的结果,是以做出不同结论的评价员的数量及检验次数为基础进行概率统计分析。例如:有多少人回答样品A,多少人回答样品B,多少人回答正确。解释其结果主要运用统计学的二项分布参数检验。差别检验中,一般规定不允许"无差异"的回答,即评价员未能察觉出两种样品之间的差异(即强迫选择)。差别检验中需要注意样品外表、形态、温度等表现参数的明显差别所引起的误差。

差别检验常用的有:成对比较检验(两点检验)、三点检验(三角形检验)、二-三点检验(对比检验)。

一、成对比较检验

成对比较检验又称两点检验,是以随机的方式向评价员同时出示两个样品A与B,要求评价员对这两个样品进行比较,判断两个样品之间是否存在某种差别及差别方向如何,是否偏爱某一个样品的一种检验。

成对比较检验的优点是简单且不易产生感官疲劳。在试验之前应明确是双边检验还是单边检验。双边检验(又称差别成对比较)是只需要发现两种样品在某一特性方面是否存在差别,或者是否其中之一更被消费者偏爱。单边检验(又称定向成对比较)是希望某一指定样品具有较大的强度或被偏爱。例如:两种饮料A和B,其中饮料A明显甜于B,则该检验是单边的;如果这两种样品有显著差异,但没有理由认为A或B的特性强度大于对方或被偏爱,则该检验是双边的。

具体试验方法：把 A、B 两个样品同时呈送给评价员，要求评价员根据要求进行评价。在试验中，检验样品的温度应相同；盛样品的容器编号应随机选用 3 位数字，每次检验的编号应不同；应使样品 A、B 和 B、A 在配对样品中出现的次数均等，并同时随机地呈送给评价员。为避免感官疲劳，在连续提供几个成对样品时，应将样品量减少到最低限度。

二、三点检验

三点检验是同时向评价员提供一组 3 个不同编码的样品，其中 2 个是完全相同的，要求评价员挑出有差别的那个样品。通常情况按下述 6 种组合：为使 3 个样品的排列次序、出现次数的概率相等，可运用以下 6 组组合：ABB、AAB、ABA、BAA、BBA、BAB，从实验室样品中制备数目相等的样品组。在检验中，6 组出现的概率也应相等。盛装检验样品的容器应编号，一般是随机选取 3 位数。

三点检验适用于鉴别样品间的细微差别，也可以用于选择和培训评价员或者检查评价员的能力。

三、二-三点检验

二-三点检验是先提供一个标准样品，再提供 2 个待检样品，并告知其中一个样品与标准样品相同，要求找出与标准无差别的样品。再统计有效评价表的正解数，若正解数大于或等于其中某数，说明在此数所对应的显著性水平上，两样品间有差别。若小于其中所有的数，则说明在 5% 水平上，两样品间无显著差别。

二-三点检验每次试验猜测性概率为 1/2，检验效率不如三点检验，但二-三点检验比较简单，容易理解。常用于风味较强、刺激较烈和产生余味持久的产品检验，以降低评鉴次数，避免味觉和嗅觉疲劳。

实训操作

茶叶的感官成对比较检验

【实训目的】学会并掌握茶叶的感官成对比较检验。

【实训原理】成对比较检验又称两点检验，是以随机的方式，向评价员同时出示两个样品 A 与 B，要求评价员对这两个样品进行比较，判断两个样品之间是否存在某种差别及差别方向如何，是否偏爱某一个样品的一种检验。

【实训设计】现有 2 种茶叶，一种是原产品，一种是新种植的品种，通过感官成对比较检验这两种产品之间是否存在差异。两种检验法差异检验结果如下：

评价人员	有差异次数	无差异次数
1	2	2
2	3	1
3	3	1

（续）

评价人员	有差异次数	无差异次数
4	3	1
5	4	0
6	2	2
总数	17	7

检验总次数：$n=6\times4=24$（次），有差别次数：$x=17$（次）。

查两点检验法差异检验表，$n=24$ 时，$x=17=17$（5%），说明在5%的显著水平，两种茶叶（新产品和原产品）之间存在显著性差异。

【实训要求】自拟实施方案；教师修改；方案实施；实训小结。

任务二 类别检验

类别检验的目的是估计差别的顺序或大小，或者样品应归属的类别或等级。它要求评价员对2个以上的样品进行评价，判定出哪个样品好，哪个样品差，以及它们之间的差异大小和差异方向。通过检验可得出样品间差异的排序和大小，或样品应归属的类别或等级。

常用的方法有：分类检验、排序检验、评分检验和评估检验。选择何种方法解释数据，取决于试验的目的及样品数量。

一、分类检验

分类检验是把样品以随机的顺序出示给评价员，要求评价员在对样品进行评价后，划出样品应属的预先定义的类别，这种检验称为分类检验。当样品打分有困难时，可用分类法评价出样品的好坏差别，得出样品的优劣、级别。也可以鉴定出样品的缺陷等。

二、排序检验

排序试验是比较数个样品，按某一指定特性由强度或嗜好程度排出一系列样品。排序检验只排出样品的次序，不评价样品间差异的大小。排序检验只能按一种特性进行，如要求不同的特性排序，则按不同的特性安排不同的顺序。排序检验简单并且能够同时判断两个以上样品，但无法判别样品之间的差别大小、程度。当样品种类较多或者样品之间差别很小时，此法难以进行。

三、评分检验

评分检验法是要求评价员把样品的品质特性以数字标度形式来鉴评的一种检验方法。可用于鉴评一种或多种产品的一个或多个指标的强度及其差异，特别适用于鉴评新产品。

四、评估检验

评估检验是随机地提供一个或多个样品，由评价员在一个或多个指标的基础上进行分类、排序，以评价样品的一个或多个指标的强度，或对产品的偏爱程度，也可根据各项指标对产品质量的重要程度,确定其加权数,然后对各指标的评价结果加权平均,从而得出整个样品的评估结果。

实训操作

西瓜的感官排序检验

【实训目的】学会并掌握西瓜的感官排序检验。

【实训原理】排序试验是比较数个样品,按某一指定特性由强度或嗜好程度排出一系列样品。排序检验只排出样品的次序,不评价样品间差异的大小。排序检验只能按一种特性进行,如要求不同的特性排序,则按不同的特性安排不同的顺序。排序检验简单并且能够同时判断两个以上样品,但无法判别样品之间的差别大小、程度。当样品种类较多或者样品之间差别很小时,此法难以进行。

【实训设计】5个西瓜品种编号:101,102,103,104,105。感官的排序检验结果如下:

排序	名次	外表	气味	味道	口感	喜欢
最佳	1	102	104	102	104	104
↓	2	104	102	104	102	102
	3	101	103	101	103	101
	4	105	101	105	101	103
最差	5	103	105	103	105	105

【实训要求】自拟实施方案;教师修改;方案实施;实训小结。

任务三 描述性检验

描述性检验是评价员对产品的所有品质特性进行定性、定量的分析及描述。它要求评价产品的所有感官特性,因此要求评价员除具备相应的感知能力外,还要具备用适当和准确的词语描述产品品质特性及其在农产品中的实质含义的能力,以及总体印象、总体特征强度和总体差异分析的能力。可用于新产品的研制和开发,鉴别产品间的差别,为仪器检验提供感官数据库,提供产品特征的永久记录,监测产品在储藏期间的变化等。

描述性检验可分为简单描述检验(定性)和定量描述检验两种。

一、简单描述检验

简单描述检验是评价员对构成样品特性进行定性描述,以评价样品品质的检验。可用于识别或描述某一特殊样品或许多样品的特殊指标,或将感觉到的特性指标建立一个序列。常用于质量控制,监测产品在储藏期间的质量,以及评价员的培训等。变化或描述已经确定的差异检测,也可用于培训评价员。简单描述检验通常有两种评价形式:

(1)由评价员用任意的词语,对样品的特性进行描述。

（2）提供指标评价表，评价员按评价表中所列出描述各种质量特征的词语进行评价。例如在面粉质量评价中可提供指标检查表。

色泽：白色至微黄色，均匀一致，不发暗，没有杂色。
组织：呈粉末状，不含杂质，无粗粒感，没有虫和结块，放在手中紧压后不成团。
气味：气味正常，没有酸臭味、霉味、煤油味、苦味等异味。
口味：淡而微甜，可口，没有发酸刺喉、发苦等味道。

评价员完成评价后，由鉴评小组的组织者进行统计分析，根据每一描述性词语使用的频数，得出评价结果。

二、定量描述检验

要求评价员尽量完整地描述样品感官特性以及这些特性强度的检验称为定量描述检验（Quantitative Descriptive Analysis，QDA）。常用于质量控制、新产品研制、产品品质改良、质量分析等方面，还可以为仪器检验结果提供可对比的感官数据，使产品特征相对稳定地保存下来。

定量描述检验依照检验方式的不同可分为一致方法和独立方法两大类。一致方法是在检验中所有的评价员都是作为一个集体的一部分而工作，目的是获得一个评价小组赞同的综合印象，使对被评价的产品的风味特点达到一致的认识。在检验过程中如果不能一次达成共识，可借助参比样来进行，有时需要多次讨论方可达到目的。独立方法是由评价员先在小组内讨论产品风味，然后由每个评价员单独工作，记录对样品感觉的评价成绩，最后用计算平均值的方法，获得评价结果。无论是一致方法还是独立方法，在检验开始前，评价组织者和评价员应完成以下准备工作：①制定记录样品的特性目录；②确定参比样；③规定描述特性的词语；④建立描述和检验样品的方法。

实训操作

面粉的感官简单描述检验

【实训目的】 学会并掌握面粉的感官简单描述检验。

【实训原理】 简单描述检验是评价员对构成样品特性进行定性描述，以评价样品品质的检验。可用于识别或描述某一特殊样品或许多样品的特殊指标，或将感觉到的特性指标建立一个序列。

【实训设计】 面粉的感官简单描述检验结果如下所示：

指标	特征
组织状况	呈粉末状，不含杂质，手指捏之无粗粒感，没有虫和结块
颜色	均匀一致，没有杂色
气味	正常、没有霉臭味、酸味和其他异味
滋味	淡而微甜，没有酸、苦、辣味，咀嚼没有沙声

【实训要求】 自拟实施方案；教师修改；方案实施；实训小结。

项目总结

　　感官检验就是用感觉器官来评价农产品的色、香、味、形、质地和口感等质量特征，分为分析型感官检验和偏爱型感官检验两大类型。感官检验有着理化和微生物检验方法所不能替代的优越性。感官检验不合格的产品，不必进行理化检验，直接判为不合格产品。现代感官检验的三大支柱学科是统计学、生理学和心理学。感官检验的基本要求是感官实验室的选择、评价员的选择和样品准备。

　　感官检验的三个基本要求是感官检验室、检验人员和样品制备。常用的感官检验可以分为三类：差别检验、类别检验、描述性检验。

问题思考

1. 感官检验有哪些类型？它们的区别是什么？
2. 常用的感官检验是什么？
3. 感官检验的基本要求是什么？

项目三　物理检验

【知识目标】
1. 理解相对密度、折射率和旋光度的概念。
2. 掌握农产品的相对密度、折射率和旋光度的检测原理。

【技能目标】
1. 能够正确使用密度瓶、折射仪和旋光仪。
2. 能够熟练掌握农产品的相对密度、折射率和旋光度测定的操作技能。

项目导入

根据农产品的相对密度、折射率、旋光度等物理常数与农产品的组分及含量之间的关系进行的检测称为物理检验。物理检验简便快捷，通过测定物理特性，可以判断农产品品质的优劣，是农产品生产与加工过程中常用的检测方法。

任务一　相对密度法

一、相对密度

密度是指物质在一定温度下单位体积的质量，用符号 ρ 表示，其单位为 g/cm^3。

相对密度是指某一温度下物质的质量与同体积某一温度下水的质量之比，用符号 d 表示。

由于物质具有热胀冷缩的性质（水在 4 ℃以下是反常的），因此密度和相对密度的值都随温度的改变而改变，故密度应标示出测定时物质的温度 t，表示为 ρ_t，而相对密度应标示出测定时物质的温度 t_1 及水的温度 t_2，表示为 $d_{t_2}^{t_1}$。

密度与相对密度虽有不同的含义，但两者之间有如下关系：

$$d_{t_2}^{t_1} = \frac{t_1 \text{温度下物质的密度}}{t_2 \text{温度下水的密度}}$$

液体的相对密度一般是指液体在 20 ℃时的质量与同体积的水在 4 ℃时（水在 4 ℃时的密度为 1.000 000 g/cm^3）的质量之比，用符号 d_4^{20} 表示。在实际工作中，用密度瓶或密度计测定液体的相对密度时，以同温度下测定较为方便（即 $t_1=t_2$），通常情况下多在 20 ℃下进行测定，以符号 d_{20}^{20} 表示。对同一液体而言，$d_{20}^{20} > d_4^{20}$（因为水在 4 ℃时的密度比在其他温度时大）。

$d_{t_2}^{t_1}$ 与 $d_4^{t_1}$ 之间的换算关系为：

$$d_4^{t_1} = d_{t_2}^{t_1} \times \rho_{t_2}$$

式中：ρ_{t_2}——温度 t_2 时水的密度。

相对密度是物质的重要物理常数。正常的液态食品，其相对密度都在一定的范围内。因此测定相对密度可以检验食品的纯度、浓度及判断食品的质量。例如：全脂牛乳的相对密度为 1.028~1.032，植物油（压榨法）的相对密度为 0.909 0~0.929 5。当因掺杂、变质等原因引起这些液体食品的组成成分发生变化时，均可出现相对密度的变化。

当食品的相对密度异常时，可以肯定食品的质量有问题。当相对密度正常时，并不能肯定食品质量无问题，必须配合其他理化分析，才能确定食品的质量。

二、测定方法

（一）密度瓶法

1. 原理 在一定温度下，利用同一密度瓶分别称取等体积的样品和蒸馏水的质量，两者之比即为该样品溶液的相对密度。

2. 仪器 密度瓶是测定液体相对密度的专用精密仪器，常用的有带温度计的精密密度瓶和带毛细管的普通密度瓶，见图 3-1。常用的密度瓶规格是 25 mL 和 50 mL 两种。

3. 测定 先把密度瓶洗干净，再依次用乙醇、乙醚洗涤，烘干并冷却后，精密称重（m_0）。装满样品盖上瓶盖，置 20 ℃水浴内浸 0.5 h，使内容物的温度达到 20 ℃，用滤纸吸去侧管标线上的样液，盖上侧管帽后取出。用滤纸把瓶外擦干，置天平室内 0.5 h 后称重（m_2）。将样品倾出，洗净密度瓶，装入煮沸 0.5 h 并冷却到 20 ℃ 的蒸馏水，按上法操作，测出同体积 20 ℃蒸馏水的质量（m_1）。

4. 计算

$$d_{20}^{20} = \frac{m_2 - m_0}{m_1 - m_0}$$

式中：d_{20}^{20}——样品的相对密度；
m_0——空密度瓶质量，g；
m_1——密度瓶和水的质量，g；
m_2——密度瓶和样品的质量，g。

$$d_4^{20} = d_{20}^{20} \times \rho_{20}$$

式中：d_4^{20}——样品的相对密度；

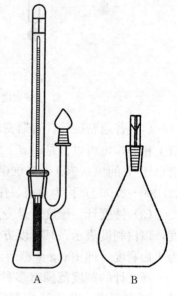

图 3-1 密度瓶
A. 带温度计的精密密度瓶
B. 带毛细管的普通密度瓶

ρ_{20}——20 ℃时水的密度（0.998 23 g/cm³）。

5. 说明

（1）本法适用于测定各种液体食品的相对密度。测定较黏稠样液时，宜使用具有毛细管的密度瓶。

（2）瓶内不得有气泡，也不要用手直接接触密度瓶球部，以免液体受热溢出。

（二）密度计法

1. 原理 密度计是根据阿基米德原理制成的。浸在液体（或气体）里的物体受到向上的浮力作用，浮力的大小等于被该物体排开的液体的重力。

2. 仪器 密度计种类很多，但结构和形式基本相同，都是由玻璃外壳制成。头部呈球形或圆锥形，里面灌有铅珠、水银或其他重金属，使其能立于溶液中，中部是胖肚空腔，内有空气故能浮起，尾部是一细长管。内附有刻度标记，刻度是利用各种不同密度的液体标度的。

按其标度方法的不同，密度计可分为普通密度计、锤度计、波美计、酒精计、乳稠计，见图 3-2。

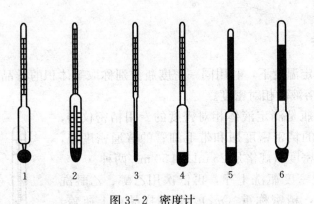

图 3-2 密度计
1. 普通密度计 2. 锤度计 3、4. 波美计 5. 酒精计 6. 乳稠计

(1) 普通密度计。普通密度计是直接以 20 ℃时的密度值为刻度的。因为 d_4^{20} 与 ρ_{20} 在数值上相等，也可以说是以 d_4^{20} 为刻度的。一套通常由几支组成，每支的刻度范围不同。刻度值小于 1 的（0.700～1.000）称为轻表，用于测量比水轻的液体；刻度值大于 1 的（1.000～2.000）称为重表，用来测量比水重的液体。

(2) 锤度计。锤度计是专用于测定糖液浓度的密度计。它是以蔗糖溶液的质量分数为刻度，以白利度表示。其标度方法是以 20 ℃为标准温度，在蒸馏水中为 0，在 1% 蔗糖溶液中为 1 白利度（即 100 g 蔗糖溶液中含 1 g 蔗糖），以此类推。

锤度计的刻度范围有多种，常用的有：0～6 白利度，5～11 白利度，10～16 白利度，15～21 白利度，20～26 白利度等。

若测定温度不在标准温度（20 ℃）时，应进行温度校正。当测定温度高于 20 ℃时，因糖液体积膨胀导致相对密度减小，即锤度降低，故应加上相应的温度校正值；反之，则应减去相应的温度校正值。

(3) 波美计。波美计是以波美度来表示液体浓度大小。按标度方法的不同分为多种类型，常用波美计的刻度是以 20 ℃为标准，在蒸馏水中为 0，在 15% 氯化钠溶液中为 15 波美度，在纯硫酸（相对密度为 1.8427）中为 66 波美度，其余刻度等分。

波美计分为轻表和重表两种，分别用于测定相对密度 <1 和相对密度 >1 的液体。波美度与相对密度之间的关系：

$$轻表：波美度 = \frac{145}{d_{20}^{20}} - 145$$

$$重表：波美度 = 145 - \frac{145}{d_{20}^{20}}$$

(4) 酒精计。酒精计是一种测定酒精水溶液中乙醇体积分数的专用仪器。常用的有三支组 0~30 ℃、30~70 ℃、70~100 ℃，此外，还有五支组、十支组。

用酒精计法测得酒精体积百分数示值，进行温度校正后，求得 20 ℃的乙醇的体积百分数，即酒精度。

(5) 乳稠计。乳稠计是专用于测定牛乳相对密度的密度计（单位为度，符号为"°"）。乳稠计的刻度范围为 15°~45°，测定相对密度的范围为 1.015~1.045。

相对密度与乳稠计读数的关系为：

乳稠计读数＝（相对密度－1.000）×1000

乳稠计按其标度方法不同分为两种：一种是按 20 ℃/4 ℃标定的，另一种是按 15 ℃/15 ℃标定的。两者的关系是：

$$d_{15}^{15}=d_4^{20}+0.002$$

使用乳稠计时，若测定温度不是标准温度（20 ℃）时，应将读数校正为标准温度下的读数。对于 20 ℃/4 ℃乳稠计，在 10~25 ℃范围内，温度每升高 1 ℃，乳稠计读数平均下降 0.2°，即相当于相对密度值平均减小 0.000 2。故当乳温高于标准温度 20 ℃时，每高 1 ℃应在得出的乳稠计读数上加 0.2°；乳温低于 20 ℃时，每低 1 ℃应减去 0.2°。

3. 测定 将混合均匀的被测样液，沿筒壁徐徐注入适当容积的清洁量筒中，注意避免起泡沫。将密度计洗净擦干，缓缓放入样液中，待其静止后，再轻轻按下少许，然后待其自然上升，静止并无气泡冒出后，从水平位置读取与液平面相交处的刻度值。同时用温度计测量样液的温度，如测得温度不是标准温度时，应对测得值加以校正。

4. 说明

(1) 该方法操作简便迅速，但准确性差，需要样液量多，且不适用于测定极易挥发的样品。

(2) 操作时应注意不要让密度计接触量筒的壁及底部，待测液中不得有气泡。

(3) 读数时应以密度计与液体形成的弯月面的下缘为准。若液体颜色较深，不易看清弯月面下缘时，则以弯月面上缘为准。

实训操作

蜂蜜相对密度的测定

【实训目的】学会并掌握密度瓶法测定蜂蜜的相对密度。

【实训原理】在一定温度下，利用同一密度瓶分别称取等体积的样品和蒸馏水的质量，两者之比即为该样品溶液的相对密度。

【实训仪器】带温度计的密度瓶。

【操作步骤】

1. 样品处理 用移液管准确量取待检测蜂蜜 10 mL，移入 100 mL 的容量瓶，用水反复洗涤移液管，洗液注入容量瓶，直至移液管中的蜂蜜洗净，加水定容至刻度。此稀释液中每毫升含待测蜂蜜 0.1 mL。

2. 密度瓶质量测定 将密度瓶洗净、干燥、称量，反复操作，直至恒重（m_0）。

3. 密度瓶和蒸馏水质量测定　将煮沸冷却至 15 ℃的蒸馏水注满恒重的密度瓶，插上带有温度计的瓶塞，立即浸于 20 ℃±0.1 ℃的高精度恒温水浴中 30 min，待内容物温度达到 20 ℃，用滤纸吸去侧管标线以上的水，盖好侧管上小帽后取出。用滤纸将密度瓶外擦干，置天平室内留置 30 min 后称量（m_1）。

4. 密度瓶和样品质量测定　将水倒去，用样品反复冲洗密度瓶 3 次，然后装满制备的样品液，按上述方法操作，称量（m_2）。

【结果计算】

$$d_{20}^{20}=\frac{m_2-m_0}{m_1-m_0}\times 10$$

式中：d_{20}^{20}——蜂蜜在 20 ℃时的相对密度；

　　　m_0——空密度瓶质量，g；

　　　m_1——密度瓶和水的质量，g；

　　　m_2——密度瓶和蜂蜜的质量，g；

　　　10——蜂蜜稀释的倍数。

计算结果表示到称量天平精度的有效位数。

在重复条件下获得的 3 次独立测定结果的绝对差值不得超过算术平均值的 5%。

任务二　折射法

通过测量物质的折射率来鉴别物质的组成，确定物质的纯度、浓度及判断物质品质的分析方法称为折射法。

一、折射率

折射率是物质的一种物理性质，不同的物质有不同的折射率。对于同一种物质，其折射率的大小取决于该物质溶液浓度的大小，随着溶液浓度的增大而递增。折射率还与入射光的波长、温度有关。波长较长折射率较小，波长较短折射率较大。温度升高折射率减小，温度降低折射率增大。

农产品（如水果和蔬菜的汁液、油类）中可溶性固形物含量是产品品质的重要指标之一。生产中常用可溶性固形物含量代替产品的含糖量，可溶性固形物含量越高，说明其含糖量越高。测定折射率可了解农产品的可溶性固形物含量，折射率大，说明产品中的可溶性固形物含量高。

农产品中的固形物是由可溶性固形物及悬浮物所组成，折射法测得的只是可溶性固形物含量，因为固体粒子不能在折射仪上反映出它的折射率。含有不溶性固形物的样品，不能用折射法直接测出总固形物。但对于番茄酱、果酱等个别食品，已通过实验编制了总固形物与可溶性固形物关系表，先用折射法测定可溶性固形物含量，即可查出总固形物的含量。

二、折射仪

折射仪是利用临界角原理测定物质折射率的仪器。其种类很多，最常用的是阿贝折射仪和手持式折射仪。

1. 阿贝折射仪

（1）构造。阿贝折射仪的光学系统由观察系统与读数系统两部分组成。数字阿贝折射仪的结构见图3-3。

折射仪上的刻度是在标准温度（20 ℃）下测得的，所以最好在20 ℃下测定折射率，否则应对测定结果进行温度校正。超过20 ℃时，加上校正数；低于20 ℃时，减去校正数。

（2）测定方法。用洁净的长滴管将1～2滴样液置于下面棱镜上，迅速闭合两块棱镜。调节光源，使镜筒内视野最亮。转动棱镜旋钮，使视野出现明暗两部分。旋转色散补偿旋钮，使视野中只有黑白两色。旋转棱镜旋钮，使明暗分界线与"十"字线交叉点重合（图3-4），读取折射率或质量分数。

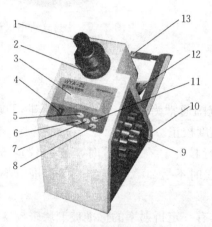

图3-3　数字阿贝折射仪

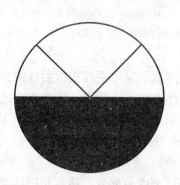

图3-4　阿贝折射仪视场

1. 目镜　2. 色散手轮　3. 显示窗　4. 电源开关
5. 读数显示键　6. 经温度修正锤度显示键
7. 折射率显示键　8. 未经温度修正锤度显示键
9. 调节手轮　10. RS232接口　11. 温度显示键
12. 折射棱镜部件　13. 聚光照明部件

（3）注意事项。通常用测定蒸馏水折射率的方法进行校正。在20 ℃时，折射仪应表示折射率为1.332 99或可溶性固形物含量为0%。若校正时不是20 ℃，应查出该温度下蒸馏水的折射率再进行校准。

对于高刻度值部分，通常是用特制的具有一定折射率的标准玻璃块来校准。

2. 手持式折射仪

（1）构造。手持式折射仪的结构见图3-5。该仪器操作简单，便于携带，常用于生产现场检验。

（2）测定方法。取1～2滴样液置于棱镜上，合上盖板，使溶液均匀涂布在棱镜表面，将光窗对准光源，调节目镜视度圈，使视场内视野清晰，视场中明暗分界线对应读数即为该溶液的含糖量，见图3-6。

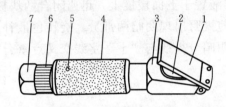
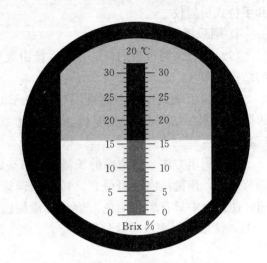

图 3-5 手持式折射仪　　　　　图 3-6 手持式折射仪视场
1. 盖板　2. 检测棱镜　3. 棱镜座　4. 望远镜筒和外套
　　5. 调节螺丝　6. 视度调节圈　7. 目镜

（3）注意事项。手提式折射仪的测定范围通常为 0%～90%，其标准温度为 20 ℃。如果是在非标准温度下测量，则需查表进行温度校正。

通常用测定蒸馏水折射率的方法进行校正。在 20 ℃时，折射仪应表示折射率为 1.332 99 或可溶性固形物含量为 0%。若校正时不是 20 ℃，应查出该温度下蒸馏水的折射率再进行校准。

对于高刻度值部分，通常是用特制的具有一定折射率的标准玻璃块来校准。

实训操作

饮料中可溶性固形物的测定

【实训目的】学会并掌握折射法测定饮料中可溶性固形物的含量。

【实训原理】在 20 ℃用折射仪测量待测样液的折射率，并用 20 ℃时折射率与可溶性固形物含量换算表或从折射仪上直接读出可溶性固形物含量。此方法适用于透明液体、半黏稠、含悬浮物的饮料制品。

【实训仪器】阿贝折射仪或其他折射仪，组织捣碎机。

【操作步骤】

1. 试液的制备

（1）透明液体制品：将试样充分混匀，直接测定。

（2）半黏稠制品（果浆、菜浆类）：将试样充分混匀，用四层纱布挤出滤液，弃去最初几滴，收集滤液供测试用。

（3）含悬浮物制品（果粒果汁类饮料）：将待测样品置于组织捣碎机中捣碎，用四层纱布挤出滤液，弃去最初几滴，收集滤液供测试用。

2. 测定

（1）测定前按说明书校正折射仪，以阿贝折射仪为例，其他折射仪按说明书操作。

（2）分开折射仪两面棱镜，用脱脂棉蘸乙醚或乙醇擦净。

（3）用末端熔圆之玻璃棒蘸取试液 2~3 滴，滴于折射仪棱镜面中央（注意勿使玻璃棒触及镜面）。

（4）迅速闭合棱镜，静置 1 min，使试液均匀无气泡，并充满视野。

（5）对准光源，通过目镜观察接物镜。旋转粗调螺旋，使视野分成明暗两部分，再旋转微调螺旋，使明暗界线清晰，并使其分界线恰在接物镜的"十"字交叉点上。读取目镜视野中的示数，并记录棱镜温度。

（6）如目镜读数标尺刻度为百分数，即为可溶性固形物含量；如目镜读数标尺为折射率，查表换算为可溶性固形物含量，再查温度校正表校正为 20 ℃时可溶性固形物含量。

任务三　旋　光　法

旋光法是应用旋光仪测量旋光性物质的旋光度以确定其含量的分析方法。

旋光度和比旋光度是旋光性物质的主要物理性质。通过旋光度和比旋光度的测定，可以检查光学活性化合物的纯度，也可以定量分析有关化合物溶液的浓度。

一、旋光度

仅在一个平面上振动的光称偏振光。分子结构中有不对称碳原子，能把偏振光的偏振面旋转一定角度的物质称为光学活性物质。食品许多成分都具有光学活性，如单糖、低聚糖、淀粉以及大多数的氨基酸和羟基酸等。其中能把偏振光的振动平面向右旋转的，称为具有右旋性，以（+）号表示；反之，称为具有左旋性，以（-）号表示。

偏振光通过光学活性物质的溶液时，其振动平面所旋转的角度称为该物质溶液的旋光度，以 α 表示。

$$\alpha = KcL$$

式中：α——旋光度；

　　　K——旋光系数；

　　　c——溶液浓度；

　　　L——液层厚度。

在一定温度 t 下，特定波长 λ 的偏振光透过 1 dm 旋光管及 1 g/mL 旋光物质的溶液所测得的旋光度称为比旋光度，以 $[\alpha]_\lambda^t$ 表示。

$$\alpha = [\alpha]_\lambda^t Lc$$

式中：α——旋光度；

　　　$[\alpha]_\lambda^t$——比旋光度（温度为 20 ℃，光源为钠光源）；

　　　t——温度，℃；

　　　λ——光源波长，nm；

　　　L——液层厚度或旋光管长度，dm；

c——溶液浓度，g/mL。

比旋光度与光的波长及测定温度有关。通常规定用钠光 D 线（波长 589.3 nm）在 20 ℃时测定，在此条件下，比旋光度用 $[\alpha]_D^{20}$ 表示。因在一定条件下，比旋光度是已知的，L 为一定，故测出旋光度就可计算出溶液中旋光性物质的浓度 c。

具有光学活性的还原糖类（如葡萄糖、果糖、乳糖、麦芽糖等）在溶解之后，其旋光度起初迅速变化，然后渐渐变得较缓慢，最后达到恒定值，这种现象称为变旋光作用。变旋现象是由于有的糖存在两种异构体，即 α 型和 β 型，它们的比旋光度不同。这两种环形结构和中间的开链结构在构成一个平衡体系过程中，即显示出变旋光作用。蜂蜜、葡萄糖之类产品，在通常的条件下，会发生变旋光作用。

应用旋光法测定时，样品配成溶液后，宜放置过夜再读数。为了解旋光作用是否完成，应每隔 15～30 min 进行一次旋光度测读，直至读数恒定为止。

二、旋光仪

1. 结构　旋光仪的结构见图 3-7。

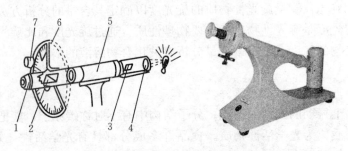

图 3-7　旋光仪
1. 望远目镜　2. 检偏棱镜　3. 起偏棱镜　4. 视准镜
5. 旋光管　6. 刻度盘　7. 读数望远扩大镜

2. 测定　当放进存有被测溶液的试管后，由于溶液具有旋光性，使平面偏振光旋转了一个角度，零度视场便发生了变化（图 3-8）。转动检偏镜一定角度，能再次出现亮度一致的视场，这个转角就是溶液的旋光度，它的数值可从刻度盘上读出。

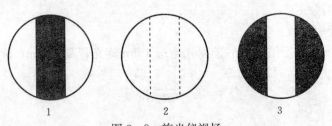

图 3-8　旋光仪视场
1. 大于（或小于）零度视场　2. 零度视场　3. 小于（或大于）零度的视场

测得溶液的旋光度后，就可以求出物质的比旋光度。根据比旋光度的大小，就能确定该物质的纯度和含量。

实训操作

农药比旋光度的测定

【实训目的】学会并掌握旋光法测定农药的比旋光度。

【实训原理】从起偏镜透射出的偏振光经过样品溶液时，由于样品溶液的旋光作用，使其振动方向改变了一定的角度α，将检偏器旋转一定角度，使透过光强度与入射光强度相等，该角度即为样品的旋光角。

【实训仪器】

1. 旋光仪 旋光仪，精度 0.01°。

2. 旋光管 旋光管长度的测量精度为±0.1 mm，带有恒温水外套。

3. 恒温槽 恒温槽温度控制在 20 ℃±0.5 ℃。

【操作步骤】

1. 配制透明的样品溶液，无悬浮颗粒或液滴。
2. 将恒温槽调节至 20 ℃恒温，然后将旋光管的外套接上恒温水。
3. 调整旋光仪，待仪器稳定后，用纯溶剂校准旋光仪的零点。
4. 将样品液体或溶液充满洁净、干燥的旋光管，小心地排出气泡，将盖旋紧后放入旋光仪内。在 20 ℃±0.5 ℃ 的条件下，进行测定并读取旋光角，准确至 0.01°，左旋以负号"－"表示，右旋以正号"＋"表示。

【结果计算】

1. 不需稀释的样品溶液的比旋光度计算

$$[\alpha]_D^{20} = \frac{\alpha}{l \cdot \rho}$$

式中：$[\alpha]_D^{20}$——20 ℃时，用钠光谱 D 线测定时的比旋光度，°；

α——测得的旋光度，°；

l——旋光管的长度，dm；

ρ——液体在 20 ℃时的密度，g/mL。

计算结果保留至小数点后两位。

2. 需经稀释的样品溶液的比旋光度计算

$$[\alpha]_D^{20} = 100 \times \frac{\alpha}{l \cdot c}$$

式中：$[\alpha]_D^{20}$——20 ℃时，用钠光谱 D 线测定时的比旋光度，°；

α——测得的旋光度，°；

l——旋光管的长度，dm；

c——溶液中有效组分的浓度，g/100 mL。

计算结果保留至小数点后两位。两次平行测定值相对偏差不大于15%。

项目总结

物理检验是根据一些物理常数（如密度、相对密度、折射率和旋光度等）与农产品的组分及含量之间的关系进行检测的方法。物理检验是农产品生产与加工过程中常用的检测方法。

问题思考

1. 简述密度瓶法的测定步骤及使用注意事项。
2. 简要说明样品的组成及其浓度与折射率的关系。
3. 简述旋光度、比旋光度和变旋光作用的概念。

项目四 营养物质检测

【知识目标】

1. 理解农产品中营养物质的种类、形态、性质及作用。
2. 掌握农产品中水分、酸度、脂肪、蛋白质、氨基酸、糖类、维生素、矿物元素等物质的检测原理。

【技能目标】

1. 能够正确使用农产品中营养物质检测所用的仪器设备。
2. 能够熟练掌握农产品中营养物质检测的操作技能。

项目导入

农产品中的营养物质是人类生活和生存的重要物质基础，人们通过食用农产品来摄入人体所需要的营养物质。农产品中的营养物质有水分、酸度、脂肪、蛋白质、氨基酸、糖类、维生素、矿物元素等。

任务一 水分测定

水分是农产品中最重要的成分之一。尽管水本身不能提供热量，但水和无机盐、维生素一样，是调节人体各种生理活动的重要物质。

水分测定的意义在于：①含水量是农产品重要的质量指标之一。一定的水分含量可影响农产品的保鲜性、保藏性、加工性等。②含水量是一项重要的经济指标。农产品加工企业可按原料中的水分含量进行物料衡算。如鲜乳含水量87.5%，用这种乳生产乳粉（含水量2.5%）需要多少牛乳才能生产1t乳粉（出乳粉率7∶1）。③含水量与微生物的生长及生化反应有密切关系。在一般情况下，水分含量低一点可防止微生物生长，但是并非水分含量越低越好。

农产品中水分的存在状态有两种：自由水和结合水。

自由水（又名游离水）主要存在于植物细胞间隙，具有水的一切特性（在100℃时沸腾，0℃时结冰，并且易汽化）。游离水是农产品的主要分散剂，可以溶解糖、酸、无机盐等，可用简单加热蒸发方法除掉。

结合水又分两类，即束缚水和结晶水。束缚水与农产品中脂肪、蛋白质、糖类等形成结合状态，以氢键的形式与有机物的活性基团结合在一起。束缚水不具有水的特性，所以要除掉这部分水是困难的。其特点是不易结冰（冰点为-40℃），不能作为溶质的溶剂。结晶水以配位键的形式存在，它们之间结合得很牢固，难以用普通方法除去这一部分水。

在烘干农产品时,自由水容易汽化,而结合水难以汽化。农产品冷冻时,自由水易冻结,而结合水在−30 ℃仍然不冻结。结合水与农产品的构成成分结合,稳定农产品的活性基团。自由水促使腐蚀农产品的微生物繁殖,与酶起作用,并加速非酶褐变或脂肪氧化等化学劣变。

水分测定的方法有多种,可分为两大类:直接测定法和间接测定法。直接测定法是利用水分本身的物理化学性质测定水分的方法,如干燥法、蒸馏法、卡尔·费休法。间接测定法是利用农产品的相对密度、折射率、电导率、介电常数等物理性质测定水分的方法。

一、直接干燥法

1. 原理　利用食品中水分的物理性质,在101.3 kPa、101~105 ℃下采用挥发方法测定样品中干燥减失的重量,包括吸湿水、部分结晶水和该条件下能挥发的物质,再通过干燥前后的质量变化计算出水分含量。

2. 仪器　扁形铝制或玻璃制称量瓶,电热恒温干燥箱,干燥器(内附有效干燥剂),天平(感量为0.1 mg)。

3. 试剂　除非另有规定,本方法中所用试剂均为分析纯。

(1) 盐酸:优级纯。

(2) 氢氧化钠(NaOH):优级纯。

(3) 盐酸溶液(6 mol/L):量取50 mL盐酸,加水稀释至100 mL。

(4) 氢氧化钠溶液(6 mol/L):量取24 g氢氧化钠,加水溶解并稀释至100 mL。

(5) 海砂:取用水洗去泥土的海砂或河砂,先用盐酸溶液(6 mol/L)煮沸0.5 h,用水洗至中性,再用氢氧化钠溶液(6 mol/L)煮沸0.5 h,用水洗至中性,经105 ℃干燥备用。

4. 方法

(1) 固体试样。取洁净铝制或玻璃制的扁形称量瓶,置于101~105 ℃干燥箱中,瓶盖斜支于瓶边,加热1.0 h,取出盖好,置干燥器内冷却0.5 h,称量,并重复干燥至前后两次质量差不超过2 mg,即为恒重。将混合均匀的试样迅速磨细至颗粒小于2 mm,不易研磨的样品应尽可能切碎,称取2~10 g试样(精确至0.000 1 g),放入此称量瓶中,试样厚度不超过5 mm,如为疏松试样,厚度不超过10 mm,加盖,精密称量后,置101~105 ℃干燥箱中,瓶盖斜支于瓶边,干燥2~4 h后,盖好取出,放入干燥器内冷却0.5 h后称量。然后再放入101~105 ℃干燥箱中干燥1 h左右,取出放入干燥器内冷却0.5 h后再称量。并重复以上操作至前后两次质量差不超过2 mg,即为恒重。

注:两次恒重值在最后计算中,取最后一次的称量值。

(2) 半固体或液体试样。取洁净的称量瓶,内加10 g海砂及一根小玻棒,置于101~105 ℃干燥箱中,干燥1.0 h后取出,放入干燥器内冷却0.5 h后称量,并重复干燥至恒重。然后称取5~10 g试样(精确至0.000 1 g),置于蒸发皿中,用小玻棒搅匀放在沸水浴上蒸干,并随时搅拌,擦去皿底的水滴,置101~105 ℃干燥箱中干燥4 h后盖好取出,放入干燥器内冷却0.5 h后称量。然后再放入101~105 ℃干燥箱中干燥1 h左右,取出,放入干燥器内冷却0.5 h后再称量。并重复以上操作至前后两次质量差不超过2 mg,即为恒重。

5. 计算

$$X = \frac{m_1 - m_2}{m_1 - m_3} \times 100$$

式中：X——试样中水分的含量，g/100 g；

m_1——称量瓶（加海砂、玻棒）和试样的质量，g；

m_2——称量瓶（加海砂、玻棒）和试样干燥后的质量，g；

m_3——称量瓶（加海砂、玻棒）的质量，g。

水分含量≥1 g/100 g 时，计算结果保留三位有效数字；水分含量＜1 g/100 g 时，结果保留两位有效数字。

6. 注意事项

（1）样品。适用于谷物及其制品、水产品、豆制品、乳制品、肉制品及卤菜制品等食品中水分的测定，测得的水分包括微量的芳香油、醇、有机酸等挥发性物质。不适用于水分含量小于 0.5 g/100 g 的样品。在重复性条件下获得的两次独立测定结果的绝对差值不得超过算术平均值的 5%。

（2）称样量。样品称样量一般控制在干燥后的残留物为 1.5～3 g。固体、浓稠态食品，称样量控制在 3～5 g；果汁、牛乳等液态食品，称样量控制在 15～20 g。

（3）称量皿。称量皿分玻璃称量皿和铝制称量皿。玻璃称量皿能耐酸碱，不受样品性质的限制，常用于常压干燥法。铝制称量皿导热性强，但对酸性食品不适宜，常用于减压干燥法。样品置称量皿中平铺，厚度≤1/3 皿高。为减少误差，称量皿排列在较中心部位。

（4）干燥温度。一般控制在 100～105 ℃。对热稳定的谷类可在 120～130 ℃ 干燥。对还原糖含量较高的农产品，应先用 50～60 ℃ 低温干燥，然后在 100～105 ℃ 干燥。

（5）干燥时间。干燥时间以是否达到恒重来决定，即最后两次干燥称量的质量差＜2 mg。

（6）海砂。海砂可使样品分散、水分容易除去。海砂（或河砂）的处理方法是：先用盐酸溶液（1+1）煮沸 0.5 h，用水洗至中性，再用氢氧化钠溶液（1+1）煮沸 0.5 h，用水洗至中性，经 105 ℃ 干燥备用。

二、卡尔·费休法

1. 原理 根据碘能与水和二氧化硫发生化学反应，在有吡啶和甲醇共存时，1 mol 碘只与 1 mol 水作用，反应式如下：

$$C_5H_5N \cdot I_2 + C_5H_5N \cdot SO_2 + C_5H_5N + CH_3OH + H_2O \rightarrow 2C_5H_5N \cdot HI + C_5H_6N[SO_4CH_3]$$

卡尔·费休法又分为库仑法和容量法。库仑法测定的碘是通过化学反应产生的，只要电解液中存在水，所产生的碘就会和水以 1∶1 的关系按照化学反应式进行反应。当所有的水都参与了化学反应，过量的碘就会在电极的阳极区域形成，反应终止。容量法测定的碘是作为滴定剂加入的，滴定剂中碘的浓度是已知的，根据消耗滴定剂的体积，计算消耗碘的量，从而计算出样品中水分含量。

2. 仪器 卡尔·费休水分测定仪，天平（感量为 0.1 mg）。

3. 试剂 卡尔·费休试剂，无水甲醇（优级纯）。

4. 方法

（1）卡尔·费休试剂的标定（容量法）。在反应瓶中加一定体积（浸没铂电极）的甲醇，在搅拌下用卡尔·费休试剂滴定至终点。加入 10 mg 水（精确至 0.000 1 g），滴定至终点并记录卡尔·费休试剂的用量（V）。

卡尔·费休试剂的滴定度：

$$T=\frac{M}{V}$$

式中：T——卡尔·费休试剂的滴定度，mg/mL；
M——水的质量，mg；
V——滴定水消耗的卡尔·费休试剂的体积，mL。

（2）试样前处理。可粉碎的固体试样要尽量粉碎，使之均匀。不易粉碎的试样可切碎。

（3）水分测定。于反应瓶中加一定体积的甲醇或卡尔·费休测定仪中规定的溶剂浸没铂电极，在搅拌下用卡尔·费休试剂滴定至终点。迅速将易溶于上述溶剂的试样直接加入滴定杯中，在搅拌下用卡尔·费休试剂滴定至终点。对于不易溶解的样品，应采用对滴定杯进行加热或加入已测定水分的其他溶剂辅助溶解后，用卡尔·费休试剂滴定至终点。

建议：库仑法测定试样中的含水量应大于 10 μg，容量法测定试样中的含水量应大于 100 μg。对于某些需要较长时间滴定的试样，要扣除其飘移量。

（4）漂移量测定。在滴定杯中加入与测定样品一致的溶剂，并滴定至终点。放置不少于 10 min 后再滴定至终点。两次滴定之间的单位时间内的体积变化即为漂移量（D）。

5. 计算　固体样品中水分含量：

$$X=\frac{(V_1-D\times t)\times T}{m}\times 100$$

液体样品中水分含量：

$$X=\frac{(V_1-D\times t)\times T}{V_2\rho}\times 100$$

上述两式中：X——试样中水分的含量，g/100 g；
V_1——滴定样品时卡尔·费休试剂的体积，mL；
T——卡尔·费休试剂的滴定度，g/mL；
m——样品质量，g；
V_2——液体样品体积，mL；
D——漂移量，mL/min；
t——滴定时所消耗的时间，min；
ρ——液体样品的密度，g/mL。

水分含量≥1 g/100 g 时，计算结果保留三位有效数字；水分含量＜1 g/100 g 时，计算结果保留两位有效数字。

6. 注意事项

（1）此法适用于测定农产品中的微量水分。卡尔·费休容量法适用于试样中的含水量应大于 100 μg，卡尔·费休库仑法适用于试样中的含水量应大于 10 μg。

（2）试样细度为 40 目，固体试样尽量粉碎，使之均匀；不能研磨试样，以防水分损失。不易粉碎的试样可切碎。

三、水分活度测定

水分的各种测定方法只能定量地测定出农产品中水分的总含量，不能反映水分的存在状态。水分活度不仅可以反映农产品中水分存在的状态，还反映水分与农产品的结合程度或游离程度。结合程度越高，水分活度值越低；结合程度越低，水分活度值越高。

水分活度是指农产品中水分的饱和蒸气压与相同温度下纯水的饱和蒸气压的比值,即:

$$A_w = \frac{P}{P_0}$$

式中:A_w——水分活度;

P——农产品在密闭容器中达到平衡状态时的水蒸气压;

P_0——相同温度下纯水的饱和蒸气压。

A_w 数值在 0~1。各种微生物的生命活动都要求一定的水分活度值,如细菌要求水分活度值为 0.94~0.99,酵母菌为 0.88,霉菌为 0.80。当水分活度保持在最低水分活度值时(即水分主要以结合水存在时),农产品具有最高的稳定性。因此可通过控制农产品的水分活度,延长其保存期。

(一)扩散法

1. 原理 在密封、恒温的康卫氏皿中,试样中的自由水与水分活度(A_w)较高和较低的标准饱和溶液相互扩散,达到平衡后,根据试样质量的变化量,求得样品的水分活度。

2. 仪器 康卫氏皿(带磨砂玻璃盖),见图 4-1;称量皿(直径 35 mm,高 10 mm);天平(感量为 0.000 1 g 和 0.1 g);恒温培养箱(0~40 ℃,精度 1 ℃);电热恒温鼓风干燥箱。

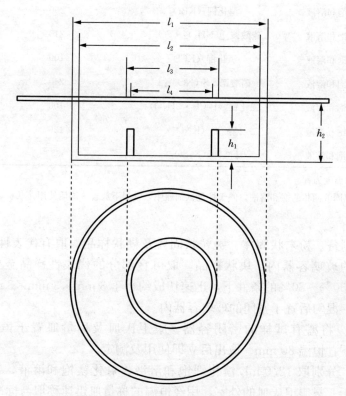

图 4-1 康卫氏皿示意

l_1. 外室外直径,100 mm l_2. 外室内直径,92 mm l_3. 内室外直径,53 mm

l_4. 内室内直径,45 mm h_1. 内室高度,10 mm h_2. 外室高度,25 mm

3. 试剂 所有试剂均使用分析纯试剂，分析用水应符合 GB/T 6682 规定的三级水规格。按表 4-1 配制各种无机盐的饱和溶液。

表 4-1 饱和盐溶液的配制

序号	过饱和盐溶液的种类	试剂名称	称取试剂的质量 m (加入热水[a] 200 mL)[b]/g ≥	水分活度 (A_w) (25 ℃)
1	溴化锂饱和溶液	溴化锂（$LiBr·2H_2O$）	500	0.064
2	氯化锂饱和溶液	氯化锂（$LiCl·H_2O$）	220	0.113
3	氯化镁饱和溶液	氯化镁（$MgCl_2·6H_2O$）	150	0.328
4	碳酸钾饱和溶液	碳酸钾（K_2CO_3）	300	0.432
5	硝酸镁饱和溶液	硝酸镁 [$Mg(NO_3)_2·6H_2O$]	200	0.529
6	溴化钠饱和溶液	溴化钠（$NaBr·2H_2O$）	260	0.576
7	氯化钴饱和溶液	氯化钴（$CoCl_2·6H_2O$）	160	0.649
8	氯化锶饱和溶液	氯化锶（$SrCl_2·6H_2O$）	200	0.709
9	硝酸钠饱和溶液	硝酸钠（$NaNO_3$）	260	0.743
10	氯化钠饱和溶液	氯化钠（$NaCl$）	100	0.753
11	溴化钾饱和溶液	溴化钾（KBr）	200	0.809
12	硫酸铵饱和溶液	硫酸铵 [$(NH_4)_2·SO_4$]	210	0.810
13	氯化钾饱和溶液	氯化钾（KCl）	100	0.843
14	硝酸锶饱和溶液	硝酸锶 [$Sr(NO_3)_2$]	240	0.851
15	氯化钡饱和溶液	氯化钡（$BaCl_2·2H_2O$）	100	0.902
16	硝酸钾饱和溶液	硝酸钾（KNO_3）	120	0.936
17	硫酸钾饱和溶液	硫酸钾（K_2SO_4）	35	0.973

注：a. 易于溶解的温度为宜。
　　b. 冷却至形成固液两相的饱和溶液，储于棕色试剂瓶中，常温下放置一周后使用。

4. 方法

（1）试样的制备。粉末状固体、颗粒状固体及糊状样品，取有代表性样品至少 200 g，混匀，置于密闭的玻璃容器内。块状样品，取可食部分的代表性样品至少 200 g。在室温 18～25 ℃，湿度 50%～80%的条件下，迅速切成约小于 3 mm×3 mm×3 mm 的小块，不得使用组织捣碎机，混匀后置于密闭的玻璃容器内。

（2）预处理。将盛有试样的密闭容器、康卫氏皿及称量皿置于恒温培养箱内，于 25 ℃±1 ℃条件下，恒温 30 min。取出后立即使用及测定。

（3）预测定。分别取 12.0 mL 溴化锂饱和溶液、氯化镁饱和溶液、氯化钴饱和溶液、硫酸钾饱和溶液于 4 只康卫氏皿的外室，用经恒温的称量皿迅速称取与标准饱和盐溶液相等份数的同一试样约 1.5 g，于已知质量的称量皿中（精确至 0.000 1 g）放入盛有标准饱和盐溶液的康卫氏皿的内室。沿康卫氏皿上口平行移动盖好涂有凡士林的磨砂玻璃，放入 25 ℃±1 ℃的恒温培养箱内。恒温 24 h 后，取出盛有试样的称量皿，加盖立即称量（精确至 0.000 1 g)。

(4) 试样测定。依据预测定结果，分别选用水分活度数值大于和小于试样预测结果数值的饱和盐溶液各 3 种，各取 12.0 mL，注入康卫氏皿的外室。迅速称取与标准饱和盐溶液相等份数的同一试样约 1.5 g 于已知质量的称量皿中（精确至 0.000 1 g），放入盛有标准饱和盐溶液的康卫氏皿的内室。沿康卫氏皿上口平行移动盖好涂有凡士林的磨砂玻璃，放入 25 ℃±1 ℃的恒温培养箱内。恒温 24 h 后取出盛有试样的称量皿，加盖，立即称量（精确至 0.000 1 g）。

5. 计算

$$X = \frac{m_1 - m}{m - m_0}$$

式中：X——试样质量的增减量，g/g；

m_1——25 ℃扩散平衡后，试样和称量皿的质量，g；

m——25 ℃扩散平衡前，试样和称量皿的质量，g；

m_0——称量皿的质量，g。

以所选饱和盐溶液（25 ℃）的水分活度（A_w）数值为横坐标，对应标准饱和盐溶液的试样的质量增减数值为纵坐标，绘制二维直线图。取横坐标截距值，即为该样品的水分活度值。当符合允许差所规定的要求时，取三次平行测定的算术平均值作为结果。

计算结果保留三位有效数字。在重复性条件下获得的三次独立测定结果与算术平均值的相对偏差不超过 10%。

【例】一食品试样在硝酸钾标准饱和溶液平衡下增重 7 mg，在氯化钡标准饱和溶液中增重 3 mg，在氯化钾溶液中减重 9 mg，在溴化钾溶液中减重 15 mg，见图 4-2，可求得 A_w = 0.878。

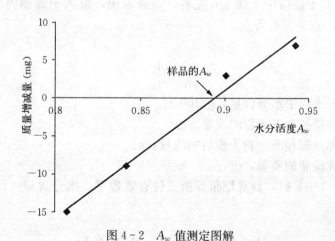

图 4-2 A_w 值测定图解

6. 注意事项

(1) 此法适用于预包装谷物制品类、肉制品类、水产制品类、蜂产品类、薯类制品类、水果制品类、蔬菜制品类、乳粉、固体饮料的食品水分活度的测定。不适用于冷冻和含挥发性成分的食品。

(2) 此法适用食品水分活度的范围为 0～0.98。

（二）测定仪法

在密闭、恒温的水分活度测定仪测量舱内，试样中的水分扩散平衡。此时水分活度测定仪测量舱内的传感器或数字化探头显示出的响应值（相对湿度对应的数值）即为样品的水分活度。

水分活度仪扩散法适宜的水分活度为 0.60～0.90。

在重复性条件下获得的三次独立测定结果与算术平均值的相对偏差不超过 5%。

实训操作

玉米粉中水分的测定

【实训目的】学会并掌握直接干燥法测定玉米粉中水分含量。

【实训原理】利用食品中水分的物理性质，在 101.3 kPa、101～105 ℃下采用挥发方法测定样品中干燥减失的质量，包括吸湿水、部分结晶水和该条件下能挥发的物质，再通过干燥前后的称量数值计算出水分含量。

【实训仪器】电子天平；称量瓶；电热恒温干燥箱；干燥器。

【操作步骤】

1. 取洁净的称量瓶置于 105 ℃干燥箱中，瓶盖斜支于瓶边，加热 1.0 h，取出盖好，置干燥器内冷却 0.5 h，称量，并重复干燥直至恒重。

2. 在称量瓶中加入玉米粉 2～10 g，加盖，精密称量。然后置于 105 ℃干燥箱中，瓶盖斜支于瓶边，干燥 4 h 后，盖好取出，放入干燥器内冷却 0.5 h 后称量。

3. 再放入 105 ℃干燥箱中干燥 1 h 左右，盖好取出，放入干燥器内冷却 0.5 h 后再称量。重复以上操作，直至恒重为止。

【结果计算】

$$X = \frac{m_1 - m_2}{m_1 - m_3} \times 100$$

式中：X——玉米粉中水分含量，g/100 g；

m_1——称量瓶和玉米粉的质量，g；

m_2——称量瓶和玉米粉干燥后的质量，g；

m_3——称量瓶的质量，g。

水分含量≥1 g/100 g 时，计算结果保留三位有效数字；水分含量＜1 g/100 g 时，结果保留两位有效数字。

任务二　灰分测定

农产品中除含有大量有机物质外，还含有较丰富的无机成分。农产品经高温（500～600 ℃）灼烧后所残留的无机物质称为灰分。灰分主要是金属氧化物和无机盐类。灰分是标示农产品中无机成分总量的一项指标。

农产品在高温灼烧时，发生一系列物理和化学变化。水分及其挥发物以气态逸出；有机物质中的碳、氢、氮等元素与有机物质本身的氧及空气中的氧结合生成二氧化碳、氮的氧化物及水分而散失;有机酸的金属盐转变为碳酸盐或金属氧化物;有些组分转变成为氧化物、磷酸盐、硫酸盐或卤化物;有的元素或直接挥发散失(如氯、碘、铅等),或生成容易挥发的化合物(如磷、硫以含氧酸的形式挥发)。因此,农产品灰化后残留的灰分与农产品中原来存在的无机成分在数量和组成上并不完全相同,元素的挥发使农产品中的无机成分减少,形成的碳酸盐又使无机成分增多,农产品灰化后的残留灰分并不能准确地表示农产品中原来的无机成分的总量。所以通常把农产品经高温灼烧后的残留物称为粗灰分。

灰分除总灰分(即粗灰分)外,按其溶解性还可分为水溶性灰分、水不溶性灰分和酸不溶性灰分等。其中,水溶性灰分反映的是可溶性的钾、钠、钙、镁等的氧化物和盐类的含量。水不溶性灰分反映的是污染的泥沙和铁、铝等氧化物及碱土金属的碱式磷酸盐的含量。酸不溶性灰分反映的是污染的泥沙和食品中原来存在的微量氧化硅的含量。

测定灰分的意义在于:①总灰分含量是控制农产品成品或半成品质量的重要依据。②评定农产品是否卫生,有没有污染。③判断农产品是否掺假。④评价营养的参考指标。

一、总灰分测定

1. 原理 食品经灼烧后所残留的无机物质称为灰分。灰分数值可在灼烧、称重后计算得出。此方法适用于除淀粉及其衍生物之外的食品中灰分含量的测定。

2. 仪器 马弗炉(温度≥600 ℃),天平(感量为 0.1 mg)。石英坩埚或瓷坩埚,干燥器(内有干燥剂),电热板,水浴锅。

3. 试剂

(1) 乙酸镁[$(CH_3COO)_2Mg·4H_2O$]:分析纯。

(2) 乙酸镁溶液(80 g/L):称取 8.0 g 乙酸镁加水溶解并定容至 100 mL,混匀。

(3) 乙酸镁溶液(240 g/L):称取 24.0 g 乙酸镁加水溶解并定容至 100 mL,混匀。

4. 方法

(1) 坩埚灼烧。取大小适宜的石英坩埚或瓷坩埚置马弗炉中,在 550 ℃±25 ℃下灼烧 0.5 h,冷却至 200 ℃左右取出,放入干燥器中冷却 30 min,准确称量。重复灼烧至前后两次称量相差不超过 0.5 mg 为恒重。

(2) 称样。灰分大于 10 g/100 g 的试样称取 2~3 g(精确至 0.000 1 g);灰分小于 10 g/100 g 的试样称取 3~10 g(精确至 0.000 1 g)。

(3) 测定。①一般食品。液体和半固体试样应先在沸水浴上蒸干。固体或蒸干后的试样,先在电热板上以小火加热使试样充分炭化至无烟,然后置于马弗炉中,在 550 ℃±25 ℃灼烧 4 h。冷却至 200 ℃左右取出,放入干燥器中冷却 30 min,称量前如发现灼烧残渣有炭粒时,应向试样中滴入少许水湿润,使结块松散,蒸干水分再次灼烧至无炭粒即表示灰化完全,方可称量。重复灼烧至前后两次称量相差不超过 0.5 mg 为恒重。②含磷量较高的豆类及其制品、肉禽制品、蛋制品、水产品、乳及乳制品。称取试样后,加入 1.00 mL 乙酸镁溶液(240 g/L)或 3.00 mL 乙酸镁溶液(80 g/L),使试样完全润湿。放置 10 min 后,在水浴上将水分蒸干,先在电热板上以小火加热使试样充分炭化至无烟,然后置于马弗炉中,在 550 ℃±25 ℃灼烧 4 h。冷却至 200 ℃左右取出,放入干燥器中冷却 30 min,称量前如发现灼烧残渣有炭粒时,应向试样中滴入少许水湿润,使结块松散,蒸干水分再次灼烧至无炭粒即表示灰化完全,方可称量。重复灼烧至前后两次称量相差不超过 0.5 mg 为恒重。

吸取 3 份相同浓度和体积的乙酸镁溶液,做 3 次试剂空白试验。当 3 次试验结果的标准偏差小于 0.003 g 时,取算术平均值作为空白值。若标准偏差超过 0.003 g 时,应重新做空白值试验。

5. 计算

$$X_1 = \frac{m_1 - m_2}{m_3 - m_2} \times 100$$

$$X_2 = \frac{m_1 - m_2 - m_0}{m_3 - m_2} \times 100$$

上述两式中:X_1(测定时未加乙酸镁溶液)——试样中灰分的含量,g/100 g;

X_2(测定时加入乙酸镁溶液)——试样中灰分的含量,g/100 g;

m_0——氧化镁(乙酸镁灼烧后生成物)的质量,g;

m_1——坩埚和灰分的质量,g;

m_2——坩埚的质量,g;

m_3——坩埚和试样的质量,g。

试样中灰分含量≥10 g/100 g 时,保留三位有效数字;试样中灰分含量<10 g/100 g 时,保留两位有效数字。

在重复性条件下获得的两次独立测定结果的绝对差值不得超过算术平均值的 5%。

6. 注意事项

(1)坩埚。新坩埚在使用前须在盐酸溶液(1+4)中煮沸 1~2 h,然后用自来水和蒸馏水分别冲洗干净并烘干。用过的坩埚经初步洗刷后,可用粗盐酸或废盐酸浸泡 10~20 min,再用水冲刷干净。

坩埚及盖在使用前要编号。用 $FeCl_3$ 溶液(5 g/L)与等量的蓝黑墨水混合,编写号码,灼烧后会留下不易脱落的红色 Fe_2O_3 痕迹。

把坩埚放入马弗炉或从炉中取出时,要放在炉口停留片刻,使坩埚预热或冷却,防止因温度剧变而使坩埚破裂。灼烧后的坩埚应冷却到 200 ℃ 以下再移入干燥器中,否则因热的对流作用,易造成残灰飞散,且冷却速度慢,冷却后干燥器内形成较大真空,盖子不易打开。从干燥器内取出坩埚时,因内部成真空,开盖恢复常压时,应该使空气缓缓流入,以防残灰飞散。

(2)取样量。以灼烧后得到的灰分量为 10~100 mg 来决定取样量。通常,乳粉、大豆粉、水产品等取 1~2 g;谷物及制品、肉及制品、牛乳等取 3~5 g;蔬菜及制品、蜂蜜等取 5~10 g;水果及其制品取 20 g;油脂取 50 g。

(3)炭化。试样在放入高温炉灼烧前要先进行炭化处理,试样炭化的原因是:防止在灼烧时因高温引起试样中的水分急剧蒸发使试样飞溅;防止糖、蛋白质、淀粉等易发泡膨胀的物质在高温下发泡膨胀而溢出坩埚;不经炭化而直接灰化,炭粒易被包住,灰化不完全。

试样炭化时要注意热源强度。炭化时应先用小火,避免试样溅出。

(4)灰化。灰化温度一般为 500~550 ℃,个别试样(如谷类、饲料)可以达到 600 ℃。温度过高,将引起 K、Na、Cl 等元素的挥发损失,而且磷酸盐、硅酸盐也会熔融,将炭粒包藏起来,使炭粒无法氧化;温度过低,则灰化速度慢、时间长,不易灰化完全,也不利于除去过剩的碱性食品吸收的 CO_2。因此在保证灰化完全的前提下,尽可能减少无机成分的挥发损失和缩短灰化时间。此外，加热的速度也不可太快，以防止急剧升温时灼烧物的局部产生大量气体爆燃而使微粒飞失，影响测定结果。

灰化时间以样品灰化完全为度，即重复灼烧至灰分呈全白色或浅灰色、无炭粒存在并达到恒重（前后两次称量相差不超过 0.5 mg）为止。灼烧至达到恒重的时间因试样不同而异，一般需 2～5 h。对某些样品即使灰化完全，灰分的颜色也不一定呈全白色或浅灰色，如铁含量高的样品，灰分呈褐色；锰、铜含量高的样品，灰分呈蓝绿色。还要注意，有时即使灰的表面呈全白色或浅灰色，但内部仍有炭粒存留。

（5）加速灰化。对于一些难灰化的样品（如动物性食品、蛋白质含量较高的样品），由于钾、钠的硅酸盐或磷酸盐熔融包裹在炭粒表面，隔绝了炭粒与氧气的接触，难以完全灰化。为了缩短灰化时间，可采用以下方法加速灰化：①改变操作方法。样品初步灼烧后取出坩埚，冷却后沿坩埚边缘慢慢加入少量去离子水，使水溶性盐类溶解，被包住的炭粒暴露出来，在水浴上蒸干，置于 120～130 ℃烘箱中充分干燥（充分去除水分，以防再灰化时，因加热使残灰飞散而造成损失），再灼烧到恒重。②加强氧化剂。样品初步灼烧后冷却，加入几滴 HNO_3（1∶1）或 30% H_2O_2，蒸干后再灼烧至恒重。HNO_3 和 H_2O_2 都是强氧化剂，可以氧化碳粒加速灰化，在灼烧后完全消失，不会增加灰分的质量。③加惰性物质。加惰性物质（如 MgO、$CaCO_3$ 等），它们不溶解，使炭粒不被覆盖。加入惰性物质会使灰分的质量增加，所以应做空白试验。

二、水不溶性灰分测定

在总灰分中加 25 mL 去离子水，加热至近沸，用无灰滤纸过滤。坩埚、滤纸及残渣用 25 mL 热的去离子水洗涤，使水溶性灰分全部进入滤液。将残渣及滤纸移回原坩埚中，在水浴上蒸干，放入干燥箱中干燥，再进行炭化、灰化，至恒重。

$$水不溶性灰分 = \frac{m_4 - m_2}{m_3 - m_2} \times 100\%$$

式中：m_4——水不溶性灰分和坩埚的质量，g；

m_2——坩埚的质量，g；

m_3——坩埚和样品的质量，g。

水溶性灰分＝总灰分－水不溶性灰分

三、酸不溶性灰分测定

在总灰分或水不溶性灰分中，加入 0.1 mol/L 盐酸溶液 25 mL，小火轻微煮沸 5 min，用无灰滤纸过滤。坩埚、滤纸及残渣用热水洗涤，至洗液不显酸性为止。将残渣及滤纸移回原坩埚中，进行干燥、炭化、灰化，至恒重。

$$酸不溶性灰分 = \frac{m_5 - m_2}{m_3 - m_2} \times 100\%$$

式中：m_5——酸不溶性灰分和坩埚的质量，g；

m_2——坩埚的质量，g；

m_3——坩埚和样品的质量，g。

酸溶性灰分＝总灰分－酸不溶性灰分

> 实训操作

面粉中灰分的测定

【实训目的】 学会并掌握面粉中灰分的测定原理和方法。

【实训原理】 样品炭化后放入高温炉内灼烧，使有机物中的碳、氢、氮等物质与氧结合成二氧化碳、水蒸气、氮氧化物等形式逸出，剩下的残留物即为灰分，称量残留物的质量即得总灰分的含量。

【实训仪器】 电子天平；高温炉（又称马弗炉）；瓷坩埚；干燥器。

【操作步骤】

1. 瓷坩埚的准备 将坩埚用盐酸（1∶4）煮 1～2 h，洗净晾干后，用三氯化铁和蓝墨水的混合液在坩埚外壁及盖上写上编号，置 550 ℃高温炉中灼烧 1 h，冷却至 200 ℃左右后取出，放入干燥器中冷却至室温，精密称量。重复灼烧、冷却、称量，直至恒重（两次称量之差不超过 0.5 mg）。

2. 取样 在坩埚中加入 3～5 g 面粉后，加盖，准确称量。

3. 炭化 将盛有面粉的坩埚置于电炉上，半盖坩埚盖，小心加热使面粉在通气条件下逐渐炭化，直至无黑烟产生。

4. 灰化 炭化后，将坩埚移入 550 ℃高温炉，盖斜倚在坩埚上，灼烧 4 h，至残留物呈灰白色为止。坩埚冷却至 200 ℃左右，移入干燥器中冷却至室温，准确称重。重复灼烧 2 h 直至恒重（即前后两次称量相差不超过 0.5 mg）。

【结果计算】

$$X=\frac{m_1-m_2}{m_3-m_2}\times 100$$

式中：X——面粉中灰分的含量，g/100 g；

m_1——坩埚和灰分的质量，g；

m_2——坩埚的质量，g；

m_3——坩埚和面粉的质量，g。

试样中灰分含量≥10 g/100 g 时，保留三位有效数字；试样中灰分含量<10 g/100 g 时，保留两位有效数字。

任务三　酸度测定

酸度是指农产品中酸性物质的多少。通常用总酸度（滴定酸度）、有效酸度、挥发酸表示。酸性物质包括有机酸、无机酸、酸式盐以及酸性有机化合物，这些酸有些是本身固有的，如苹果酸、柠檬酸、酒石酸、醋酸、草酸等有机酸；有些是加工过程中添加的，如产品中的柠檬酸；还可以发酵产生酸，如泡菜中的乳酸、醋酸。

总酸度是指食品中所有酸性物质的总量。包括在测定前已离解成 H^+ 的酸的浓度（游离态），也包括未离解的酸的浓度（结合态、酸式盐）。常用标准碱液来滴定，并以试样中主要代表酸表示，故又称滴定酸度。

有效酸度是指食品中呈离子状态的 H^+ 的活度。反映的是已离解的酸的浓度,常用 pH 计进行测定,用 pH 表示。其大小由 pH 计测定。pH 的大小与总酸中酸的性质与数量有关,还与食品中缓冲物的质量与缓冲能力有关。

挥发酸指食品中易挥发的有机酸,如甲酸、乙酸(醋酸)、丁酸等低碳链的直链脂肪酸,其大小可以通过蒸馏法分离,再用标准碱液来滴定。挥发酸包含游离酸和结合酸两部分。

酸度测定的意义在于:①测定酸度可判断果蔬的成熟程度。不同种类的水果和蔬菜,酸的含量因成熟度、生长条件而异,一般成熟度越高,酸的含量越低。例如,测出葡萄所含的有机酸中苹果酸高于酒石酸时,说明葡萄还未成熟,因为成熟的葡萄含大量的酒石酸。故通过对酸度的测定可判断原料的成熟度。②可判断食品的新鲜程度。例如油脂在存放过程中会因油脂分解而产生游离脂肪酸,油脂酸价升高,即为酸败。新鲜肉的 pH 为 5.7~6.2,如 pH 超过 6.7,说明肉已开始变质。再如一些发酵食品中若有甲酸存在,则说明已发生细菌性腐败。③酸度反映了食品的质量指标。食品中有机酸含量的多少,直接影响食品的风味、色泽、稳定性和品质。同时,酸的测定对微生物发酵过程具有一定的指导意义。例如,酒和酒精生产中,对麦芽汁、发酵液、酒曲等的酸度都有一定的要求。发酵制品中的白酒、啤酒及酱油、食醋等含有的酸也是一个重要的质量指标。

一、总酸度测定

1. 原理 根据酸碱中和原理,用标准碱液滴定食品中的酸,以酚酞为指示剂确定滴定终点,按碱液的消耗量计算食品中的总酸含量。

该法适用于果蔬制品、饮料、乳制品、饮料酒、蜂产品、淀粉制品、谷物制品和调味品等食品中总酸的测定,不适用于有颜色或混浊不透明的试液。

2. 仪器 组织捣碎机,水浴锅,研钵,冷凝管。

3. 试剂

(1) 氢氧化钠标准溶液 (0.1 mol/L)。

① 配制:称取 110 g 氢氧化钠,溶于 100 mL 无二氧化碳蒸馏水中摇匀,注入聚乙烯容器中,密闭放置至溶液清亮。用塑料管量取上层清液 5.4 mL,用无二氧化碳蒸馏水稀释至 1 000 mL 摇匀。

② 标定:称取于 105~110 ℃ 电烘箱中干燥至恒重的工作基准试剂邻苯二甲酸氢钾 0.75 g,加 50 mL 无二氧化碳蒸馏水溶解,加 2 滴酚酞指示剂溶液(10 g/L),用配制好的氢氧化钠溶液滴定至溶液呈粉红色,并保持 30 s。同时做空白试验。

③ 计算:

$$c = \frac{m \times 1000}{(V_1 - V_2) \times M}$$

式中:c——氢氧化钠标准溶液浓度,mol/L;

m——邻苯二甲酸氢钾的质量,g;

V_1——氢氧化钠溶液的体积,mL;

V_2——空白试验氢氧化钠溶液的体积,mL;

M——邻苯二甲酸氢钾的摩尔质量,204.22 g/mol。

(2) 氢氧化钠标准溶液 (0.01 mol/L)。量取 100 mL 氢氧化钠标准溶液 (0.1 mol/L)

稀释到1 000 mL（用时当天稀释）。

（3）氢氧化钠标准溶液（0.05 mol/L）。量取100 mL氢氧化钠标准滴定溶液（0.1 mol/L）稀释到200 mL（用时稀释）。

（4）酚酞指示剂（10 g/L）。称取1 g酚酞溶解在90 mL乙醇和10 mL水中。

4. 方法

（1）试样制备。①液体样品。不含二氧化碳的样品：充分混合均匀，置于密闭玻璃容器内。含二氧化碳的样品：至少取200 g样品于500 mL烧杯中，置于电炉上，边搅拌边加热至微沸腾，保持2 min，称量，用煮沸过的水补充至煮沸前的质量，置于密闭玻璃容器内。②固体样品。取有代表性的样品至少200 g，置于研钵或组织捣碎机中，加入与样品等量的煮沸过的水，用研钵研碎或用组织捣碎机捣碎，混匀后置于密闭玻璃容器内。③固液体样品。按样品的固、液体比例至少取200 g，用研钵研碎或用组织捣碎机捣碎，混匀后置于密闭玻璃容器内。

（2）试液制备。①总酸含量≤4 g/kg的试样。将试样用快速滤纸过滤，收集滤液，用于测定。②总酸含量＞4 g/kg的试样。称取10～50 g试样，精确至0.001 g，置于100 mL烧杯中，用约80 ℃煮沸过的水将烧杯中的内容物转移到250 mL容量瓶中（总体积约150 mL）。置于沸水浴中煮沸30 min（摇动2～3次，使试样中的有机酸全部溶解于溶液中），取出冷却至室温（约20 ℃），用煮沸过的水定容至250 mL。用快速滤纸过滤，收集滤液，用于测定。

（3）测定。称取25.000～50.000 g试液，使之含0.035～0.070 g酸，置于250 mL三角瓶中。加40～60 mL水及0.2 mL酚酞指示剂（10 g/L），用0.1 mol/L氢氧化钠标准溶液（如样品酸度较低，可用0.01 mol/L或0.05 mol/L氢氧化钠标准溶液）滴定至微红色，30 s不退色。记录0.1 mol/L氢氧化钠标准溶液的体积。同一被测样品须测定两次。

用水代替试液做空白试验。

5. 计算

$$X=\frac{c(V_1-V_2)\times K\times F}{m}\times 1000$$

式中：X——试样中总酸的含量，g/kg或g/L；

c——氢氧化钠标准溶液的浓度，mol/L；

V_1——滴定试液时消耗氢氧化钠标准溶液的体积，mL；

V_2——空白试验时消耗氢氧化钠标准溶液的体积，mL；

K——酸的换算系数。苹果酸为0.067，乙酸为0.060，酒石酸为0.075，柠檬酸为0.064，柠檬酸为0.070（含1分子结晶水），乳酸为0.090，盐酸为0.036，磷酸为0.049；

F——试液的稀释倍数；

m——试样的质量或体积，g或mL。

计算结果表示到小数点后两位。

6. 注意事项

（1）试验用水为无CO_2蒸馏水。因为CO_2溶于水生成酸性的H_2CO_3，影响滴定终点时酚酞的颜色变化。驱除CO_2的方法是将蒸馏水煮沸15 min，冷却后立即使用。

(2) 样品稀释用水应根据样品中酸的含量来定。为了使误差在允许的范围内，一般要求滴定时消耗 NaOH 标准滴定溶液不小于 5 mL，最好应控制在 10~15 mL。

(3) 选用酚酞做指示剂。由于食品中含有的酸为弱酸，用强碱滴定至终点偏碱性，一般 pH 在 8.2 左右，所以用酚酞做指示剂。

(4) 测定结果以样品中主要酸来表示。例如，柑橘类及其制品以柠檬酸表示，葡萄及其制品以酒石酸表示，仁果类、核果类及其制品、蔬菜以苹果酸表示，乳品、肉类、水产品及其制品以乳酸表示，酒类、调味品以乙酸表示。但有些食品（如牛乳、面包等）的酸度也可用中和 100 g（或 mL）样品所需 0.1 mol/L（乳品时）或 1 mol/L（面包时）NaOH 溶液的体积（mL）表示，符号°T。新鲜牛乳的酸度为 16~18°T，面包酸度为 3~9°T。

(5) 若样品有色（如果汁类）可脱色或用电位滴定法，也可加大稀释比，按 100 mL 样液加 0.3 mL 酚酞测定。

二、挥发酸测定

食品中的挥发酸主要是低碳链的脂肪酸，主要是醋酸和痕量的甲酸、丁酸等。正常生产的食品中，其挥发酸的含量较稳定。若生产中使用了不合格的原料或违反正常的工艺操作，则会由于糖的发酵，而使挥发酸含量增加，降低食品的品质。因此挥发酸的含量是某些食品一项重要的质量控制指标。

测定挥发酸的方法有直接法和间接法。直接法是通过水蒸气蒸馏或溶剂萃取，把挥发酸分离出来，然后用标准碱液滴定。间接法是将挥发酸蒸发除去后，滴定不挥发的残渣的酸度，再由总酸度减去此残渣酸度即得挥发酸含量。直接法操作方便，较常用，适用于挥发酸含量较高的样品；间接法适用于样品中挥发酸含量较少的或蒸馏液有所损失或被污染的样品。

1. 原理 样品经适当的处理后，加适量磷酸使结合态挥发酸游离出来，用水蒸气蒸馏分离出总挥发酸，经冷却、收集后，以酚酞做指示剂，用标准碱液滴定至微红色，30 s 不退色为终点，根据标准碱液的消耗量计算出样品总挥发酸含量。

2. 仪器 水蒸气蒸馏装置，电磁搅拌器。

3. 试剂

(1) NaOH 标准滴定溶液（0.1 mol/L）。

(2) 酚酞指示剂溶液（10 g/L）。

(3) 磷酸溶液（100 g/L）：称取 10.0 g 磷酸，用少量无 CO_2 蒸馏水溶解并稀释至 100 mL。

4. 方法 准确称取均匀样品 2.00~3.00 g（挥发酸少的可酌量增加），用 50 mL 煮沸过的蒸馏水洗入 250 mL 烧瓶中，加入 1 mL 磷酸溶液（100 g/L），连接水蒸气蒸馏装置，加热蒸馏至蒸馏液约 300 mL 为止。

在严格的相同条件下做一空白试验（蒸汽发生瓶内的水必须预先煮沸 10 min，以除去 CO_2）。馏液加热至 60~65 ℃，加入酚酞指示剂 3~4 滴，用氢氧化钠标准溶液（0.1 mol/L）滴定至微红色，30 s 不退色为终点。

5. 计算

$$X = \frac{c(V_1 - V_2) \times 0.06}{m} \times 100$$

式中：X——试样中挥发酸的含量（以醋酸计），%；
　　　c——氢氧化钠标准滴定溶液的浓度，mol/L；
　　　V_1——滴定试液时消耗氢氧化钠标准滴定溶液的体积，mL；
　　　V_2——空白试验时消耗氢氧化钠标准滴定溶液的体积，mL；
　　　m——试样的质量，g；
　　　0.06——醋酸的换算系数。

6. 注意事项

（1）蒸馏前蒸汽发生器中的水应预先煮沸 10 min，以排除其中的 CO_2，并用蒸汽冲洗整个装置。

（2）滴定前将馏出液加热至 60～65 ℃，减少溶液与空气的接触，以提高测定精度。

（3）溶液中总挥发酸有游离态与结合态两种，蒸馏时加少许磷酸，使结合态挥发酸游离出来。

（4）蒸馏瓶内液面要保持恒定，不然会影响测定结果。整个装置连接要好，防止挥发酸泄漏。

（5）样品中挥发酸如采用直接蒸馏法比较困难，因挥发酸与水构成一定百分比的混溶体，并有固定的沸点。在一定沸点下，蒸汽中的酸与溶液中的酸之间存在平衡关系（即蒸发系数 X），在整个平衡时间内 X 不变，故一般不采用直接蒸馏法。而水蒸气蒸馏中，挥发酸和水蒸气分压成比例地自溶液中一起蒸馏出来，加速挥发酸的蒸馏速度。

三、有效酸度（pH）测定

有效酸度是指食品中呈离子状态的 H^+ 的活度。反映的是已离解的酸的浓度，用 pH 表示。pH 的大小与总酸中酸的性质与数量有关，还与食品中缓冲物的质量与缓冲能力有关。在食品酸度测定中，有效酸度（pH）的测定，往往比测定总酸度更有实际意义，它表示食品的酸碱性。

1. 原理　pH 计法是在被测溶液中插入复合电极（即将玻璃电极和银-氯化银电极做成一支复合电极）组成一个电池。当被测溶液的氢离子浓度发生变化时，玻璃电极和银-氯化银电极之间的电动势也随着发生变化，而电动势变化关系符合下列公式：

$$\Delta E = -58.16 \times \frac{273\ ℃ + t}{293\ ℃} \times \Delta pH$$

式中：ΔE——电动势的变化量，mV；
　　　ΔpH——溶液 pH 的变化量；
　　　t——被测溶液的温度，℃。

复合电极电动势的变化，与被测溶液 pH 的变化成比例。经用标准缓冲溶液校准后，即可测量溶液的 pH。

2. 仪器　酸度计，磁力搅拌器，组织捣碎机。

3. 试剂

（1）pH 为 1.68 标准缓冲溶液（20 ℃）。准确称取 12.71 g 优级草酸钾（$K_2C_2O_4 \cdot H_2O$），溶于不含 CO_2 的蒸馏水中，稀释定容至 1 000 mL，摇匀备用。

（2）pH 为 4.01 标准缓冲溶液（20 ℃）。准确称取在 110～120 ℃下烘干 2～3 h 的经过冷却的 10.12 g 优级纯邻苯二甲酸氢钾（$KHC_8H_4O_4$），溶于不含 CO_2 的蒸馏水中，稀释至 1 000 mL，摇匀。

（3）pH 为 6.88 标准缓冲溶液（20 ℃）。准确称取在 110～120 ℃下烘干 2～3 h 的经过冷却的 3.39 g 优级纯磷酸二氢钾（KH_2PO_4）和 3.53 g 优级纯无水磷酸氢二钠（Na_2HPO_4），溶于不含 CO_2 的蒸馏水中，稀释至 1 000 mL，摇匀。

（4）pH 为 9.22 标准缓冲溶液（20 ℃）。准确称取 3.80 g 优级纯硼砂（$Na_2B_4O_7 \cdot 10H_2O$），溶于不含 CO_2 的蒸馏水中，稀释定容至 1 000 mL，摇匀。

4. 方法

（1）试样制备。①果蔬试样。将水果或蔬菜压榨取汁，直接用酸度计进行测定。对于果蔬干制品，可取适量试样，加数倍的无 CO_2 蒸馏水，在水浴上加热 30 min，再捣碎、过滤，取滤液用酸度计进行测定。②肉类试样。称取 10 g 已除去油脂并绞碎的试样，放入加有 100 mL 无 CO_2 蒸馏水的锥形瓶中，浸泡 15 min（随时摇动），然后用干滤纸过滤，所得滤液进行 pH 测定。③罐头制品（液固混合试样）。将内容物倒入组织捣碎机中，加适量水（以不改变 pH 为宜）捣碎、过滤，取滤液进行 pH 测定。④含 CO_2 的液体试样（饮料、啤酒等）。将试样置于 40 ℃水浴上加热 30 min 以除去 CO_2，冷却后直接对样液进行 pH 测定。

（2）仪器标定。仪器在测量被测溶液前要先标定。在连续使用时，每天标定一次已能满足要求。根据测量要求，标定方法有一点标定法和两点标定法。常规测量可采用一点标定法，精确测量采用两点标定法。

（3）样品测定。用蒸馏水冲洗电极，用滤纸吸干水，再用被测溶液冲洗电极，然后将电极插入被测溶液中，待电极平衡后，酸度计显示的 pH 即为被测溶液的 pH。

5. 注意事项

（1）酸度计使用前须通电预热至少 30 min。

（2）复合电极在使用前必须在蒸馏水中浸泡 24 h 以上，以便活化电极敏感部分。

（3）样液制备好后，不宜久放，应立即测定。样品测定好后，将电极清洗干净，套上电极帽，使电极浸泡在饱和氯化钾溶液中。

（4）不同型号酸度计，参照仪器说明书进行仪器的校正和使用。

实训操作

果汁饮料中酸度的测定

【实训目的】学会并掌握酸碱滴定法测定果汁饮料中的总酸度。

【实训原理】用标准碱液滴定样品中的有机酸（弱酸）中和生成盐类。以酚酞作指示剂，当滴定至终点（pH＝8.2，指示剂显红色）时，根据消耗的标准碱液体积，计算出样品总酸的含量。

【实训试剂】氢氧化钠标准溶液（0.1 mol/L）；酚酞指示剂（10 g/L）。

【操作步骤】将果蔬汁饮料混合均匀，用移液管准确移取 10 mL 于 250 mL 锥形瓶中，加入 50 mL 无 CO_2 蒸馏水，再加 2～3 滴酚酞指示剂，用 0.1 mol/L 氢氧化钠标准溶液滴定至微红色 30 s 不退色，记录消耗的氢氧化钠标准溶液的体积。重复测定 3 次，取其平均值。

同时做空白试验。
【结果计算】
$$X = \frac{c\ (V_1 - V_2) \times K}{m} \times 1000$$

式中：X——果汁饮料中总酸的含量，g/L；
　　　c——氢氧化钠标准溶液的浓度，mol/L；
　　　V_1——滴定果汁饮料时消耗氢氧化钠标准溶液的体积，mL；
　　　V_2——空白试验时消耗氢氧化钠标准溶液的体积，mL；
　　　K——酸的换算系数；
　　　m——试样的质量或体积，g 或 mL。

计算结果表示到小数点后两位。

任务四　脂肪测定

脂类是人类重要的营养物质，也是食品中重要组成成分，是一类不溶于水而溶于大部分有机溶剂的物质。脂肪是由一分子甘油和三分子高级脂肪酸脱水生成的。食品中的脂肪以两种形态存在，即游离态脂肪和结合态脂肪。对大多数食品来说，游离态脂肪是主要的，结合态脂肪含量较少。

脂肪是脂溶性维生素的良好溶剂，食品中的脂溶性维生素一般存在于脂肪组织中，摄取脂肪有助于脂溶性维生素的吸收；脂肪是高效的能量储备物质，每克脂肪在体内可提供 37.62 kJ 的能量，比糖类和蛋白质高一倍以上，是人体能量储存的主要形式；在我们体内脂肪与某些蛋白质结合生成的脂蛋白，可对人体某些生理机能进行调节，脂蛋白的种类和含量与人体的健康密切相关。此外，在食品加工中，脂类对产品的风味、组织结构、品质、外观、口感等都有直接的影响。

对于很多食品，脂类含量都有一定的要求，所以食品中的脂类含量是食品分析中的一项重要指标，测定食品中的脂类物质有助于评价食品的品质，对改善食品的储藏性亦有着重要的意义。

一、索氏提取法

索氏提取法测定脂肪含量是普遍采用的经典方法，是国家标准方法之一。适用于脂类含量较高且主要为游离态脂肪，能烘干磨细且不易吸湿结块的样品测定。该法对大多数样品结果比较可靠，但费时间，溶剂用量大，且需专门的索氏提取器。

1. 原理　试样用无水乙醚或石油醚等溶剂抽提后，蒸去溶剂所得的物质称为粗脂肪。除脂肪外，粗脂肪还含色素及挥发油、蜡、树脂等物质。抽提法所测得的脂肪为游离态脂肪。

2. 仪器　索氏提取器，恒温水浴锅，电热恒温箱，分析天平，干燥器。

3. 试剂

（1）无水乙醚或石油醚。

（2）海砂：取用水洗去泥土的海砂或河砂，先用盐酸（1+1）煮沸 0.5 h，用水洗至中性，再用氢氧化钠溶液（240 g/L）煮沸 0.5 h，用水洗至中性，经 100 ℃±5 ℃干燥备用。

4. 方法

（1）试样处理。①固体试样。谷物或干燥制品用粉碎机粉碎过 40 目筛；肉用绞肉机绞两次；一般用组织捣碎机捣碎后，称取 2.00～5.00 g（可取测定水分后的试样），必要时拌以海砂，全部移入滤纸筒内。②液体或半固体试样。称取 5.00～10.00 g，置于蒸发皿中，加入约 20 g 海砂于沸水浴上蒸干后，在 100 ℃±5 ℃干燥，研细，全部移入滤纸筒内。蒸发皿及附有试样的玻棒，均用蘸有乙醚的脱脂棉擦净，并将棉花放入滤纸筒内。

（2）抽提。将滤纸筒放入脂肪抽提器的抽提筒内，连接已干燥至恒重的接收瓶，由抽提器冷凝管上端加入无水乙醚或石油醚至瓶内容积的 2/3 处，于水浴上加热，使乙醚或石油醚不断回流提取（6～8 次/h），一般抽提 6～12 h。

（3）称量。取下接收瓶，回收乙醚或石油醚，待接收瓶内乙醚剩 1～2 mL 时在水浴上蒸干，再于 100 ℃±5 ℃干燥 2 h，放干燥器内冷却 0.5 h 后称量。重复以上操作直至恒重。

5. 计算

$$X = \frac{m_1 - m_0}{m_2} \times 100$$

式中：X——试样中粗脂肪的含量，g/100 g；

m_1——接收瓶和粗脂肪的质量，g；

m_0——接收瓶的质量，g；

m_2——试样的质量，g（若是测定水分后的试样，则按测定水分前的质量计）。

计算结果表示到小数点后一位。在重复性条件下获得的两次独立测定结果的绝对差值不得超过算术平均值的 10%。

6. 注意事项

（1）此方法适用于肉制品、豆制品、谷物、坚果、油炸果品、中西式糕点等粗脂肪含量的测定，不适用于乳及乳制品。

（2）所用乙醚或石油醚要求无水、无醇、无过氧化物，挥发残渣含量低。乙醚易燃，注意防火。添加乙醚时一定要关上电源，停止加热，待稍冷后再添加乙醚。乙醚也是麻醉剂，操作过程中应注意仪器的密封及保持室内良好通风。

（3）样品需进行干燥、磨细处理。含水的样品会降低乙醚的提取效果，也会使乙醚吸收样品中的水分造成非脂成分（如糖类等）溶出。对含可溶性糖多的样品，应先用冷水使糖溶解，然后过滤除去，将滤渣连同滤纸一起烘干后再进行抽提。

（4）抽提或挥发乙醚时一般用水浴加热，决不可直接用火加热。接收瓶回收溶剂后需挥去全部残余的乙醚，以免放入烘箱后发生爆炸。

（5）滤纸筒的制备要保证样品不外漏，同时也不要包得太紧，以免影响溶剂渗透。滤纸筒放入抽提管后高度不得超过回流弯管，否则超过弯管的样品不能被乙醚浸没，脂肪不能被抽提完全。

（6）在抽提过程中，冷凝管上端可连上氯化钙干燥管，以防止空气中水分进入，乙醚挥发到空气中，如无干燥管可塞一团干燥的脱脂棉球。

（7）提取时水浴温度根据季节而定，以 6～12 次/h 回流为宜。

（8）可用滤纸或毛玻璃检查抽提是否完全：用滤纸或毛玻璃接抽提管下口滴下的乙醚，挥发后滤纸或毛玻璃上无油迹表明抽提完全。实际工作过程中常凭经验判断。

(9) 脂肪接收瓶反复加热干燥时，脂类会因热氧化而增重。在恒重过程中，如质量增加，应以增重前的质量作为恒重。

二、酸水解法

1. 原理 试样经酸水解后用乙醚提取，除去溶剂即得总脂肪含量。酸水解法测得的为游离及结合脂肪的总量。

2. 仪器 100 mL 具塞刻度量筒。

3. 试剂 盐酸，乙醇（95%），乙醚，石油醚（30～60 ℃沸程）。

4. 方法

(1) 试样处理。①固体试样：谷物或干燥制品用粉碎机粉碎过 40 目筛；肉用绞肉机绞两次；一般用组织捣碎机捣碎后，称约 2.00 g 试样置于 50 mL 大试管内，加 8 mL 水，混匀后再加 10 mL 盐酸。②液体试样：称取 10.00 g，置于 50 mL 大试管内，加 10 mL 盐酸。

(2) 酸水解。将试管放入 70～80 ℃水浴中，每隔 5～10 min 用玻璃棒搅拌一次，至试样消化完全为止，40～50 min。

(3) 提取。取出试管，加入 10 mL 乙醇混合。冷却后将混合物移入 100 mL 具塞量筒中，以 25 mL 乙醚分次洗试管，一并倒入量筒中。待乙醚全部倒入量筒后，加塞振摇 1 min，小心开塞，放出气体再塞好，静置 12 min 小心开塞，并用石油醚-乙醚等量混合液冲洗塞及筒口附着的脂肪。静置 10～20 min，待上部液体清晰，吸出上清液于已恒重的锥形瓶内，再加 5 mL 乙醚于具塞量筒内振摇静置后，仍将上层乙醚吸出，放入原锥形瓶内。将锥形瓶置水浴上蒸干，置 100 ℃±5 ℃烘箱中干燥 2 h，取出放干燥器内冷却 0.5 h 后称量。重复以上操作直至恒重。

5. 计算

$$X = \frac{m_1 - m_0}{m_2} \times 100$$

式中：X——试样中粗脂肪的含量，g/100 g；

m_1——接收瓶和粗脂肪的质量，g；

m_0——接收瓶的质量，g；

m_2——试样的质量，g（若是测定水分后的试样，则按测定水分前的质量计）。

计算结果表示到小数点后一位。在重复性条件下获得的两次独立测定结果的绝对差值不得超过算术平均值的 10%。

6. 注意事项

(1) 固体样品须充分磨细，液体样品须混合均匀，以便消化完全至无块状炭粒。否则结合态脂肪不能完全游离，致使结果偏低。

(2) 水解时防止大量水分损失，使酸浓度升高。

(3) 水解后加入乙醇可使蛋白质沉淀，降低表面张力，促进脂肪球聚合，还可以使糖类、有机酸等溶解。用乙醇提取脂肪时，由于乙醇可溶于乙醚，所以需要加入石油醚，以降低乙醇在乙醚中的溶解度，使乙醇残留在水层，使分层清晰。

(4) 溶剂被蒸干后，残留物中如有黑色焦油状杂质，是分解物与水混入所致，使结果偏高，可用等量乙醚及石油醚溶解后过滤，再次进行蒸干、干燥的操作，至恒重。

（5）此方法适用于各类食品中脂类的测定，测定的是食品中的总脂肪，包括游离态脂肪和结合态脂肪。

（6）此方法不适于测定含磷脂高的食品，如鱼、贝、蛋品等。因为在盐酸溶液中加热时，磷脂几乎完全分解为脂肪酸和碱，使测定值偏低。此方法也不适于测定含糖高的食品，因糖类遇强酸易炭化而影响测定。

三、氯仿-甲醇提取法

1. 原理 将试样分散于氯仿-甲醇混合溶液中，在水浴中轻微沸腾，氯仿、甲醇、水形成三种成分的溶剂，可把包括结合态脂肪在内的全部脂类提取出来。经过滤除去非脂成分，回收溶剂，残留的脂类用石油醚提取，蒸馏除去石油醚后称量，即得脂肪含量。

2. 仪器 具塞离心管，布氏漏斗（过滤板直径 40 mm，容量 60～100 mL），具塞三角瓶，离心机，干燥箱，水浴锅。

3. 试剂

（1）氯仿：97%（体积分数）以上。

（2）甲醇：96%（体积分数）以上。

（3）氯仿-甲醇混合液（2+1）。

（4）石油醚。

（5）无水硫酸钠：使用前于 120～135 ℃下干燥 1～2 h。

4. 方法

（1）提取。准确称取试样 5.00 g 于 200 mL 具塞三角瓶中，加入 60 mL 氯仿-甲醇混合液（2+1）（对干燥食品可加入 2～3 mL 水）。连接提取装置，于 65 ℃水浴中，从微沸开始计时提取 1 h。

（2）回收溶剂。提取结束后，取下三角瓶，用布氏漏斗过滤于另一具塞三角瓶中，用氯仿-甲醇混合液洗涤三角瓶、布氏漏斗及试样残渣，洗涤液一并收集于具塞三角瓶中，置 65～70 ℃水浴回收溶剂，使溶剂蒸发至呈浓稠状，但不能使其干涸，冷却。

（3）萃取定量。加入 25 mL 石油醚和 15 g 无水硫酸钠，立即加塞震荡 10 min，将醚层移入具塞离心管中，以 3 000 r/min 离心 5 min 进行分离，迅速吸取上层清液 10 mL 于已恒重的称量瓶中，蒸发除去石油醚后，于 100～105 ℃烘箱中烘至恒重（约 30 min）。

5. 计算

$$X=\frac{(m_1-m_0)\times 2.5}{m_2}\times 100$$

式中：X——试样中粗脂肪的含量，g/100 g；

　　　m_1——称量瓶和粗脂肪的质量，g；

　　　m_0——称量瓶的质量，g；

　　　m_2——试样的质量，g；

　　　2.5——从 25 mL 石油醚中取 10 mL 进行干燥，所以乘以系数 2.5。

计算结果表示到小数点后一位。

6. 注意事项

（1）本方法适用于含结合态脂肪比较高的试样，特别是含磷脂多的鱼、贝类、蛋类、肉、禽及其制品等，对于含水量高的试样更为有效，对于干燥试样可在试样中加入一定量的水，使组织膨润后再提取。高水分食品可加适量硅藻土使其分散。

（2）回收溶剂至残留物尚具有一定的流动性，不能完全干涸，否则脂类难以溶解于醚中，从而使测定结果偏低，最好在残留有适量水分时停止蒸发。

四、乳脂肪测定

1. 原理 利用氨-乙醇溶液破坏乳的胶体性状及脂肪球膜，使非脂成分溶解于氨-乙醇溶液中，而脂肪游离出来，再用乙醚-石油醚提取脂肪，蒸馏去除溶剂后，残留物即为乳脂肪。

2. 仪器 抽脂瓶（内径2.0～2.5 cm，容积100 mL，见图4-3），干燥器，烘箱。

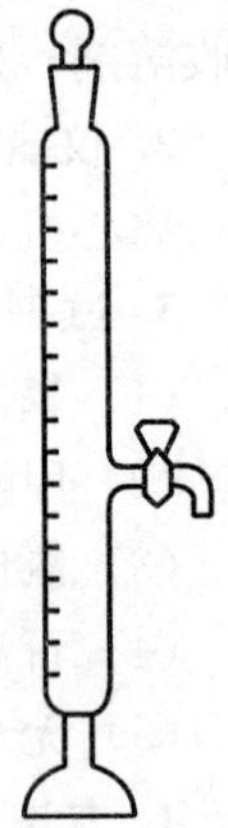

3. 试剂

（1）乙醇（96%）。

（2）氨水（250 g/L，相对密度0.91）。

（3）乙醚-石油醚混合液（1+1）。

4. 方法 精确吸（取）一定量样品（牛乳吸取10.00 mL；乳粉精密称取约1 g，用60 ℃水10 mL分数次溶解）于抽脂瓶中，加入1.25 mL氨水，充分混匀，置60 ℃水浴中加热5 min，再振摇5 min，加入10 mL乙醇，充分摇匀，于冷水中冷却后，加入25 mL乙醚，加塞轻轻振荡摇匀，小心放出气体。再塞紧塞子剧烈振荡1 min，小心放出气体并取下塞子，加入25 mL石油醚，加塞剧烈振荡0.5 min，小心开塞放出气体，静置约0.5 h。吸取上清液至已恒重的脂肪瓶中。用乙醚-石油醚（1+1）混合液冲洗吸管、塞子及提取管附着的脂肪，静置待上层液澄清时，再用吸管将洗液吸至上述脂肪瓶中。重复提取抽脂瓶中的残留液，重复2次，每次每种溶剂用量为15 mL。最后合并提取液，蒸馏回收乙醚和石油醚，蒸干残余醚后，放入100～105 ℃烘箱中干燥2 h，取出放入干燥器中冷却至室温后称重。重复操作直至恒重。

图4-3 抽脂瓶

5. 计算

$$X = \frac{m_2 - m_1}{m \times \frac{V_1}{V}} \times 100$$

式中：X——试样中乳脂肪的含量，g/100 g；

　　　m_2——抽脂瓶和粗脂肪的质量，g；

　　　m_1——抽脂瓶的质量，g；

　　　m——试样的质量，g；

　　　V——读取醚层总体积，mL；

　　　V_1——测定时所取醚层体积，mL。

6. 注意事项

（1）此法适用于各种液状乳（生乳、加工乳、部分脱脂乳、脱脂乳等），各种炼乳、乳粉、奶油及冰淇淋等能在碱性溶液中溶解的乳制品，也适用于豆乳或加水呈乳状的食品。

（2）乳类脂肪虽然也属游离态脂肪，但因脂肪球被乳中酪蛋白钙盐包裹，又处于高度分散的胶体分散系中，故不能直接被乙醚、石油醚提取，需预先用氨水处理，故此法也称为碱性乙醚提取法。

（3）若无抽脂瓶时，可用容积为 100 mL 的具塞量筒替用，待分层后读数，用移液管吸出一定量醚层。

五、脂肪特征值测定

由于油脂的脂肪酸分析及三酰甘油的测定是比较复杂的，在实际的油脂品质分析中，常用某种特征值表示油脂的品质。这些值可以直接反映出油脂的组成、氧化程度等性质。特征值主要有酸价、皂化值、碘值、乙酰化值、过氧化值等。根据油品储放中"值"的变化与否，又有恒值和变值之分，恒值主要显示油脂的组成，如皂化值；变值则可显出油品性质的变化，如酸价、过氧化值。

（一）酸价

酸价是中和 1 g 油脂游离脂肪酸所需的 KOH 的毫克数，新鲜油脂的酸价很小，但随着储藏期的延长和油脂的酸败，酸价增大。酸价的大小可直接说明油脂的新鲜程度和质量好坏，因此酸价是检验油脂质量的重要指标。我国规定食用油脂的酸价必须≤5。

1. 原理　油脂中的游离脂肪酸可与氢氧化钾发生中和反应，根据氢氧化钾标准溶液的消耗量即可计算出油脂的酸价。

2. 仪器　电子天平（感量为 0.000 1 g），碱式滴定管（10 mL）。

3. 试剂

（1）乙醚-乙醇混合液（1+1）。

（2）氢氧化钾标准溶液（0.1 mol/L）。

（3）酚酞指示剂（10 g/L）：称取 1 g 酚酞溶解在 90 mL 乙醇和 10 mL 水中。

4. 方法　称取 3.00～5.00 g 混匀的试样置于锥形瓶中，加入乙醚-乙醇混合液 100 mL，摇动使试样溶解，加入酚酞指示剂 2～3 滴，用氢氧化钾标准溶液滴定至出现微红色且 30 s 内不退色为终点。

5. 计算

$$X = \frac{V \times c \times 56.11}{m}$$

式中：X——试样的酸价（以氢氧化钾计），mg/g；

V——试样消耗氢氧化钾标准溶液的体积，mL；

c——氢氧化钾标准溶液的浓度，mol/L；

m——试样质量，g；

56.11——氢氧化钾的摩尔质量，g/mol。

6. 注意事项

（1）测定深色油的酸价，可减少试样用量，或适当增加混合溶剂的用量，以百里香酚酞作指示剂，以使测定终点变色明显。

（2）滴定过程中如出现混浊或分层，表明碱液带进水过多，乙醇量不足以使乙醚与碱溶液互溶。一旦出现此现象，可补加 95% 的乙醇，促使均一相体系的形成。

（二）过氧化值

过氧化值是指1kg样品中的活性氧含量，以过氧化物的毫摩尔数表示。过氧化值是表示油脂和脂肪酸等被氧化程度的一种指标，用于说明样品是否已被氧化而变质。以油脂、脂肪为原料制作的食品，通过检测其过氧化值来判断其品质和变质程度。

1. 原理 试样溶解在乙酸和三氯甲烷溶液中，与碘化钾溶液反应生成碘单质，之后用硫代硫酸钠标准溶液滴定析出的碘，从而推导出过氧化物的含量。

2. 仪器 碘量瓶（250 mL）。

3. 试剂

（1）碘化钾饱和溶液：称取10 g 碘化钾，加5 mL 水溶解，必要时微热使其溶解，冷却后储于棕色瓶中。临用时配制。

（2）三氯甲烷-乙酸混合液（2+3）。

（3）硫代硫酸钠（$Na_2S_2O_3 \cdot 5H_2O$）标准溶液（0.1 mol/L）。

（4）硫代硫酸钠（$Na_2S_2O_3 \cdot 5H_2O$）标准溶液（0.01 mol/L）。

（5）硫代硫酸钠（$Na_2S_2O_3 \cdot 5H_2O$）标准溶液（0.002 mol/L）。

（6）淀粉指示剂（10 g/L）：取可溶性淀粉1 g，加少量水制成薄浆，倒入100 mL 沸水中煮沸搅匀，放冷备用（临用前配制）。

4. 方法 称取2.00～3.00 g 混匀（必要时过滤）的试样，置于250 mL 碘量瓶中，加30 mL 三氯甲烷-乙酸混合液，使试样完全溶解。准确加入0.5 mL 饱和碘化钾溶液，在15～25 ℃的暗处放置5 min。取出加75 mL 水摇匀，立即用硫代硫酸钠标准溶液（0.01 mol/L）滴定，至淡黄色时加0.5 mL 淀粉指示剂，继续滴定至蓝色消失为终点。

同时做空白试验。空白试验所用硫代硫酸钠标准溶液（0.01 mol/L）不得超过0.1 mL。

注：当估计的过氧化值在6 mmol/kg 及以下时，用0.002 mol/L 硫代硫酸钠标准溶液滴定；在6 mmol/kg 以上时，用0.01 mol/L 硫代硫酸钠标准溶液滴定。

5. 计算

$$X = \frac{c(V_1 - V_2) \times 126.9}{1000m} \times 100\%$$

式中：X——试样的过氧化值相当于碘的质量分数，%；

V_1——试样消耗硫代硫酸钠标准溶液的体积，mL；

V_2——试剂空白消耗硫代硫酸钠标准溶液的体积，mL；

c——硫代硫酸钠标准溶液的浓度，mol/L；

m——试样质量，g；

126.9——1 mol 硫代硫酸钠相当于碘的质量，g。

6. 注意事项

（1）氧化变质的油脂中存在的过氧化物主要是氢过氧化物，还有环状过氧化物、过氧基键合的聚合体、过氧化氢等。氢过氧化物是油脂自动氧化反应中的第一次生成物，它极其不稳定，接着会变成第二次、第三次生成物。特别是在热、光、重金属等过氧化物分解因子存在下分解速度加快。因此加热油脂或向变质程度发展的油脂中的氧化值低。

（2）本法对常见油脂过氧化物的测定均适用，均在室温下进行，当过氧化值较高时，可减少取样量。一般情况下，完全新鲜的油脂在0.03以下；过氧化值在0.03~0.06时感官上无异常；过氧化值在0.06~0.07时会呈现微弱的醛反应和过氧化物反应；过氧化值在0.07~0.10时经常呈现醛反应和过氧化物反应，感官上也有所改变；高于0.10时则呈现出辛辣滋味和刺激性气味。可根据感官检查和一般的化学检查法确定取样量，也可取用浓度较大的硫代硫酸钠溶液滴定，以使滴定体积处于最佳范围。

（3）碘化钾溶液应澄清无色，在进行空白试验时，应加入淀粉溶液后显蓝色，否则应考虑试剂是否符合试验要求。

（4）淀粉指示剂应按要求作灵敏度检查。在滴定时，应在接近终点时加入。即在硫代硫酸钠溶液滴定碘至浅黄色时再加入淀粉，否则碘和淀粉吸附太牢，终点时颜色不易退去，致使终点出现过迟，引起误差。

（5）对于固态油样，可微热溶解，并适当多加一点溶剂。

（6）试样取样量较大时，在加溶剂溶解后，有时会出现互不相溶的两层，此时，可适当增加溶剂用量。

（7）硫代硫酸钠标准滴定溶液，由于使用浓度较低，配制和标定的时间不能过长，否则影响检测结果，并且硫代硫酸钠标准滴定溶液要储存在棕色试剂瓶中。

（三）皂化值

皂化值是指1 g油脂完全皂化时所需KOH的毫克数。皂化值的大小与油脂中所含甘油酯的化学成分有关，一般油脂的相对分子质量和皂化值的关系是：甘油酯相对分子质量愈小，皂化值愈高。另外，若游离脂肪酸含量增大，皂化值随之增大。皂化值高的油脂熔点较低，易消化，一般油脂的皂化值为200左右。油脂的皂化值是指导肥皂生产的重要数据，可根据皂化值计算皂化所需碱量、油脂内的脂肪酸含量和油脂皂化后生成的理论甘油量。

1. 原理　皂化值是测定油和脂肪酸中游离脂肪酸和甘油酯的含量。在回流条件下将样品和氢氧化钾-乙醇溶液一起煮沸，然后用标定的盐酸溶液滴定过量的氢氧化钾。

2. 仪器

（1）锥形瓶：容量250 mL，带有磨口。

（2）回流冷凝管：带有连接锥形瓶的磨砂玻璃接头。

（3）滴定管：容量50 mL，最小刻度为0.1 mL。

（4）移液管：容量25 mL。

（5）分析天平。

3. 试剂

（1）氢氧化钾-乙醇溶液（0.5 mol/L）：大约0.5 mol氢氧化钾溶解于1 L乙醇（95%）中。此溶液应为无色或淡黄色。

通过以下方法可制得稳定的无色溶液：将8 g氢氧化钾和5 g铝片放在1 L乙醇（95%）中回流1 h后立刻蒸馏。将需要量（约35 g）的氢氧化钾溶解于蒸馏物中。静置数天，然后倾出清亮的上层清液弃去碳酸钾沉淀。将此液储存在配有橡皮塞的棕色或黄色玻璃瓶中备用。

（2）盐酸标准溶液（0.5 mol/L）。

（3）酚酞乙醇溶液（1 g/L）。

（4）碱性蓝6B乙醇溶液（25 g/L）。

(5) 助沸物：玻璃球或瓷粒。

4. 方法　称取已除去水分和机械杂质的油脂样品 2 g（精确至 0.005 g），置于 250 mL 锥形瓶中，准确放入 25 mL 氢氧化钾-乙醇溶液，并加入一些助沸物，接上回流冷凝管与锥形瓶，置于沸水浴中加热回流 60 min，使其充分皂化。对于高熔点油脂或难于皂化的样品需煮沸 2 h。停止加热，稍冷，加酚酞指示剂 5～10 滴，然后用盐酸标准溶液滴定至红色消失为止。如果皂化液是深色的，则用 0.5～1 mL 的碱性蓝 6B 乙醇溶液作为指示剂。

同时做空白试验。

5. 计算

$$X=\frac{(V_0-V_1)\times c\times 56.1}{m}$$

式中：X——试样的皂化值（以 KOH 计），mg/g；
　　　V_0——空白试验消耗盐酸标准溶液的体积，mL；
　　　V_1——试样消耗盐酸标准溶液的体积，mL；
　　　c——盐酸标准溶液的浓度，mol/L；
　　　m——试样的质量，g；
　　　56.1——氢氧化钾的摩尔质量，g/mol。

6. 注意事项

（1）如果溶液颜色较深，终点观察不明显，也可以改用百里酚酞（10 g/L）作指示剂。

（2）皂化时要防止乙醇从冷凝管口挥发，同时要注意滴定液的体积，酸标准溶液用量大于 15 mL，要适当补加中性乙醇。

（3）两次平行测定结果允许误差≤0.5。

实训操作

花生中脂肪的测定

【实训目的】 学会并掌握索氏抽提法测定花生中的脂肪含量。

【实训原理】 脂肪能溶于乙醚等有机溶剂，将样品置于索氏抽提器中，用乙醚反复萃取，提取样品中的脂肪后，回收溶剂所得的残留物即为粗脂肪。

【实训仪器】 索氏抽提器；电热恒温箱；电子天平。

【操作步骤】

1. 滤纸筒的制备　将滤纸剪成长方形 8 cm×15 cm，卷成圆筒，直径为 6 cm，将圆筒底部封好。最好放一些脱脂棉，避免向外漏样。

2. 索氏抽提器的准备　索氏抽提器由冷凝管、提取筒、提脂瓶三部分组成。提脂瓶在使用前需烘干至恒重，其余两部分需干燥。

3. 称样　精确称取烘干磨细的花生样品 2.00～5.00 g，放入已称重的滤纸筒，封好上口。

4. 抽提　将装好样的滤纸筒放入抽提筒，连接已恒重的脂肪烧瓶，从提取器冷凝管上端加入乙醚，加入的量为提取瓶体积的 2/3。接上冷凝装置，在恒温水浴中抽提，水浴温度约为 55 ℃，抽提 6～12 h。提取结束时可用滤纸检验，接取一滴抽提液，无油斑即表明提取完毕。

5. 回收乙醚 取下脂肪瓶，回收乙醚。待烧瓶内乙醚剩下 1~2 mL 时，在水浴上蒸干，再于 100~105 ℃烘箱中烘干至恒重。

【结果计算】

$$X=\frac{m_1-m_0}{m_2}\times 100$$

式中：X——花生中粗脂肪的含量，g/100 g；

m_1——接收瓶和粗脂肪的质量，g；

m_0——接收瓶的质量，g；

m_2——花生的质量，g。

计算结果表示到小数点后一位。在重复性条件下获得的两次独立测定结果的绝对差值不得超过算术平均值的 10%。

任务五 糖类测定

糖类是由碳、氢和氧三种元素组成的一大类化合物，是大多数食品的主要成分之一，也是人类日常膳食的主要供能物质。根据分子缩合的多寡，食物中的糖类分为单糖、低聚糖和多糖。单糖为多羟基的醛或酮，是不能再被水解的糖类，如葡萄糖、果糖、半乳糖等。低聚糖是由 2~10 个单糖残基通过分子间脱水形成糖苷，以糖苷键结合而成的糖类，包括双糖和寡糖，双糖如蔗糖、乳糖等，寡糖为 3~9 个单糖组成的聚合物，主要有低聚果糖、水苏糖、棉籽糖等。多糖是由 10 个以上单糖或其衍生物以糖苷键结合而成的高分子化合物，按其化学组成不同可分为同多糖和杂多糖，主要有果胶、纤维素、淀粉、琼脂、糖原等。单糖、低聚糖、多糖中的淀粉和糖原是人体可以吸收利用的糖类，又称为有效糖。纤维素、果胶、半纤维素等是人体不能消化利用的糖类，称为无效糖，然而这些无效糖能促进肠道蠕动，改善消化系统机能，对维持人体健康有着重要的作用。

糖类的测定方法主要有物理法、化学法、色谱法和酶法等。物理法包括相对密度法、折射法、旋光法等。化学法是一种广泛采用的常规方法，包括还原糖法（直接滴定法、高锰酸钾滴定法、铁氰酸钾法等）、碘量法、缩合反应法等。化学法测得的多为糖的总量，不能确定糖的种类及每种糖的含量。色谱法包括气相色谱法、液相色谱法和离子交换色谱法等。色谱法可以对试样中的各种糖进行分离定量。酶法也可用来测定糖类的含量，如葡萄糖氧化酶测定葡萄糖，β-半乳糖脱氢酶测定半乳糖、乳糖等。

一、还原糖测定

还原糖是指具有还有性的糖类。在糖类中，分子中含有游离醛基（葡萄糖）或酮基（果糖）的单糖和含有游离的半缩醛羟基的双糖（乳糖和麦芽糖）都具有还原性。所有的单糖均是还原糖。而本身不具有还原性的非还原性糖（双糖、多糖），都可以通过水解而生成相应的还原性单糖，再进行测定，然后换算成样品中相应糖类的含量。所以糖类的测定是以还原糖的测定为基础的。

（一）直接滴定法

1. 原理 试样经除去蛋白质后，在加热条件下，以亚甲基蓝作指示剂，滴定标定过的碱性酒石酸铜溶液（用还原糖标准溶液标定），根据样品液消耗体积计算还原糖含量。

2. 仪器 酸式滴定管（25 mL），可调电炉（带石棉板）。

3. 试剂

（1）盐酸。

（2）硫酸铜。

（3）亚甲基蓝：指示剂。

（4）酒石酸钾钠。

（5）氢氧化钠。

（6）乙酸锌。

（7）冰乙酸。

（8）亚铁氰化钾。

（9）葡萄糖。

（10）果糖。

（11）乳糖。

（12）蔗糖。

（13）碱性酒石酸铜甲液：称取 15 g 硫酸铜（$CuSO_4 \cdot 5H_2O$）及 0.05 g 亚甲基蓝，溶于水中并稀释至 1 000 mL。

（14）碱性酒石酸铜乙液：称取 50 g 酒石酸钾钠和 75 g 氢氧化钠溶于水中，再加入 4 g 亚铁氰化钾，完全溶解后用水稀释至 1 000 mL，储存于橡胶塞玻璃瓶内。

（15）乙酸锌溶液（219 g/L）：称取 21.9 g 乙酸锌，加 3 mL 冰乙酸，加水溶解并稀释至 100 mL。

（16）亚铁氰化钾溶液（106 g/L）：称取 10.6 g 亚铁氰化钾，加水溶解并稀释至 100 mL。

（17）氢氧化钠溶液（40 g/L）：称取 4 g 氢氧化钠，加水溶解并稀释至 100 mL。

（18）盐酸溶液（1+1）：量取 50 mL 盐酸，加水稀释至 100 mL。

（19）葡萄糖标准溶液：称取 1 g（精确至 0.000 1 g）经过 98～100 ℃ 干燥 2 h 的葡萄糖，加水溶解后加入 5 mL 盐酸，并以水稀释至 1 000 mL。此溶液每毫升相当于 1.0 mg 葡萄糖。

（20）果糖标准溶液：称取 1 g（精确至 0.000 1 g）经过 98～100 ℃ 干燥 2 h 的果糖，加水溶解后加入 5 mL 盐酸，并以水稀释至 1 000 mL。此溶液每毫升相当于 1.0 mg 果糖。

（21）乳糖标准溶液：称取 1 g（精确至 0.000 1 g）经过 96 ℃±2 ℃ 干燥 2 h 的乳糖，加水溶解后加入 5 mL 盐酸，并以水稀释至 1 000 mL。此溶液每毫升相当于 1.0 mg 乳糖（含水）。

（22）转化糖标准溶液：准确称取 1.052 6 g 蔗糖，用 100 mL 水溶解，置具塞三角瓶中，加 5 mL 盐酸（1+1），在 68～70 ℃ 水浴中加热 15 min，放置至室温，转移至 1 000 mL 容量瓶中并定容至 1 000 mL，每毫升标准溶液相当于 1.0 mg 转化糖。

4. 方法

（1）试样处理。

① 一般食品：称取粉碎后的固体试样 2.5～5 g 或混匀后的液体试样 5～25 g，精确至 0.001 g，置 250 mL 容量瓶中，加 50 mL 水，慢慢加入 5 mL 乙酸锌溶液及 5 mL 亚铁氰化

钾溶液，加水至刻度，混匀，静置 30 min，用干燥滤纸过滤，弃去初滤液，取续滤液备用。

② 酒精性饮料：称取约 100 g 混匀后的试样，精确至 0.01 g，置于蒸发皿中，用氢氧化钠（40 g/L）溶液中和至中性，在水浴上蒸发至原体积的 1/4 后，移入 200 mL 容量瓶中，慢慢加入 5 mL 乙酸锌溶液及 5 mL 亚铁氰化钾溶液，加水至刻度，混匀，静置 30 min，用干燥滤纸过滤，弃去初滤液，取续滤液备用。

③ 含大量淀粉的食品：称取 10～20 g 粉碎后或混匀后的试样，精确至 0.001 g，置 250 mL 容量瓶中，加 200 mL 水，在 40 ℃ 水浴中加热 1 h，并时时振摇。冷后加水至刻度，混匀，静置，沉淀。吸取 200 mL 上清液置另一个 250 mL 容量瓶中，慢慢加入 5 mL 乙酸锌溶液及 5 mL 亚铁氰化钾溶液，加水至刻度，混匀，静置 30 min，用干燥滤纸过滤，弃去初滤液，取续滤液备用。

④ 碳酸类饮料：称取约 100 g 混匀后的试样，精确至 0.01 g，试样置蒸发皿中，在水浴上微热搅拌除去二氧化碳后，移入 50 mL 容量瓶中，并用水洗涤蒸发皿，洗液并入容量瓶中，再加水至刻度，混匀后，备用。

（2）标定碱性酒石酸铜溶液。吸取 5.0 mL 碱性酒石酸铜甲液及 5.0 mL 碱性酒石酸铜乙液，置于 150 mL 锥形瓶中，加水 10 mL，加入玻璃珠两粒，从滴定管滴加约 9 mL 葡萄糖或其他还原糖标准溶液，控制在 2 min 内加热至沸，趁热以每 2 s 1 滴的速度继续滴加葡萄糖或其他还原糖标准溶液，直至溶液蓝色刚好退去为终点，记录消耗葡萄糖或其他还原糖标准溶液的总体积，同时平行操作三次，取其平均值，计算每 10 mL（甲、乙液各 5 mL）碱性酒石酸铜溶液相当于葡萄糖的质量或其他还原糖的质量（mg）[也可以按上述方法标定 4～20 mL 碱性酒石酸铜溶液（甲、乙液各半）来适应试样中还原糖的浓度变化]。

（3）试样溶液预测。吸取 5.0 mL 碱性酒石酸铜甲液及 5.0 mL 碱性酒石酸铜乙液，置于 150 mL 锥形瓶中，加水 10 mL，加入玻璃珠两粒，控制在 2 min 内加热至沸，保持沸腾以先快后慢的速度，从滴定管中滴加试样溶液，并保持溶液沸腾状态，待溶液颜色变浅时，以每 2 s 1 滴的速度滴定，直至溶液蓝色刚好退去为终点，记录样液消耗体积。当样液中还原糖浓度过高时，应适当稀释后再进行正式测定，使每次滴定消耗样液的体积控制在与标定碱性酒石酸铜溶液时所消耗的还原糖标准溶液的体积相近，约 10 mL。当浓度过低时则采取直接加入 10 mL 样品液，免去加水 10 mL，再用还原糖标准溶液滴定至终点，记录消耗的体积与标定时消耗的还原糖标准溶液体积之差相当于 10 mL 样液中所含还原糖的量。

（4）试样溶液测定。吸取 5.0 mL 碱性酒石酸铜甲液及 5.0 mL 碱性酒石酸铜乙液，置于 150 mL 锥形瓶中，加水 10 mL，加入玻璃珠两粒，从滴定管滴加比预测体积少 1 mL 的试样溶液至锥形瓶中，使在 2 min 内加热至沸，保持沸腾继续以每 2 s 1 滴的速度滴定，直至蓝色刚好退去为终点，记录样液消耗体积，同法平行操作三次，得出平均消耗体积。

5. 计算 试样中还原糖的含量（以某种还原糖计）计算：

$$X = \frac{m_1}{m \times V/250 \times 1000} \times 100$$

式中：X——试样中还原糖的含量（以某种还原糖计），g/100 g；

m_1——碱性酒石酸铜溶液（甲、乙液各半）相当于某种还原糖的质量，mg；

m——试样质量，g；

V——测定时平均消耗试样溶液体积，mL。

当浓度过低时,试样中还原糖的含量(以某种还原糖计)计算:

$$X = \frac{m_2}{m \times \dfrac{10}{250 \times 1000}} \times 100$$

式中:X——试样中还原糖的含量(以某种还原糖计),g/100 g;

m_2——标定时体积与加入样品后消耗的还原糖标准溶液体积之差相当于某种还原糖的质量,mg;

m——试样质量,g。

当还原糖含量$\geqslant$10 g/100 g时,计算结果保留三位有效数字;还原糖含量<10 g/100 g时,计算结果保留两位有效数字。

6. 注意事项

(1) 当称样量为 5.0 g 时,此法的检出限为 0.25 g/100 g。

(2) 在样品处理时,不能用铜盐作为澄清剂,以免样液中引入 Cu^{2+},得到错误的结果。

(3) 碱性酒石酸铜甲液和乙液应分别储存,用时才混合,否则酒石酸钾钠铜络合物长期在碱性条件下会慢慢分解析出氧化亚铜沉淀,使试剂有效浓度降低。

(4) 滴定必须在沸腾条件下进行,因为:一是可以加快还原糖与 Cu^{2+} 的反应速度;二是亚甲基蓝变色反应是可逆的,还原型亚甲基蓝遇空气中氧又会被氧化为氧化型。此外氧化亚铜也极不稳定,易被空气中氧所氧化。保持反应液沸腾可防止空气进入,避免亚甲基蓝和氧化亚铜被氧化而增加耗糖量。

(5) 滴定时不能随意摇动锥形瓶,更不能把锥形瓶从热源上取下来滴定,以防止空气进入反应溶液中。

(6) 样品溶液预测的目的:一是本法对样品溶液中还原糖浓度有一定要求(0.1%左右),测定时样品溶液的消耗体积应与标定葡萄糖标准溶液时消耗的体积相近,通过预测可了解样品溶液浓度是否合适,浓度过大或过小应加以调整,使预测时消耗样液量在 10 mL 左右。二是通过预测可知道样液大概消耗量,以便在正式测定时,预先加入比实际用量少 1 mL 左右的样液,只留下 1 mL 左右样液在续滴定时加入,以保证在 1 min 内完成续滴定工作,提高测定的准确度。

(7) 影响测定结果的主要操作因素是反应液碱度、热源强度、煮沸时间和滴定速度。反应液的碱度直接影响二价铜与还原糖反应的速度、反应进行的程度及测定结果。在一定范围内,溶液碱度越高,二价铜的还原越快。因此必须严格控制反应液的体积,标定和测定时消耗的体积应接近,使反应体系碱度一致。热源一般采用 800 W 电炉,电炉温度恒定后才能加热,热源强度应控制在使反应液在 2 min 内沸腾,且应保持一致。否则加热至沸腾所需时间就会不同,引起蒸发量不同,使反应液碱度发生变化,从而引入误差。沸腾时间和滴定速度对结果影响也较大,一般沸腾时间短,消耗糖液多;反之,消耗糖液少。滴定速度过快,消耗糖液多;反之,消耗糖液少。因此,测定时应严格控制上述实验条件,力求一致。平行试验样液消耗量相差不应超过 0.1 mL。

(二) 高锰酸钾滴定法

试样经除去蛋白质后,其中还原糖把铜盐还原为氧化亚铜,加硫酸铁后,氧化亚铜被氧化为铜盐,以高锰酸钾溶液滴定氧化作用后生成的亚铁盐,根据高锰酸钾消耗量,计算氧化亚铜含量,再查表得还原糖量。

当称样量为 5.0 g 时,此法的检出限为 0.5 g/100 g。

二、蔗糖测定

蔗糖是葡萄糖和果糖组成的非还原性双糖,不能用还原糖测定的方法进行测定。但在一定条件下,蔗糖可水解为葡萄糖和果糖,二者均为还原糖。因此蔗糖经水解后,可用还原糖测定的方法来测定。

(一) 高效液相色谱法

1. 原理 试样经处理后,用高效液相色谱氨基柱（NH_2 柱）分离,用示差折射检测器检测。根据蔗糖的折射指数与浓度成正比,外标单点法定量。

2. 仪器 高效液相色谱仪（附示差折射检测器）。

3. 试剂 除非另有规定,本方法中所用试剂均为分析纯。实验用水的电导率（25 ℃）为 0.01 mS/m。

(1) 硫酸铜。

(2) 氢氧化钠。

(3) 乙腈：色谱纯。

(4) 蔗糖。

(5) 硫酸铜溶液（70 g/L）：称取 7 g 硫酸铜,加水溶解并定容至 100 mL。

(6) 氢氧化钠溶液（40 g/L）：称取 4 g 氢氧化钠,加水溶解并定容至 100 mL。

(7) 蔗糖标准溶液（10 mg/mL）：准确称取蔗糖标样 1 g（精确至 0.000 1 g）置 100 mL 容量瓶内,先加少量水溶解,再加 20 mL 乙腈,最后用水定容至刻度。

4. 方法

(1) 样液制备。称取 2~10 g 试样,精确至 0.001 g,加 30 mL 水溶解,移至 100 mL 容量瓶中,加硫酸铜溶液 10 mL,氢氧化钠溶液 4 mL,振摇,加水至刻度,静置 0.5 h,过滤。取 3~7 mL。试样液置 10 mL 容量瓶中,用乙腈定容,通过 0.45 μm 滤膜过滤,滤液备用。

(2) 高效液相色谱参考条件。色谱柱：氨基柱（4.6 mm×250 mm,5 μm）；柱温：25 ℃；示差检测器检测池池温：40 ℃；流动相：乙腈-水（75+25）；流速：1.0 mL/min；进样量：10 μL。

(3) 色谱图。蔗糖色谱图见图 4-4。

5. 计算

$$X = \frac{c \times A}{A' \times (m/100) \times (V/10) \times 1000} \times 100$$

式中：X——试样中蔗糖含量,g/100 g；

c——蔗糖标准溶液浓度,mg/mL；

A——试样中蔗糖的峰面积；

A'——标准蔗糖溶液的峰面积；

m——试样的质量,g；

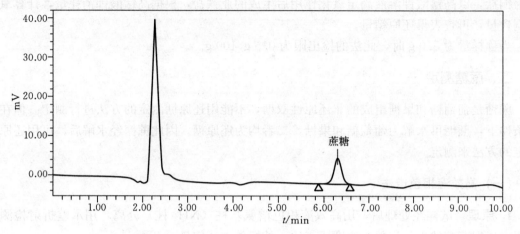

图 4-4 蔗糖色谱

V——过滤液体积，mL。

计算结果保留三位有效数字。

6. 注意事项

（1）样品液的糖浓度过高容易造成样品峰重复的现象，因此在测定时样品浓度不能超过 10 g/L，进样量不能超过 20 μL。

（2）当称样量为 10 g 时，检出限为 2.0 mg/100 g。

（二）酸水解法

1. 原理　试样经除去蛋白质后，其中蔗糖经盐酸水解转化为还原糖，再按还原糖测定。水解前后还原糖的差值为蔗糖含量。

2. 仪器　酸式滴定管（25 mL），可调电炉（带石棉板）。

3. 试剂

（1）氢氧化钠。

（2）硫酸铜。

（3）酒石酸钾钠。

（4）乙酸锌。

（5）亚铁氰化钾。

（6）甲基红：指示剂。

（7）亚甲基蓝：指示剂。

（8）盐酸。

（9）冰乙酸。

（10）葡萄糖。

（11）蔗糖。

（12）盐酸溶液（1+1）：量取 50 mL 盐酸，缓慢加入 50 mL 水中，冷却后混匀。

（13）氢氧化钠溶液（200 g/L）：称取 20 g 氢氧化钠加水溶解后，放冷，并定容至 100 mL。

(14) 甲基红指示液（1 g/L）：称取甲基红 0.1 g 用少量乙醇溶解后，定容至 100 mL。

(15) 碱性酒石酸铜甲液：称取 15 g 硫酸铜及 0.05 g 亚甲基蓝，溶于水中并定容至 1 000 mL。

(16) 碱性酒石酸铜乙液：称取 50 g 酒石酸钾钠和 75 g 氢氧化钠溶于水中，再加入 4 g 亚铁氰化钾，完全溶解后，用水定容至 1 000 mL，储存于橡胶塞玻璃瓶内。

(17) 乙酸锌溶液（219 g/L）：称取 21.9 g 乙酸锌，加 3 mL 冰乙酸，加水溶解并定容至 100 mL。

(18) 亚铁氰化钾溶液（106 g/L）：称取 10.6 g 亚铁氰化钾，加水溶解并定容至 100 mL。

(19) 葡萄糖标准溶液：称取 1 g（精确至 0.000 1 g）经过 98~100 ℃ 干燥 2 h 的葡萄糖，加水溶解后加入 5 mL 盐酸，并用水定容至 1 000 mL。此溶液每毫升相当于 1.0 mg 葡萄糖。

4. 方法

(1) 试样处理。

① 含蛋白质食品：称取粉碎后的固体试样 2.5~5 g（精确至 0.001 g），混匀后的液体试样 5~25 g，置 250 mL 容量瓶中，加 50 mL 水，慢慢加入 5 mL 乙酸锌溶液及 5 mL 亚铁氰化钾溶液，加水至刻度，混匀，静置 30 min，用干燥滤纸过滤，弃去初滤液，取续滤液备用。

② 含大量淀粉的食品：称取 10~20 g 粉碎后或混匀后的试样，精确至 0.001 g，置 250 mL 容量瓶中，加 200 mL 水，在 45 ℃ 水浴中加热 1 h，并时时振摇。冷后加水至刻度，混匀，静置，沉淀。吸取 200 mL 上清液置另一个 250 mL 容量瓶中，慢慢加入 5 mL 乙酸锌溶液及 5 mL 亚铁氰化钾溶液，加水至刻度，混匀，静置 30 min，用干燥滤纸过滤，弃去初滤液，取续滤液备用。

③ 酒精饮料：称取约 100 g 混匀后的试样，精确至 0.01 g，置于蒸发皿中，用氢氧化钠（40 g/L）溶液中和至中性，在水浴上蒸发至原体积的 1/4 后，移入 250 mL 容量瓶中，慢慢加入 5 mL 乙酸锌溶液及 5 mL 亚铁氰化钾溶液，加水至刻度，混匀，静置 30 min，用干燥滤纸过滤，弃去初滤液，取续滤液备用。

④ 碳酸类饮料：称取约 100 g 混匀后的试样，精确至 0.01 g，试样置蒸发皿中，在水浴上微热搅拌除去二氧化碳后，移入 250 mL 容量瓶中，并用水洗涤蒸发皿，洗液并入容量瓶中，再加水至刻度，混匀后，备用。

(2) 酸水解。吸取 2 份 50 mL 上述试样处理液，分别置于 100 mL 容量瓶中，其中一份加 5 mL 盐酸（1+1），在 68~70 ℃ 水浴中加热 15 min，冷后加 2 滴甲基红指示液，用氢氧化钠溶液（200 g/L）中和至中性，加水至刻度，混匀。另一份直接加水稀释至 100 mL。

(3) 标定碱性酒石酸铜溶液。吸取 5.0 mL 碱性酒石酸铜甲液及 5.0 mL 碱性酒石酸铜乙液，置于 150 mL 锥形瓶中，加水 10 mL，加入玻璃珠两粒，从滴定管滴加约 9 mL 葡萄糖，控制在 2 min 内加热至沸，趁热以每 2 s 1 滴的速度继续滴加葡萄糖，直至溶液蓝色刚好退去为终点，记录消耗葡萄糖总体积，同时平行操作三份，取其平均值，计算每 10 mL（甲液、乙液各 5 mL）碱性酒石酸铜溶液相当于葡萄糖的质量（mg）。

(4) 试样溶液预测。吸取 5.0 mL 碱性酒石酸铜甲液及 5.0 mL 碱性酒石酸铜乙液，置于 150 mL 锥形瓶中，加水 10 mL，加入玻璃珠两粒，控制在 2 min 内加热至沸，保持沸腾以先快后慢的速度，从滴定管中滴加试样溶液，并保持溶液沸腾状态，待溶液颜色变浅时，以每 2 s 1 滴的速度滴定，直至溶液蓝色刚好退去为终点，记录样液消耗体积。当样液中还原糖浓度过高时，应适当稀释后再进行正式测定，使每次滴定消耗样液的体积控制在与标定碱性酒石酸铜溶液时所消耗的还原糖标准溶液的体积相近，约在 10 mL。

（5）试样溶液测定。吸取 5.0 mL 碱性酒石酸铜甲液及 5.0 mL 碱性酒石酸铜乙液，置于 150 mL 锥形瓶中，加水 10 mL，加入玻璃珠两粒，从滴定管滴加比预测体积少 1 mL 的试样溶液至锥形瓶中，使在 2 min 内加热至沸，保持沸腾继续以每 2 s 1 滴的速度滴定，直至蓝色刚好退去为终点，记录样液消耗体积，同法平行操作三份，得出平均消耗体积。

5. 计算　试样中还原糖的含量（以葡萄糖计）计算：

$$X = \frac{A}{m \times V/250 \times 1000} \times 100$$

式中：X——试样中还原糖的含量（以葡萄糖计），g/100 g；
　　　A——碱性酒石酸铜溶液（甲液、乙液各半）相当于葡萄糖的质量，mg；
　　　m——试样质量，g；
　　　V——测定时平均消耗试样溶液体积，mL。

以葡萄糖为标准滴定溶液时，试样中蔗糖含量计算：

$$X = (R_2 - R_1) \times 0.95$$

式中：X——试样中蔗糖含量，g/100 g；
　　　R_2——水解处理后还原糖含量，g/100 g；
　　　R_1——不经水解处理还原糖含量，g/100 g；
　　　0.95——还原糖（以葡萄糖计）换算为蔗糖的系数。

蔗糖含量≥10 g/100 g 时，计算结果保留三位有效数字；蔗糖含量<10 g/100 g 时，计算结果保留两位有效数字。

6. 注意事项

（1）在此法规定的水解条件下，蔗糖可完全水解，而其他双糖和淀粉等的水解作用很小。为保证结果的准确性，须严格控制水解条件。为防止果糖分解，样品溶液体积、酸的浓度及用量、水解温度和水解时间都不能随意改动，到达规定时间后应迅速冷却。

（2）用还原糖法测定蔗糖时，测得的还原糖含量应以转化糖表示，应采用 0.1% 标准转化糖溶液标定碱性酒石酸酮溶液。

（3）当称样量为 5 g 时，检出限为 0.24 g/100 g。

三、总糖测定

食品中的总糖通常是指具有还原性的糖（葡萄糖、果糖、乳糖、麦芽糖等）和在测定条件下能水解为还原性单糖的蔗糖的总量。总糖是食品生产中的常规分析项目，它反映的是食品中可溶性单糖和低聚糖的总量，其含量高低对产品的色、香、味、组织形态、营养价值、成本等有一定影响。总糖是麦乳精、糕点、果蔬罐头、饮料等许多食品的重要质量指标。总糖的测定通常是以还原糖的测定方法为基础的，常用的是直接滴定法。将食品中的非还原性双糖，经酸水解成还原性单糖，再按还原糖测定法测定，测出以转化糖计的总糖量。

1. 原理　试样经除去蛋白质等杂质后,加稀盐酸在加热条件下使蔗糖水解转化为还原糖,以直接滴定法测定水解后试样中的还原糖总量。

2. 仪器　恒温水浴锅,酸式滴定管(25 mL),可调电炉(带石棉板)。

3. 试剂　除非另有规定,本方法中所用试剂均为分析纯。实验用水的电导率(25 ℃)为 0.01 mS/m。

(1) 硫酸铜。

(2) 氢氧化钠。

(3) 乙腈：色谱纯。

(4) 蔗糖。

(5) 硫酸铜溶液(70 g/L)：称取 7 g 硫酸铜,加水溶解并定容至 100 mL。

(6) 氢氧化钠溶液(40 g/L)：称取 4 g 氢氧化钠,加水溶解并定容至 100 mL。

(7) 蔗糖标准溶液(10 mg/mL)：准确称取蔗糖标样 1 g(精确至 0.000 1 g)置 100 mL 容量瓶内,先加少量水溶解,再加 20 mL 乙腈,最后用水定容至刻度。

4. 方法

(1) 试样处理。

① 一般食品：称取粉碎后的固体试样 2.5～5 g 或混匀后的液体试样 5～25 g,精确至 0.001 g,置 250 mL 容量瓶中,加 50 mL 水,慢慢加入 5 mL 乙酸锌溶液及 5 mL 亚铁氰化钾溶液,加水至刻度,混匀,静置 30 min,用干燥滤纸过滤,弃去初滤液,取续滤液备用。

② 酒精性饮料：称取约 100 g 混匀后的试样,精确至 0.01 g,置于蒸发皿中,用氢氧化钠(40 g/L)溶液中和至中性,在水浴上蒸发至原体积的 1/4 后,移入 200 mL 容量瓶中,慢慢加入 5 mL 乙酸锌溶液及 5 mL 亚铁氰化钾溶液,加水至刻度,混匀,静置 30 min,用干燥滤纸过滤,弃去初滤液,取续滤液备用。

③ 含大量淀粉的食品：称取 10～20 g 粉碎后或混匀后的试样,精确至 0.001 g,置 250 mL 容量瓶中,加 200 mL 水,在 40 ℃ 水浴中加热 1 h,并时时振摇。冷后加水至刻度,混匀,静置,沉淀。吸取 200 mL 上清液置另一个 250 mL 容量瓶中,慢慢加入 5 mL 乙酸锌溶液及 5 mL 亚铁氰化钾溶液,加水至刻度,混匀,静置 30 min,用干燥滤纸过滤,弃去初滤液,取续滤液备用。

④ 碳酸类饮料：称取约 100 g 混匀后的试样,精确至 0.01 g,试样置蒸发皿中,在水浴上微热搅拌除去二氧化碳后,移入 50 mL 容量瓶中,并用水洗涤蒸发皿,洗液并入容量瓶中,再加水至刻度,混匀后,备用。

(2) 水解试样。吸取 2 份 50 mL 上述试样处理液,分别置于 100 mL 容量瓶中,其中一份加 5 mL 盐酸(1+1),在 68～70 ℃ 水浴中加热 15 min,冷后加 2 滴甲基红指示液,用氢氧化钠溶液(200 g/L)中和至中性,加水至刻度,混匀。另一份直接加水稀释至 100 mL。

(3) 标定碱性酒石酸铜溶液。吸取 5.0 mL 碱性酒石酸铜甲液及 5.0 mL 碱性酒石酸铜乙液,置于 150 mL 锥形瓶中,加水 10 mL,加入玻璃珠两粒,从滴定管滴加约 9 mL 葡萄糖或其他还原糖标准溶液,控制在 2 min 内加热至沸,趁热以每 2 s 1 滴的速度继续滴加葡萄糖或其他还原糖标准溶液,直至溶液蓝色刚好退去为终点,记录消耗葡萄糖或其他还原糖标准溶液的总体积,同时平行操作三份,取其平均值,计算每 10 mL(甲、乙液各 5 mL)碱性酒石酸铜溶液相当于葡萄糖的质量或其他还原糖的质量(mg)。也可以按上述方法标定

4～20 mL 碱性酒石酸铜溶液（甲、乙液各半）来适应试样中还原糖的浓度变化。

（4）试样溶液预测。吸取 5.0 mL 碱性酒石酸铜甲液及 5.0 mL 碱性酒石酸铜乙液，置于 150 mL 锥形瓶中，加水 10 mL，加入玻璃珠两粒，控制在 2 min 内加热至沸，保持沸腾以先快后慢的速度，从滴定管中滴加试样溶液，并保持溶液沸腾状态，待溶液颜色变浅时，以每 2 s 1 滴的速度滴定，直至溶液蓝色刚好退去为终点，记录样液消耗体积。当样液中还原糖浓度过高时，应适当稀释后再进行正式测定，使每次滴定消耗样液的体积控制在与标定碱性酒石酸铜溶液时所消耗的还原糖标准溶液的体积相近，约 10 mL。当浓度过低时则采取直接加入 10 mL 样品液，免去加水 10 mL，再用还原糖标准溶液滴定至终点，记录消耗的体积与标定时消耗的还原糖标准溶液体积之差相当于 10 mL 样液中所含还原糖的量。

（5）试样溶液测定。吸取 5.0 mL 碱性酒石酸铜甲液及 5.0 mL 碱性酒石酸铜乙液，置于 150 mL 锥形瓶中，加水 10 mL，加入玻璃珠两粒，从滴定管滴加比预测体积少 1 mL 的试样溶液至锥形瓶中，使在 2 min 内加热至沸，保持沸腾继续以每 2 s 1 滴的速度滴定，直至蓝色刚好退去为终点，记录样液消耗体积，同法平行操作三次，得出平均消耗体积。

5. 计算

$$X=\frac{F}{m\times\frac{50}{V_1}\times\frac{V_2}{100}\times 1000}\times 100$$

式中：X——试样中总糖量，以转化糖计，%；

F——10 mL 碱性酒石酸铜相当于转化糖量，mg；

m——试样质量，g；

V_1——样品处理液总体积，mL；

V_2——测定总糖量取用水解液的体积，mL。

6. 注意事项

（1）在营养学上，总糖是指能被人体消化、吸收利用的糖类物质的总和，包括淀粉。这里所讲的总糖不包括淀粉，因为在测定条件下，淀粉的水解作用很微弱。

（2）分析结果的准确性及重现性取决于水解的条件，要求样品在水解过程中，只有蔗糖被水解而其他化合物不被水解。在测定中应严格控制水解条件，即保证蔗糖的完全水解又要避免其他多糖的分解。且水解结束后应立即取出，迅速冷却中和，以防止果糖及其他单糖类的损失。

（3）总糖测定结果一般以转化糖或葡萄糖计，要根据产品的质量指标要求而定。如用转化糖表示，应该用标准转化糖溶液标定碱性酒石酸酮溶液；如用葡萄糖表示，则应该用标准葡萄糖溶液标定碱性酒石酸酮溶液。

四、淀粉测定

淀粉是一种多糖。它广泛存在于植物的根、茎、叶、种子等组织中，是人类食物的重要组成部分，也是供给人体热能的主要来源。淀粉是由葡萄糖单位构成的聚合体，按聚合形式不同，可形成两种不同的淀粉分子——直链淀粉和支链淀粉。在食品工业中淀粉的用途非常广泛，常作为食品的原辅料。制造面包、糕点、饼干用的面粉，可通过掺和纯淀粉来调节面筋浓度和胀润度；在糖果生产中不仅使用大量由淀粉制造的糖浆，也使用原淀粉和变性淀粉；淀粉还可在冷饮中作为稳定剂，在肉类罐头中作为增稠剂，在其他食品中还可作为胶体生产剂、保湿剂、乳化剂、黏合剂等。淀粉含量是某些食品主要的质量指标，也是食品生产管理中的一个常检项目。

淀粉的测定方法有多种，都是根据淀粉的理化性质而建立的。常用的方法有：酶水解法、酸水解法、旋光法、酸化酒精沉淀法。

（一）酶水解法

1. 原理 试样经去除脂肪及可溶性糖类后，淀粉用淀粉酶水解成小分子糖，再用盐酸水解成单糖，最后按还原糖测定，并折算成淀粉含量。

2. 仪器 水浴锅。

3. 试剂 除非另有规定，本方法中所用试剂均为分析纯。

(1) 碘。

(2) 碘化钾。

(3) 高峰氏淀粉酶：酶活力≥1.6U/mg。

(4) 无水乙醇。

(5) 石油醚：沸点范围为60～90 ℃。

(6) 乙醚。

(7) 甲苯。

(8) 三氯甲烷。

(9) 盐酸。

(10) 氢氧化钠。

(11) 硫酸铜。

(12) 亚甲蓝：指示剂。

(13) 酒石酸钾钠。

(14) 亚铁氰化钾。

(15) 甲基红：指示剂。

(16) 葡萄糖。

(17) 甲基红指示液（2 g/L）：称取甲基红0.20 g，用少量乙醇溶解后，并定容至100 mL。

(18) 盐酸溶液（1+1）：量取50 mL盐酸，与50 mL水混合。

(19) 氢氧化钠溶液（200 g/L）：称取2 g氢氧化钠，加水溶解并定容至100 mL。

(20) 碱性酒石酸铜甲液：称取15 g硫酸铜及0.050 g亚甲蓝，溶于水中并定容至1 000 mL。

(21) 碱性酒石酸铜乙液：称取50 g酒石酸钾钠和75 g氢氧化钠溶于水中，再加入4 g亚铁氰化钾，完全溶解后，用水定容至1 000 mL，储存于橡胶塞玻璃瓶内。

(22) 葡萄糖标准溶液：称取1 g（精确至0.000 1 g）经过98～100 ℃干燥2 h的葡萄糖，加水溶解后加入5 mL盐酸，并以水定容至1 000 mL，此溶液每毫升相当于1.0 mg葡萄糖。

(23) 淀粉酶溶液（5 g/L）：称取淀粉酶0.5 g，加100 mL水溶解，临用现配。也可加入数滴甲苯或三氯甲烷防止长霉，储于4 ℃冰箱中。

(24) 碘溶液：称取 3.6 g 碘化钾溶于 20 mL 水中，加入 1.3 g 碘，溶解后加水定容至 100 mL。

(25) 85%乙醇：取 85 mL 无水乙醇，加水定容至 100 mL 混匀。

4. 方法

(1) 试样处理。

① 易于粉碎的试样：磨碎过 40 目筛，称取 2~5 g（精确至 0.001 g）。置于放有折叠滤纸的漏斗内，先用 50 mL 石油醚或乙醚分 5 次洗除脂肪，再用约 150 mL 乙醇（85%）洗去可溶性糖类，滤干乙醇，将残留物移入 250 mL 烧杯内，并用 50 mL 水洗滤纸，洗液并入烧杯内，将烧杯置沸水浴上加热 15 min，使淀粉糊化，放冷至 60 ℃以下，加 20 mL 淀粉酶溶液，在 55~60 ℃保温 1 h，并时时搅拌。然后取 1 滴此液加 1 滴碘溶液，应不显现蓝色。若显蓝色，再加热糊化并加 20 mL 淀粉酶溶液，继续保温，直至加碘不显蓝色为止。加热至沸，冷后移入 250 mL 容量瓶中，并加水至刻度，混匀，过滤，弃去初滤液。取 50 mL 滤液，置于 250 mL 锥形瓶中，加 5 mL 盐酸（1+1），装上回流冷凝器，在沸水浴中回流 1 h，冷后加 2 滴甲基红指示液，用氢氧化钠溶液（200 g/L）中和至中性，溶液转入 100 mL 容量瓶中，洗涤锥形瓶，洗液并入 100 mL 容量瓶中，加水至刻度，混匀备用。

② 其他样品：加适量水在组织捣碎机中捣成匀浆（蔬菜、水果需先洗净、晾干，取可食部分），称取相当于原样质量 2.5~5 g（精确至 0.001 g）的匀浆，置于放有折叠滤纸的漏斗内，先用 50 mL 石油醚或乙醚分 5 次洗除脂肪，再用约 150 mL 乙醇（85%）洗去可溶性糖类，滤干乙醇，将残留物移入 250 mL 烧杯内，并用 50 mL 水洗滤纸，洗液并入烧杯内，将烧杯置沸水浴上加热 15 min，使淀粉糊化，放冷至 60 ℃以下，加 20 mL 淀粉酶溶液，在 55~60 ℃保温 1 h，并时时搅拌。然后取 1 滴此液加 1 滴碘溶液，应不显现蓝色。若显蓝色，再加热糊化并加 20 mL 淀粉酶溶液，继续保温，直至加碘不显蓝色为止。加热至沸，冷后移入 250 mL 容量瓶中，并加水至刻度，混匀，过滤，弃去初滤液。取 50 mL 滤液，置于 250 mL 锥形瓶中，加 5 mL 盐酸（1+1），装上回流冷凝器，在沸水浴中回流 1 h，冷后加 2 滴甲基红指示液，用氢氧化钠溶液（200 g/L）中和至中性，溶液转入 100 mL 容量瓶中，洗涤锥形瓶，洗液并入 100 mL 容量瓶中，加水至刻度，混匀备用。

(2) 测定。

① 标定碱性酒石酸铜溶液：吸取 5.0 mL 碱性酒石酸铜甲液及 5.0 mL 碱性酒石酸铜乙液，置于 150 mL 锥形瓶中，加水 10 mL，加入玻璃珠两粒，从滴定管滴加约 9 mL 葡萄糖，控制在 2 min 内加热至沸，趁沸以每 2 s 1 滴的速度继续滴加葡萄糖，直至溶液蓝色刚好退去为终点，记录消耗葡萄糖标准溶液的总体积。同时做三份平行取其平均值，计算每 10 mL（甲液、乙液各 5 mL）碱性酒石酸铜溶液相当于葡萄糖的质量（mg）。

② 试样溶液预测：吸取 5.0 mL 碱性酒石酸铜甲液及 5.0 mL 碱性酒石酸铜乙液，置于 150 mL 锥形瓶中，加水 10 mL，加入玻璃珠两粒，控制在 2 min 内加热至沸，保持沸腾以先快后慢的速度，从滴定管中滴加试样溶液，并保持溶液沸腾状态，待溶液颜色变浅时，以每 2 s 1 滴的速度滴定，直至溶液蓝色刚好退去为终点，记录样液消耗体积。当样液中还原糖浓度过高时，应适当稀释后再进行正式测定，使每次滴定消耗样液的体积控制在与标定碱性酒石酸铜溶液时所消耗的还原糖标准溶液的体积相近，约在 10 mL。

③ 试样溶液测定：吸取 5.0 mL 碱性酒石酸铜甲液及 5.0 mL 碱性酒石酸铜乙液，置于

150 mL 锥形瓶中,加水 10 mL,加入玻璃珠 2 粒,从滴定管滴加比预测体积少 1 mL 的试样溶液至锥形瓶中,使在 2 min 内加热至沸,保持沸腾继续以每 2 s 1 滴的速度滴定,直至蓝色刚好退去为终点,记录样液消耗体积。同法平行操作三份,得出平均消耗体积。

同时量取 50 mL 水及与试样处理时相同量的淀粉酶溶液,按同一方法做试剂空白试验。

5. 计算

试样中还原糖的含量(以葡萄糖计)计算:

$$X = \frac{A}{m \times V/250 \times 1000} \times 100$$

式中:X——试样中还原糖的含量(以葡萄糖计),g/100 g;

　　　A——碱性酒石酸铜溶液(甲液、乙液各半)相当于葡萄糖的质量,mg;

　　　m——试样质量,g;

　　　V——测定时平均消耗试样溶液体积,mL。

试样中淀粉的含量计算:

$$X = \frac{(A_1 - A_2) \times 0.9}{m \times 50/250 \times V/100 \times 1000} \times 100$$

式中:X——试样中淀粉的含量,g/100 g;

　　　A_1——测定用试样中葡萄糖的质量,mg;

　　　A_2——空白中葡萄糖的质量,mg;

　　　0.9——还原糖(以葡萄糖计)折算成淀粉的换算系数;

　　　m——试样质量,g;

　　　V——测定用试样处理液的体积,mL。

计算结果保留到小数点后一位。在重复性条件下获得的两次独立测定结果的绝对差值不得超过算术平均值的 10%。

6. 注意事项

(1) 淀粉酶能使淀粉水解为麦芽糖,具有专一性,但温度过高时(高于 80 ℃)或有酸、碱存在时容易失活,需临用时现配,并储存于冰箱中。

(2) 试样中脂肪含量少时,可省去洗除脂肪的操作。若试样为液体,则采用分液漏斗振摇后,静置分层,去除乙醚或石油醚层。

(二)酸水解法

1. 原理 试样经除去脂肪及可溶性糖类后,其中淀粉用酸水解成具有还原性的单糖,然后按还原糖测定,并折算成淀粉。

2. 仪器 水浴锅,高速组织捣碎机,回流装置(并附 250 mL 锥形瓶)。

3. 试剂

(1) 氢氧化钠。

(2) 乙酸铅。

(3) 硫酸钠。

(4) 石油醚:沸点范围为 60~90 ℃。

(5) 乙醚。

(6) 甲基红指示液（2 g/L）：称取甲基红 0.20 g，用少量乙醇溶解后，并定容至 100 mL。

(7) 氢氧化钠溶液（400 g/L）：称取 40 g 氢氧化钠加水溶解后，放冷，并稀释至 100 mL。

(8) 乙酸铅溶液（200 g/L）：称取 20 g 乙酸铅，加水溶解并稀释至 100 mL。

(9) 硫酸钠溶液（100 g/L）：称取 10 g 硫酸钠，加水溶解并稀释至 100 mL。

(10) 盐酸溶液（1+1）：量取 50 mL 盐酸，与 50 mL 水混合。

(11) 85%乙醇：取 85 mL 无水乙醇，加水定容至 100 mL 混匀。

(12) 精密 pH 试纸：6.8～7.2。

4. 方法

(1) 试样处理。

① 易于粉碎的试样：将试样磨碎过 40 目筛，称取 2～5 g（精确至 0.001 g），置于放有慢速滤纸的漏斗中，用 50 mL 石油醚或乙醚分 5 次洗去试样中脂肪，弃去石油醚或乙醚。用 150 mL 乙醇（85%）分数次洗涤残渣，除去可溶性糖类物质。滤干乙醇溶液，以 100 mL 水洗涤漏斗中残渣并转移至 250 mL 锥形瓶中，加入 30 mL 盐酸（1+1），接好冷凝管，置沸水浴中回流 2 h。回流完毕后，立即冷却。待试样水解液冷却后，加入 2 滴甲基红指示液，先以氢氧化钠溶液（400 g/L）调至黄色，再以盐酸（1+1）校正至水解液刚变红色。若水解液颜色较深，可用精密 pH 试纸测试，使试样水解液的 pH 为 7。然后加 20 mL 乙酸铅溶液（200 g/L），摇匀，放置 10 min。再加 20 mL 硫酸钠溶液（100 g/L），以除去过多的铅。摇匀后将全部溶液及残渣转入 500 mL 容量瓶中，用水洗涤锥形瓶，洗液合并于容量瓶中，加水稀释至刻度。过滤，弃去初滤液 20 mL，滤液供测定用。

② 其他样品：加适量水在组织捣碎机中捣成匀浆（蔬菜、水果需先洗净、晾干，取可食部分）。称取相当于原样质量 2.5～5 g 的匀浆（精确至 0.001 g）于 250 mL 锥形瓶中，用 50 mL 石油醚或乙醚分 5 次洗去试样中脂肪，弃去石油醚或乙醚。用 150 mL 乙醇（85%）分数次洗涤残渣，除去可溶性糖类物质。滤干乙醇溶液，以 100 mL 水洗涤漏斗中残渣并转移至 250 mL 锥形瓶中，加入 30 mL 盐酸（1+1），接好冷凝管，置沸水浴中回流 2 h。回流完毕后，立即冷却。待试样水解液冷却后，加入 2 滴甲基红指示液，先以氢氧化钠溶液（400 g/L）调至黄色，再以盐酸（1+1）校正至水解液刚变红色。若水解液颜色较深，可用精密 pH 试纸测试，使试样水解液的 pH 为 7。然后加 20 mL 乙酸铅溶液（200 g/L），摇匀，放置 10 min。再加 20 mL 硫酸钠溶液（100 g/L），以除去过多的铅。摇匀后将全部溶液及残渣转入 500 mL 容量瓶中，用水洗涤锥形瓶，洗液合并于容量瓶中，加水稀释至刻度。过滤，弃去初滤液 20 mL，滤液供测定用。

(2) 测定。

① 标定碱性酒石酸铜溶液：吸取 5.0 mL 碱性酒石酸铜甲液及 5.0 mL 碱性酒石酸铜乙液，置于 150 mL 锥形瓶中，加水 10 mL，加入玻璃珠两粒，从滴定管滴加约 9 mL 葡萄糖，控制在 2 min 内加热至沸，趁沸以每 2 s 1 滴的速度继续滴加葡萄糖，直至溶液蓝色刚好退去为终点，记录消耗葡萄糖标准溶液的总体积。同时做三份平行取其平均值，计算每 10 mL（甲液、乙液各 5 mL）碱性酒石酸铜溶液相当于葡萄糖的质量（mg）。

② 试样溶液预测：吸取 5.0 mL 碱性酒石酸铜甲液及 5.0 mL 碱性酒石酸铜乙液，置于

150 mL 锥形瓶中，加水 10 mL，加入玻璃珠 2 粒，控制在 2 min 内加热至沸，保持沸腾以先快后慢的速度，从滴定管中滴加试样溶液，并保持溶液沸腾状态，待溶液颜色变浅时，以每 2 s 1 滴的速度滴定，直至溶液蓝色刚好退去为终点，记录样液消耗体积。当样液中还原糖浓度过高时，应适当稀释后再进行正式测定，使每次滴定消耗样液的体积控制在与标定碱性酒石酸铜溶液时所消耗的还原糖标准溶液的体积相近，约在 10 mL。

③ 试样溶液测定：吸取 5.0 mL 碱性酒石酸铜甲液及 5.0 mL 碱性酒石酸铜乙液，置于 150 mL 锥形瓶中，加水 10 mL，加入玻璃珠 2 粒，从滴定管滴加比预测体积少 1 mL 的试样溶液至锥形瓶中，使在 2 min 内加热至沸，保持沸腾继续以每 2 s 1 滴的速度滴定，直至蓝色刚好退去为终点，记录样液消耗体积。同法平行操作三份，得出平均消耗体积。

同时量取 50 mL 水及与试样处理时相同量的淀粉酶溶液，按同一方法做试剂空白试验。

5. 计算

$$X = \frac{(A_1 - A_2) \times 0.9}{m \times V/500 \times 1000} \times 100$$

式中：X——试样中淀粉含量，g/100 g；

A_1——测定用试样中水解液还原糖质量，mg；

A_2——试剂空白中还原糖的质量，mg；

0.9——还原糖（以葡萄糖计）折算成淀粉的换算系数；

m——试样质量，g；

V——测定用试样水解液体积，mL；

500——试样液总体积，mL。

计算结果保留到小数点后一位。在重复性条件下获得的两次独立测定结果的绝对差值不得超过算术平均值的 10%。

6. 注意事项

(1) 盐酸水解淀粉的专一性较差，它可同时将试样中半纤维素水解生成一些还原性物质，使还原糖的结果偏高，因而对含有半纤维素高的食品如食物壳皮、高粱等，不宜采用此法。

(2) 回流装置的冷凝管应较长，以保证水解过程中盐酸不会挥发，保持一定的浓度。

五、粗纤维测定

粗纤维是指食用植物细胞壁中的糖类和其他物质的复合物，是植物性食品的主要成分之一，广泛存在于各种植物体内。化学上不是单一组分，是混合物。集中存在于谷类的麸、糠、秸秆、果蔬的表皮等处。近年来，在研究和评价食品的消化率和品质时，提出了食物纤维（膳食纤维）的概念。它是指食品中不能被人体消化酶所消化的多糖类和木质素的总和，包括纤维素、半纤维素、戊聚糖、木质素、果胶、树胶等，至于是否应包括作为添加剂添加的某些多糖还无定论。膳食纤维比粗纤维更能客观、准确地反映食物的可利用率，因此有逐渐取代粗纤维指标的趋势。

测定粗纤维可估算出食品中不能消化的部分，以此可评定该食品的营养价值及其经济价值。粗纤维的含量是果蔬制品的一项质量指标，用它可以鉴定果蔬的鲜嫩度。例如豌豆按其鲜嫩程度分为三级，其粗纤维含量分别为：一级 18% 左右，二级 2.5% 左右，三级 2.2%

左右。

1. 原理 在硫酸作用下,试样中的糖、淀粉、果胶质和半纤维素经水解除去后,再用碱处理,除去蛋白质及脂肪酸,剩余的残渣为粗纤维。如其中含有不溶于酸碱的杂质,可灰化后除去。

2. 仪器 干燥箱,G2垂融坩埚,抽滤装置,马弗炉,回流装置,干燥器。

3. 试剂

(1) 1.25%硫酸。

(2) 1.25%氢氧化钾溶液。

(3) 乙醇。

(4) 乙醚。

(5) 氢氧化钠。

(6) 盐酸。

(7) 石棉:加5%氢氧化钠溶液浸泡石棉,在水浴上回流8 h以上,再用热水充分洗涤。然后用20%盐酸在沸水浴上回流8 h以上,再用热水充分洗涤,干燥。在600～700 ℃中灼烧后,加水使成混悬物,储存于玻塞瓶中。

4. 方法 称取20～30 g捣碎的试样(或5.0 g干试样),移入500 mL锥形瓶中,加入200 mL煮沸的1.25%硫酸,加热使微沸,保持体积恒定,维持30 min,每隔5 min摇动锥形瓶一次,以充分混合瓶内的物质。

取下锥形瓶,立即用亚麻布过滤后,用沸水洗涤至洗液不呈酸性。

再用200 mL煮沸的1.25%氢氧化钾溶液,将亚麻布上的存留物洗入原锥形瓶内加热微沸30 min后,取下锥形瓶,立即以亚麻布过滤,以沸水洗涤2～3次后,移入已干燥称量的G2垂融坩埚或同型号的垂融漏斗中,抽滤,用热水充分洗涤后,抽干。再依次用乙醇和乙醚洗涤一次。将坩埚和内容物在105 ℃烘箱中烘干后称量,重复操作,直至恒重。

如试样中含有较多的不溶性杂质,则可将试样移入石棉坩埚,烘干称量后,再移入550 ℃高温炉中灰化,使含碳的物质全部灰化,置于干燥器内,冷却至室温称量,所损失的量即为粗纤维量。

5. 计算

$$X = \frac{G}{m} \times 100$$

式中:X——试样中粗纤维的含量,%;

G——残余物的质量(或经高温炉损失的质量),g;

m——试样质量,g。

计算结果表示到小数点后一位。

6. 注意事项

(1) 样品应尽量磨碎,以使消化完全。

(2) 消化时,溶液体积保持恒定,过少要补水,否则酸度太大,使纤维素消化或炭化。

六、果胶测定

在可食的植物中,有许多蔬菜、水果含有果胶,果胶也是一种高分子化合物,化学组成如半乳糖醛酸。果胶水解后，产生果胶酸和果酸，果胶有一个重要的特性就是胶凝（凝冻）。

1. 原理 用无水乙醇沉淀试样中的果胶，果胶经水解后生成半乳糖醛酸，在硫酸中与咔唑试剂发生缩合反应，生成紫红色化合物，该化合物在 525 nm 处有最大吸收，其吸收值与果胶含量成正比，以半乳糖醛酸为标准物质，标准曲线法定量。

2. 仪器 分光光度计，组织捣碎机，分析天平（感量为 0.000 1 g），恒温水浴振荡器，离心机（4 000 r/min）。

3. 试剂 除非另有说明，所用水应达到 GB/T 6682 规定的三级水要求，所用试剂均为分析纯试剂。

（1）无水乙醇（C_2H_6O）。

（2）硫酸（H_2SO_4，优级纯）。

（3）咔唑（$C_{12}H_9N$）。

（4）67% 乙醇溶液：无水乙醇＋水＝2+1。

（5）pH 为 0.5 的硫酸溶液：用硫酸调节水的 pH 为 0.5。

（6）氢氧化钠溶液（40 g/L）：称取 4.0 g 氢氧化钠，用水溶解并定容至 100 mL。

（7）咔唑乙醇溶液（1 g/L）：称取 0.100 0 g 咔唑，用无水乙醇溶液并定容至 100 mL。作空白实验检测，即 1 mL 水、0.25 mL 咔唑乙醇溶液和 5 mL 硫酸混合后应清澈、透明、无色。

（8）半乳糖醛酸标准储备液：准确称取无水半乳糖醛酸 0.100 0 g，用少量水溶解，加入 0.5 mL 氢氧化钠溶液（40 g/L），定容至 100 mL，混匀。此溶液中半乳糖醛酸质量浓度为 1 000 mg/L。

（9）半乳糖醛酸标准使用液：分别吸收 0、1.0 mL、2.0 mL、3.0 mL、4.0 mL、5.0 mL 半乳糖醛酸标准储备液于 50 mL 容量瓶中定容，溶液质量浓度分别为 0、20.0 mg/L、40.0 mg/L、60.0 mg/L、80.0 mg/L、100.0 mg/L。

4. 方法

（1）试样制备。果酱及果汁类制品将样品搅拌均匀即可。新鲜水果，取水果样品的可食部分，用自来水和去离子水依次清洗后，用干净纱布轻轻擦去其表面水分。苹果、桃等个体较大的样品采用对角线分割法，取对角可食部分，将其切碎，充分混匀；山楂、葡萄等个体较小的样品可随机取若干个体切碎混匀。用四分法取样或直接放入组织捣碎机中制成匀浆。少汁样品可按一定质量比例加入等量去离子水。将匀浆后的试样冷冻保存。

（2）预处理。称取 1.0~5.0 g（精确至 0.001 g）试样于 50 mL 刻度离心管中，加入少量滤纸屑，再加入 35 mL 约 75 ℃ 的无水乙醇，在 85 ℃ 水浴中加热 10 min，充分振荡。冷却，再加无水乙醇使总体积接近 50 mL，在 4 000 r/min 的条件下离心 15 min，弃去上清液。在 85 ℃ 水浴中用 67% 乙醇溶液洗涤沉淀，离心分离，弃去上清液，此步骤反复操作，直至上清液中不再产生糖的穆立虚反应为止（检验方法：取上清液 5 mL 注入小试管中，加入 5% 的 α-萘酚乙醇溶液 2~3 滴，充分混匀，此时溶液稍有白色混浊，然后使试管轻微倾斜，沿管壁慢慢加入 1 mL 硫酸，若在两液层的界面不产生紫红色色环，则证明上清液中不含有糖分），得到沉淀物。同时做试剂空白试验。

（3）果胶提取液的制备。

① 酸提取方式。将得到的沉淀物用 pH 为 0.5 的硫酸溶液全部洗入三角瓶中，混匀，

在85 ℃水浴中加热60 min，其间应不时摇荡，冷却后移入100 mL容量瓶中，用pH为0.5的硫酸溶液定容，过滤，滤液备用。

② 碱提取方式。对于香蕉等淀粉含量高的样品宜采用碱提取方式。将得到的沉淀物用水全部洗入100 mL容量瓶中，加入5 mL氢氧化钠溶液（40 g/L）定容，混匀。至少放置15 min，其间应不时摇荡。过滤，滤液备用。

（4）标准曲线绘制。吸取0、20.0 mg/L、40.0 mg/L、60.0 mg/L、80.0 mg/L、100.0 mg/L半乳糖醛酸标准使用液各1.0 mL于25 mL玻璃试管中，分别加入0.25 mL咔唑乙醇溶液（1 g/L），产生白色絮状沉淀，不断摇动试管，再快速加入5.0 mL硫酸，摇匀。立刻将试管放入85 ℃水浴振荡器内水浴20 min，取出后放入冷水中迅速冷却。在1.5 h的时间内，用分光光度计在波长525 nm处测定标准溶液的吸光度，以半乳糖醛酸浓度为横坐标，吸光度值为纵坐标，绘制标准曲线。

（5）样品的测定。吸取1.0 mL滤液于25 mL玻璃试管中，加入0.25 mL咔唑乙醇溶液（1 g/L），产生白色絮状沉淀，不断摇动试管，再快速加入5.0 mL硫酸，摇匀。立刻将试管放入85 ℃水浴振荡器内水浴20 min，取出后放入冷水中迅速冷却。在1.5 h的时间内，用分光光度计在波长525 nm处测定其吸光度，根据标准曲线计算出滤液中果胶含量，以半乳糖醛酸计。同时做空白试验，用空白调零。如果吸光度超过100 mg/L半乳糖醛酸的吸光度时，将滤液稀释后重新测定。

5. 计算

$$X = \frac{\rho \times V}{m \times 1000} \times 100$$

式中：X——试样中果胶含量（以半乳糖醛酸计），g/kg；

ρ——滤液中半乳糖醛酸浓度，mg/L；

V——果胶沉淀定容体积，mL；

m——试样质量，g。

计算结果保留三位有效数字。在重复性条件下获得的两次独立测试结果的绝对差值不得超过这两次测定算术平均值的10%。

6. 注意事项 此方法适用于水果及其制品中果胶含量的测定，线性范围为1～100 mg/L，检出限为0.02 g/kg。

实训操作

葡萄中还原糖的测定

【实训目的】学会并掌握直接滴定法测定葡萄果实中的还原糖含量。

【实训原理】一定量的碱性酒石酸铜甲、乙液等体积混合后，生成天蓝色的氢氧化铜沉淀，这种沉淀很快与酒石酸钾钠反应，生成深蓝色的酒石酸钾钠铜的络合物。

在加热条件下，以亚甲基蓝作为指示剂，用样液直接滴定经标定的碱性酒石酸铜溶液，还原糖将二价铜还原为氧化亚铜。

待二价铜全部被还原后，稍过量的还原糖将次甲基蓝还原，溶液由蓝色变为无色，即为终点。根据最终所消耗的样液的体积，即可计算出还原糖的含量。

【实训试剂】
1. 碱性酒石酸铜甲液 称取15 g硫酸铜（$CuSO_4 \cdot 5H_2O$）及0.05 g亚甲基蓝，溶于水中并稀释至1 000 mL。

2. 碱性酒石酸铜乙液 称取50 g酒石酸钾钠和75 g氢氧化钠溶于水中，再加入4 g亚铁氰化钾，完全溶解后用水稀释至1 000 mL，储存于橡胶塞玻璃瓶内。

3. 乙酸锌溶液（219 g/L） 称取21.9 g乙酸锌，加3 mL冰乙酸，加水溶解并稀释至100 mL。

4. 亚铁氰化钾溶液（106 g/L） 称取10.6 g亚铁氰化钾，加水溶解并稀释至100 mL。

5. 葡萄糖标准溶液 称取1 g（精确至0.000 1 g）经过98~100 ℃干燥2 h的葡萄糖，加水溶解后加入5 mL盐酸，并以水稀释至1 000 mL。此溶液每毫升相当于1.0 mg葡萄糖。

【操作步骤】
1. 试样处理 称取去皮去核粉碎混匀的葡萄样品20.00 g，置于250 mL容量瓶中，加50 mL水，慢慢加入5 mL乙酸锌溶液及5 mL亚铁氰化钾溶液，加水至刻度，混匀，静置30 min，用干燥滤纸过滤，弃去初滤液，取续滤液备用。

2. 标定碱性酒石酸铜溶液 吸取碱性酒石酸铜甲、乙液各5.0 mL，置于150 mL锥形瓶中，加水10 mL，加入玻璃珠两粒，从滴定管滴加约9 mL葡萄糖标准溶液，控制在2 min内加热至沸，趁热以每2 s 1滴的速度继续滴加葡萄糖标准溶液，直至溶液蓝色刚好退去为终点，记录消耗葡萄糖标准溶液的总体积。同时平行操作三次，取其平均值，计算每10 mL（甲、乙液各5 mL）碱性酒石酸铜溶液相当于葡萄糖的质量（mg）。

3. 样液预测 吸取碱性酒石酸铜甲、乙液各5.0 mL，置于150 mL锥形瓶中，加水10 mL，加入玻璃珠两粒，控制在2 min内加热至沸，保持沸腾以先快后慢的速度，从滴定管中滴加试样溶液，并保持溶液沸腾状态，待溶液颜色变浅时，以每2 s 1滴的速度滴定，直至溶液蓝色刚好退去为终点，记录样液消耗体积。

4. 样液测定 吸取碱性酒石酸铜甲、乙液各5.0 mL，置于150 mL锥形瓶中，加水10 mL，加入玻璃珠两粒，从滴定管滴加比预测体积少1 mL的试样溶液至锥形瓶中，使在2 min内加热至沸，保持沸腾继续以每2 s 1滴的速度滴定，直至蓝色刚好退去为终点，记录样液消耗体积。同法平行操作三次，得出平均消耗体积。

【结果计算】

$$X=\frac{m_1}{m \times V/250 \times 1000} \times 100$$

式中：X——葡萄中还原糖的含量（以葡萄糖计），g/100 g；

m_1——碱性酒石酸铜溶液（甲、乙液各半）相当于葡萄糖的质量，mg；

m——葡萄质量，g；

V——测定时平均消耗样液体积，mL。

还原糖含量≥10 g/100 g时，计算结果保留三位有效数字；还原糖含量<10 g/100 g时，计算结果保留两位有效数字。

任务六 蛋白质和氨基酸测定

蛋白质是由20多种氨基酸通过肽链连接起来的具有生命活动的生物大分子，相对分子质量可达到数万至百万,并具有复杂的立体结构。其主要化学元素为 C、H、O、N;在某些蛋白质中还含有 P、S、Cu、Fe、I 等元素。

动物食品的蛋白质含量较高。其中,畜、禽、肉类和鱼类蛋白质含量为 15%~20%,鲜乳为 2.7%~3.8%,蛋类为 11%~14%,谷物仅为 7%~10%。虽然谷物蛋白质的生理价值不如动物蛋白质和豆类蛋白质,但因我国人民每日摄入的谷类数量相对较大,如成人每日食用 400 g 谷物食品,即可从中获得 28~40 g 的蛋白质,因此谷物食品仍是我们重要的蛋白质来源。

不同的蛋白质中氨基酸的构成比例及方式不同,所以不同的蛋白质含氮量不同。一般蛋白质含氮量为 16%,即 1 份氮素相当于 6.25 份蛋白质。此数值称为蛋白质系数。不同种类食品的蛋白质系数不同。

蛋白质的测定方法分为两大类:一类是利用蛋白质的共性,即含氮量、肽链、折射率等测定蛋白质含量;另一类是利用蛋白质中特定氨基酸残基、酸性基团、碱性基团和芳香基团等测定蛋白质。目前蛋白质测定常用的方法为凯式定氮法、双缩脲比色法、染料结合反应法、酚试剂法、水杨酸比色法等。

一、蛋白质测定

(一) 凯氏定氮法

1. 原理 食品中的蛋白质在催化加热条件下被分解,产生的氨与硫酸结合生成硫酸铵。碱化蒸馏使氨游离,用硼酸吸收后以硫酸或盐酸标准溶液滴定,根据酸的消耗量乘以换算系数,即为蛋白质的含量。

2. 仪器 天平(感量为 1 mg),定氮蒸馏装置(图 4-5)。

3. 试剂 除非另有规定,本方法中所用试剂均为分析纯,水为 GB/T 6682 规定的三级水。

(1) 硫酸铜。

(2) 硫酸钾。

(3) 硫酸(密度为 1.84 g/L)。

(4) 硼酸。

(5) 甲基红指示剂。

(6) 溴甲酚绿指示剂。

(7) 亚甲基蓝指示剂。

(8) 氢氧化钠。

(9) 95% 乙醇。

(10) 硼酸溶液(20 g/L):称取 20 g 硼酸,加水溶解后并稀释至 1 000 mL。

(11) 氢氧化钠溶液(400 g/L):称取 40 g 氢氧化钠加水溶解后,放冷,并稀释至 100 mL。

(12) 硫酸标准滴定溶液(0.050 0 mol/L)或盐酸标准滴定溶液(0.050 0 mol/L)。

(13) 甲基红乙醇溶液(1 g/L):称取 0.1 g 甲基红,溶于 95% 乙醇,用 95% 乙醇稀释至 100 mL。

项目四 营养物质检测

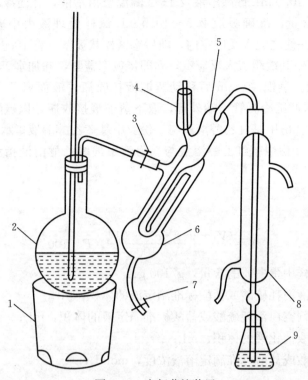

图 4-5 定氮蒸馏装置
1. 电炉 2. 水蒸气发生器（2 L 烧瓶） 3. 螺旋夹 4. 小玻杯及棒状玻塞
5. 反应室 6. 反应室外层 7. 橡皮管及螺旋夹 8. 冷凝管 9. 蒸馏液接收瓶

（14）亚甲基蓝乙醇溶液（1 g/L）：称取 0.1 g 亚甲基蓝，溶于 95％乙醇，用 95％乙醇稀释至 100 mL。

（15）溴甲酚绿乙醇溶液（1 g/L）：称取 0.1 g 溴甲酚绿，溶于 95％乙醇，用 95％乙醇稀释至 100 mL。

（16）混合指示液：2 份甲基红乙醇溶液与 1 份亚甲基蓝乙醇溶液临用时混合。也可用 1 份甲基红乙醇溶液与 5 份溴甲酚绿乙醇溶液临用时混合。

4. 方法

（1）试样处理。称取充分混匀的固体试样 0.2~2 g、半固体试样 2~5 g 或液体试样 10~25 g（相当于 30~40 mg 氮），精确至 0.001 g，移入干燥的 100 mL、250 mL 或 500 mL 定氮瓶中，加入 0.2 g 硫酸铜、6 g 硫酸钾及 20 mL 硫酸，轻摇后于瓶口放一小漏斗，将瓶以 45°角斜支于有小孔的石棉网上。小心加热，待内容物全部炭化，泡沫完全停止后，加强火力，并保持瓶内液体微沸，至液体呈蓝绿色并澄清透明后，再继续加热 0.5~1 h。取下放冷，小心加入 20 mL 水。放冷后，移入 100 mL 容量瓶中，并用少量水洗定氮瓶，洗液并入容量瓶中，再加水至刻度，混匀备用。

同时做试剂空白试验。

（2）测定。按图 4-5 装好定氮蒸馏装置，向水蒸气发生器内装水至 2/3 处，加入数粒玻璃珠，加甲基红乙醇溶液数滴及数毫升硫酸，以保持水呈酸性，加热煮沸水蒸气发生器内的水并保持沸腾。

向接收瓶内加入 10.0 mL 硼酸溶液及 1～2 滴混合指示液，并使冷凝管的下端插入液面下。根据试样中氮含量，准确吸取 2.0～10.0 mL 试样处理液由小玻杯注入反应室，以 10 mL 水洗涤小玻杯并使之流入反应室内，随后塞紧棒状玻塞。将 10.0 mL 氢氧化钠溶液倒入小玻杯，提起玻塞使其缓缓流入反应室，立即将玻塞盖紧，并加水于小玻杯以防漏气。夹紧螺旋夹，开始蒸馏。蒸馏 10 min 后移动蒸馏液接收瓶，液面离开冷凝管下端，再蒸馏 1 min。然后用少量水冲洗冷凝管下端外部，取下蒸馏液接收瓶。以硫酸或盐酸标准滴定溶液滴定至终点，其中 2 份甲基红乙醇溶液与 1 份亚甲基蓝乙醇溶液指示剂，颜色由紫红色变成灰色，pH 为 5.4；1 份甲基红乙醇溶液与 5 份溴甲酚绿乙醇溶液指示剂，颜色由酒红色变成绿色，pH 为 5.1。

同时做试剂空白试验。

5. 计算

$$X = \frac{(V_1 - V_2) \times c \times 0.014}{m \times V_3/100} \times F \times 100$$

式中：X——试样中蛋白质的含量，g/100 g；

V_1——试液消耗硫酸或盐酸标准滴定液的体积，mL；

V_2——试剂空白消耗硫酸或盐酸标准滴定液的体积，mL；

V_3——吸取消化液的体积，mL；

c——硫酸或盐酸标准滴定溶液浓度，mol/L；

0.014——1.0 mL 硫酸 $[c(\frac{1}{2}H_2SO_4) = 1.000 \text{ mol/L}]$ 或盐酸 $[c(HCl) = 1.000 \text{ mol/L}]$ 标准滴定溶液相当的氮的质量，g；

m——试样的质量，g；

F——氮换算为蛋白质的系数。一般食物为 6.25；纯乳与纯乳制品为 6.38；面粉为 5.70；玉米、高粱为 6.24；花生为 5.46；大米为 5.95；大豆及其粗加工制品为 5.71；大豆蛋白制品为 6.25；肉与肉制品为 6.25；大麦、小米、燕麦、裸麦为 5.83；芝麻、向日葵为 5.30；复合配方食品为 6.25。

以重复性条件下获得的两次独立测定结果的算术平均值表示，蛋白质含量≥1 g/100 g 时，结果保留三位有效数字；蛋白质含量<1 g/100 g 时，结果保留两位有效数字。

在重复性条件下获得的两次独立测定结果的绝对差值不得超过算术平均值的 10%。

6. 注意事项

(1) 此法适用于各种食品中蛋白质的测定，但不适用于添加无机含氮物质、有机非蛋白质含氮物质的食品测定。当称样为 5.0 g 时，定量检出限为 8 mg/100 g。

(2) 若取样量较大，如干试样超过 5 g，可按每克试样 5 mL 的比例增加硫酸用量。硫酸铜起催化作用加速氧化分解。硫酸钾的作用是提高溶液沸点加快有机物分解。

(3) 消化开始时，应小火加热，保持微沸，防止由于产生泡沫而使有机物粘在凯氏烧瓶中硫酸液面以上的内壁上，造成消化不完全。注意不断地转动凯氏烧瓶，以便利用冷凝酸液将附在瓶壁上的固体残渣洗下并促进其消化完全。

(4) 消化过程中，若硫酸损失过多时，可酌量补加硫酸，勿使瓶内干涸。对于含有特别难以氨化的氮化合物的试样，如含赖氨酸、组氨酸、色氨酸、酪氨酸或脯氨酸等时，需适当延长消化时间。若试样中含脂肪或糖较多时,消化时间也要延长。

(5) 当试样消化液不易澄清透明时,可将凯氏烧瓶冷却,加入30%过氧化氢2~3 mL后再继续加热消化。

(6) 蒸馏过程中,不能使系统漏气;蒸馏时,蒸气发生量要充足,均匀;加碱要够量,动作要快,防止氨损失,若加碱量不足,消化液呈蓝色不生成氢氧化铜沉淀,此时需再增加氢氧化钠用量;冷凝管出口应浸入吸收液中,防止氨损失;硼酸吸收液的温度不应超过40 ℃,否则对氨的吸收作用减弱而造成损失,此时可置于冷水浴中使用。蒸馏完毕后,先将冷凝管下端提离液面,清洗管口,再蒸1 min后关掉热源,否则可能造成吸收液倒吸。

(7) 所用试剂溶液应用无氨蒸馏水配制。混合指示剂在碱性溶液中呈绿色,在中性溶液中呈灰色,在酸性溶液中呈红色。

(二) 分光光度法

1. 原理 食品中的蛋白质在催化加热条件下被分解,分解产生的氨与硫酸结合生成硫酸铵,在pH为4.8的乙酸钠-乙酸缓冲溶液中与乙酰丙酮和甲醛反应生成黄色的3,5-二乙酰-2,6-二甲基-1,4-二氢化吡啶化合物。在波长400 nm下测定吸光度,与标准系列比较定量,结果乘以换算系数,即为蛋白质含量。

2. 仪器 分光光度计,电热恒温水浴锅(100 ℃±0.5 ℃),10 mL具塞玻璃比色管,天平(感量为1 mg)。

3. 试剂

(1) 硫酸铜。

(2) 硫酸钾。

(3) 硫酸。

(4) 氢氧化钠。

(5) 对硝基苯酚。

(6) 乙酸钠。

(7) 无水乙酸钠。

(8) 乙酸。

(9) 37%甲醛。

(10) 乙酰丙酮。

(11) 氢氧化钠溶液(300 g/L):称取30 g氢氧化钠加水溶解后,放冷,并稀释至100 mL。

(12) 对硝基苯酚指示剂溶液(1 g/L):称取0.1 g对硝基苯酚指示剂溶于20 mL乙醇(95%)中,加水稀释至100 mL。

(13) 乙酸溶液(1 mol/L):量取5.8 mL乙酸,加水稀释至100 mL。

(14) 乙酸钠溶液(1 mol/L):称取41 g无水乙酸钠或68 g乙酸钠,加水溶解后并稀释至500 mL。

(15) 乙酸钠-乙酸缓冲溶液:量取60 mL乙酸钠溶液与40 mL乙酸溶液混合,该溶液pH为4.8。

(16) 显色剂:15 mL甲醛与7.8 mL乙酰丙酮混合,加水稀释至100 mL,剧烈振摇混匀（室温下放置稳定 3d）。

（17）氨氮标准储备液（以氮计）（1.0 g/L）：称取 105 ℃ 干燥 2 h 的硫酸铵 0.472 g 加水溶解后移于 100 mL 容量瓶中，并稀释至刻度，混匀，此溶液每毫升相当于 1.0 mg 氮。

（18）氨氮标准使用液（0.1 g/L）：用移液管吸取 10.00 mL 氨氮标准储备液于 100 mL 容量瓶内，加水定容至刻度，混匀，此溶液每毫升相当于 0.1 mg 氮。

4. 方法

（1）试样消解。称取经粉碎混匀过 40 目筛的固体试样 0.1～0.5 g（精确至 0.001 g）、半固体试样 0.2～1 g（精确至 0.001 g）或液体试样 1～5 g（精确至 0.001 g），移入干燥的 100 mL 或 250 mL 定氮瓶中，加入 0.1 g 硫酸铜、1 g 硫酸钾及 5 mL 硫酸，摇匀后于瓶口放一小漏斗，将定氮瓶以 45°角斜支于有小孔的石棉网上。缓慢加热，待内容物全部炭化，泡沫完全停止后，加强火力，并保持瓶内液体微沸，至液体呈蓝绿色澄清透明后，再继续加热半小时。取下放冷，慢慢加入 20 mL 水，放冷后移入 50 mL 或 100 mL 容量瓶中，并用少量水洗定氮瓶，洗液并入容量瓶中，再加水至刻度，混匀备用。

同时做试剂空白试验。

（2）试样溶液的制备。吸取 2.00～5.00 mL 试样或试剂空白消化液于 50 mL 或 100 mL 容量瓶内，加 1～2 滴对硝基苯酚指示剂溶液，摇匀后滴加氢氧化钠溶液（300 g/L）中和至黄色，再滴加乙酸溶液（1 mol/L）至溶液无色，用水稀释至刻度，混匀。

（3）标准曲线的绘制。吸取 0、0.05 mL、0.10 mL、0.20 mL、0.40 mL、0.60 mL、0.80 mL 和 1.00 mL 氨氮标准使用液（相当于 0、5.00 μg、10.0 μg、20.0 μg、40.0 μg、60.0 μg、80.0 μg 和 100.0 μg 氮），分别置于 10 mL 比色管中。加 4.0 mL 乙酸钠-乙酸缓冲溶液及 4.0 mL 显色剂，加水稀释至刻度，混匀。置于 100 ℃ 水浴中加热 15 min。取出用水冷却至室温后，移入 1 cm 比色杯内，以零管为参比，于波长 400 nm 处测量吸光度，根据标准各点吸光度绘制标准曲线或计算线性回归方程。

（4）试样测定。吸取 0.50～2.00 mL（约相当于氮<100 μg）试样溶液和同量的试剂空白溶液，分别于 10 mL 比色管中。加 4.0 mL 乙酸钠-乙酸缓冲溶液及 4.0 mL 显色剂，加水稀释至刻度，混匀。置于 100 ℃ 水浴中加热 15 min。取出用水冷却至室温后，移入 1 cm 比色杯内，以零管为参比，于波长 400 nm 处测量吸光度，试样吸光度与标准曲线比较定量或代入线性回归方程求出含量。

5. 计算

$$X = \frac{C - C_0}{m \times \frac{V_2}{V_1} \times \frac{V_4}{V_3} \times 1000 \times 1000} \times F \times 100$$

式中：X——试样中蛋白质的含量，g/100 g；

　　　C——试样测定液中氮的含量，μg；

　　　C_0——试剂空白测定液中氮的含量，μg；

　　　V_1——试样消化液定容体积，mL；

　　　V_2——制备试样溶液的消化液体积，mL；

　　　V_3——试样溶液总体积，mL；

　　　V_4——测定用试样溶液体积，mL；

m——试样质量，g；

F——氮换算为蛋白质的系数。一般食物为 6.25；纯乳与纯乳制品为 6.38；面粉为 5.70；玉米、高粱为 6.24；花生为 5.46；大米为 5.95；大豆及其粗加工制品为 5.71；大豆蛋白制品为 6.25；肉与肉制品为 6.25；大麦、小米、燕麦、裸麦为 5.83；芝麻、向日葵为 5.30；复合配方食品为 6.25。

以重复性条件下获得的两次独立测定结果的算术平均值表示，蛋白质含量≥1 g/100 g 时，结果保留三位有效数字；蛋白质含量<1 g/100 g 时，结果保留两位有效数字。在重复性条件下获得的两次独立测定结果的绝对差值不得超过算术平均值的 10%。

6. 注意事项

（1）此法适用于各种食品中蛋白质的测定，但不适用于添加无机含氮物质、有机非蛋白质含氮物质的食品测定。

（2）当称样为 5.0 g 时，定量检出限为 0.1 mg/100 g。

（三）燃烧法

1. 原理 试样在 900~1 200 ℃高温下燃烧，燃烧过程中产生混合气体，其中的碳、硫等干扰气体和盐类被吸收管吸收，氮氧化物被全部还原成氮气，形成的氮气气流通过热导检测仪（TCD）进行检测。

2. 仪器 氮/蛋白质分析仪，天平（感量为 0.1 mg）。

3. 方法 按照仪器说明书要求称取 0.1~1.0 g 充分混匀的试样（精确至 0.000 1 g），用锡箔纸包裹后置于样品盘上。试样进入燃烧反应炉（900~1 200 ℃）后，在高纯氧（≥99.99%）中充分燃烧。燃烧炉中的产物（NO_x）被载气 CO_2 运送至还原炉（800 ℃）中，经还原生成氮气后检测其含量。

4. 计算

$$X = C \times F$$

式中：X——试样中蛋白质的含量，g/100 g；

C——试样中氮的含量，g/100 g；

F——氮换算为蛋白质的系数。一般食物为 6.25；纯乳与纯乳制品为 6.38；面粉为 5.70；玉米、高粱为 6.24；花生为 5.46；大米为 5.95；大豆及其粗加工制品为 5.71；大豆蛋白制品为 6.25；肉与肉制品为 6.25；大麦、小米、燕麦、裸麦为 5.83；芝麻、向日葵为 5.30；复合配方食品为 6.25。

以重复性条件下获得的两次独立测定结果的算术平均值表示，结果保留三位有效数字。在重复性条件下获得的两次独立测定结果的绝对差值不得超过算术平均值的 10%。

5. 注意事项

（1）此方法适用于蛋白质含量在 10 g/100 g 以上的粮食、豆类、乳粉、米粉、蛋白质粉等固体试样的筛选测定。

（2）此方法不适用于添加无机含氮物质、有机非蛋白质含氮物质的食品测定。

二、氨基酸测定

氨基酸是构成生物体蛋白质的基本单位，与生物的生命活动有着密切的关系。它在抗体内具有特殊的生理功能,是生物体内不可缺少的营养成分之一。分析氨基酸的含量就可以知道蛋白质水解的程度,也可以评价食品的营养价值。

食品中常含有很多种氨基酸,所以需要测定总的氨基酸量,它们不能以氨基酸百分率来表示,只能以氨基酸中所含的氮(氨基酸态氮)的百分率表示。总氨基酸量的检测可采用双指示剂甲醛滴定法、电位滴定法、茚三酮比色法等。若需要对氨基酸的组分分析,目前广泛采用经典的阳离子交换色谱分离、茚三酮柱后衍生法,对蛋白质水解液及各种游离氨基酸的组分含量进行分析。

1. 原理 食品中的蛋白质经盐酸水解成为游离氨基酸,经氨基酸分析仪的离子交换柱分离后,与茚三酮溶液产生颜色反应,再通过分光光度计比色测定氨基酸含量。

2. 仪器 真空泵,恒温干燥箱,水解管(耐压螺盖玻璃管或硬质玻璃管,体积20~30 mL,用去离子水冲洗干净并烘干),真空干燥器(温度可调节)。氨基酸自动分析仪。

3. 试剂

(1) 浓盐酸:优级纯。

(2) 盐酸溶液(6 mol/L):浓盐酸与水按1∶1混合。

(3) 苯酚:须重蒸馏。

(4) 混合氨基酸标准液(0.002 5 mol/L):仪器制造公司出售。

(5) 缓冲液。

pH 为2.2的柠檬酸钠缓冲液:称取19.6 g柠檬酸钠($Na_3C_6H_5O_7 \cdot 2H_2O$)和16.5 mL浓盐酸加水稀释到1 000 mL,用浓盐酸或氢氧化钠溶液(500 g/L)调节pH至2.2。

pH 为3.3的柠檬酸钠缓冲液:称取19.6 g柠檬酸钠和12 mL浓盐酸加水稀释到1 000 mL,用浓盐酸或氢氧化钠溶液(500 g/L)调节pH至3.3。

pH 为4.0的柠檬酸钠缓冲液:称取19.6 g柠檬酸钠和9 mL浓盐酸加水稀释到1 000 mL,用浓盐酸或氢氧化钠溶液(500 g/L)调节pH至4.0。

pH 为6.4的柠檬酸钠缓冲液:称取19.6 g柠檬酸钠和46.8 g氯化钠(优级纯)加水稀释到1 000 mL,用浓盐酸或氢氧化钠溶液(500 g/L)调节pH至6.4。

(6) 乙酸锂溶液(pH 为5.2):称取168 g氢氧化锂($LiOH \cdot H_2O$),加入冰乙酸(优级纯)279 mL,加水稀释到1 000 mL,用浓盐酸或氢氧化钠溶液(500 g/L)调节pH至5.2。

(7) 茚三酮溶液:取150 mL二甲基亚砜(C_2H_6OS)和50 mL乙酸锂溶液(pH 为5.2),加入4 g水合茚三酮($C_9H_4O_3 \cdot H_2O$)和0.12 g二水还原茚三酮($C_{18}H_{10}O_6 \cdot 2H_2O$)搅拌至完全溶解。

(8) 高纯氮气:纯度99.99%。

(9) 冷冻剂:市售食盐与冰按1∶3混合。

4. 方法

(1) 试样处理。试样采集后用匀浆机打成匀浆(或者将试样尽量粉碎)于低温冰箱中冷冻保存,分析用时将其解冻后使用。

(2) 称样。准确称取一定量均匀性好的试样(如乳粉等),精确到0.000 1 g,使试样蛋白质含量在10~20 mg范围内。均匀性差的试样(如鲜肉等),为减少误差可适当增大称样量,测定前再稀释。将称好的试样放于水解管中。

（3）水解。在水解管内加 10～15 mL 盐酸溶液（6 mol/L），视试样蛋白质含量而定。含水量高的试样（如牛乳），可加入等体积的浓盐酸，加入新蒸馏的苯酚 3～4 滴，再将水解管放入冷冻剂中，冷冻 3～5 min，然后接到真空泵的抽气管上，抽真空（接近 0 Pa）后，充入高纯氮气，再抽真空充氮气。重复三次后，在充氮气状态下，封口或拧紧螺丝盖，将已封口的水解管放在 110 ℃±1 ℃ 的恒温干燥箱内，水解 22 h 后，取出冷却。

打开水解管，将水解液过滤后，用去离子水多次冲洗水解管，将水解液全部转移到 50 mL 容量瓶内用去离子水定容。吸取滤液 1 mL 于 5 mL 容量瓶内，用真空干燥器在 40～50 ℃ 干燥，残留物用 1～2 mL 水溶解，再干燥。反复进行两次，最后蒸干，用 pH 为 2.2 的柠檬酸钠缓冲液 1 mL 溶解，供仪器测定用。

（4）测定。准确吸取 0.200 mL 混合氨基酸标准液（0.002 5 mol/L），用 pH 为 2.2 的柠檬酸钠缓冲液稀释到 5 mL，此标准稀释液浓度为 5.00 nmol/50 μL，作为上机测定用的氨基酸标准液，用氨基酸自动分析仪以外标法测定试样测定液的氨基酸含量。

5. 计算

$$X = \frac{C \times \frac{1}{50} \times F \times V \times M}{m \times 10^9} \times 100$$

式中：X——试样中氨基酸的含量，g/100 g；
C——试样测定液中氨基酸含量，nmol/50 μL；
F——试样稀释倍数；
V——水解后试样定容体积，mL；
M——氨基酸相对分子质量；
m——试样质量，g；
$\frac{1}{50}$——折算成每毫升试样测定的氨基酸含量，μmol/L；
10^9——将试样含量由纳克（ng）折算成克（g）的系数。

16 种氨基酸相对分子质量：天冬氨酸：133.1；苏氨酸：119.1；丝氨酸：105.1；谷氨酸：147.1；脯氨酸：115.1；甘氨酸：75.1；丙氨酸：89.1；缬氨酸：117.2；蛋氨酸：149.2；异亮氨酸：131.2；亮氨酸：131.2；酪氨酸：181.2；苯丙氨酸：165.2；组氨酸：155.2；赖氨酸：146.2；精氨酸：174.2。16 种氨基酸的标准图谱如图 4-6 所示。

计算结果表示为：试样氨基酸含量在 1.00 g/100 g 以下，保留两位有效数字；含量在 1.00 g/100 g 以上，保留三位有效数字。在重复性条件下获得的两次独立测定结果的绝对差值不得超过算术平均值的 12%。

6. 注意事项

（1）此方法适用于食品中的天冬氨酸、苏氨酸、丝氨酸、谷氨酸、脯氨酸、甘氨酸、丙氨酸、缬氨酸、蛋氨酸、异亮氨酸、亮氨酸、酪氨酸、苯丙氨酸、组氨酸、赖氨酸和精氨酸等 16 种氨基酸的测定。其最低检出限为 10 pmol。

（2）此方法不适用于蛋白质含量低的水果、蔬菜、饮料和淀粉类食品中氨基酸测定。

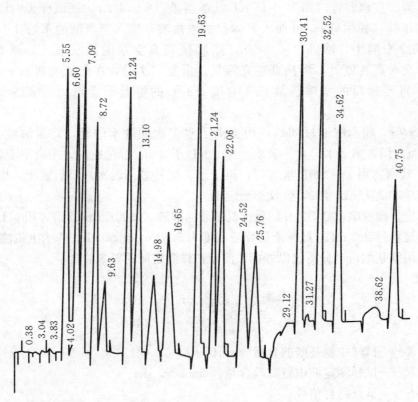

出峰顺序		保留时间（min）	出峰顺序		保留时间（min）
1	天冬氨酸	5.55	9	蛋氨酸	19.63
2	苏氨酸	6.60	10	异亮氨酸	21.24
3	丝氨酸	7.09	11	亮氨酸	22.06
4	谷氨酸	8.72	12	酪氨酸	24.52
5	脯氨酸	9.63	13	苯丙氨酸	25.76
6	甘氨酸	12.24	14	组氨酸	30.41
7	丙氨酸	13.10	15	赖氨酸	32.57
8	缬氨酸	16.65	16	精氨酸	40.75

图4-6 16种氨基酸标准图谱

实训操作

牛乳中蛋白质的测定

【实训目的】学会并掌握凯氏定氮法测定牛乳中蛋白质的含量。

【实训原理】蛋白质是含氮的有机化合物。样品与硫酸和催化剂一同加热消化，使蛋白质分解，分解的氨与硫酸结合生成硫酸铵。然后加碱蒸馏使氨游离，用硼酸吸收后再用盐酸标准溶液滴定，根据酸的消耗量乘以换算系数，即为蛋白质的含量。

【实训仪器】定氮蒸馏装置。
【实训试剂】
1. 硫酸（1.84 g/L）。
2. 硼酸溶液（20 g/L）。
3. 氢氧化钠溶液（400 g/L）。
4. 盐酸标准溶液（0.05 mol/L）。
5. 混合指示液：甲基红乙醇溶液（1g/L）与溴甲酚绿乙醇溶液（1g/L），临用时按1：5混合。

【操作步骤】
1. 消化 准确吸取牛乳10.00～20.00 mL（相当于30～40 mg氮），移入干燥的500 mL定氮瓶中，加入0.5 g硫酸铜、5 g硫酸钾及20 mL浓硫酸，轻摇后于瓶口放一小漏斗，将瓶以45°角斜支于有小孔的石棉网上。小心加热，待内容物全部炭化，泡沫完全停止后，加强火力，并保持瓶内液体微沸，至液体呈蓝绿色并澄清透明后，再继续加热0.5～1 h。取下放冷，小心加入20 mL水。放冷后，移入100 mL容量瓶中，并用少量水洗定氮瓶，洗液并入容量瓶中，再加水至刻度，混匀备用。

同时做试剂空白试验。

2. 蒸馏吸收 向接收瓶内加入10.0 mL硼酸溶液（20 g/L）及1～2滴混合指示液，并使冷凝管的下端插入液面下。准确吸取10.0 mL试样处理液由小玻杯流入反应室，并将10.0 mL氢氧化钠溶液（400 g/L）由小玻杯缓慢流入反应室，用少量水冲洗小玻杯，立即塞紧玻璃塞，并在小玻杯中加水使之密封。夹紧螺旋夹，开始蒸馏，蒸馏至吸收液呈绿色。移动接收瓶，液面离开冷凝管下端，继续蒸馏1 min。然后用少量水冲洗冷凝管下端外部，取下接收瓶，停止蒸馏。

3. 滴定 溜出液立即用盐酸标准溶液（0.05 mol/L）滴定至微红色即为终点。

同时做试剂空白试验。

【结果计算】

$$X = \frac{(V_1 - V_2) \times c \times 0.014}{m \times V_3 / 100} \times F \times 100$$

式中：X——牛乳中蛋白质的含量，g/100 g 或 g/100 mL；

V_1——试液消耗盐酸标准溶液的体积，mL；

V_2——试剂空白消耗盐酸标准溶液的体积，mL；

V_3——吸取消化液的体积，mL；

c——盐酸标准溶液浓度，mol/L；

0.014——氮的毫摩尔质量，g；

m——试样的质量或体积，g 或 mL；

F——氮换算为蛋白质的系数。纯乳与纯乳制品为6.38。

任务七　维生素测定

维生素是维持人体正常生命活动所必需的一类天然有机化合物，这些化合物或其前体化合物都在天然食物中存在，它们不是生物组织的组成成分，也不能供给机体能量，主要功能是作为辅酶或其他调节成分参与代谢过程，需要量极小。维生素一般在体内不能合成，或合成量不能满足正常生理需要，必须经常从食物中摄取，长期缺乏任何一种维生素都会导致相应的疾病。目前已被确认的维生素有 30 余种，其中对维持人体健康和促进发育至关重要的有 20 余种。

测定食品中维生素的含量，在评价食品的营养价值，开发和利用富含维生素的食品资源，指导人们合理调整膳食结构，防止维生素缺乏，控制强化食品中维生素加入量等方面具有十分重要的意义和作用。

根据维生素的溶解特性，习惯上将其分为两大类：即脂溶性维生素和水溶性维生素。

一、脂溶性维生素测定

脂溶性维生素包括维生素 A、维生素 D、维生素 E、维生素 K，有的以前体形式存在（如 β-胡萝卜素、麦角固醇等）。脂溶性维生素与类脂一起存于食物中，摄食时可吸收，可在体内积储。

脂溶性维生素具有以下理化性质：

（1）溶解性：脂溶性维生素不溶于水，易溶于脂肪、乙醇、丙酮、氯仿、乙醚、苯等有机溶剂。

（2）维生素 A、维生素 D 对酸不稳定，对碱稳定，维生素 E 对碱不稳定，但在抗氧化剂存在下或惰性气体保护下，也能经受碱的煮沸。

（3）维生素 A、维生素 D、维生素 E 耐热性好，能经受煮沸；维生素 A 因分子中有双链，易被氧化，光、热促进其氧化；维生素 D 性质稳定，不易被氧化，维生素 E 在空气中能慢慢被氧化，光、热、碱能促进其氧化。

测定脂溶性维生素时，通常先用皂化法处理样品，水洗去除类脂物，然后用有机溶剂提取脂溶性维生素（不皂化物），浓缩后溶于适当的溶剂后测定。在皂化和浓缩时，为防止维生素的氧化分解，常加入抗氧化剂（如焦性没食子酸、维生素 C 等），对于某些液体样品或脂肪含量低的样品，可以先用有机溶剂抽出脂类，然后再进行皂化处理；对于维生素 A、维生素 D、维生素 E 共存的样品，或杂质含量高的样品，在皂化提取后，还需进行层析分离，分析操作一般在避光条件下进行。

（一）维生素 A 和维生素 E 的测定

1. 原理 试样中的维生素 A 及维生素 E 经皂化提取处理后，将其从不可皂化部分提取至有机溶剂中。用高效液相色谱 C_{18} 反相柱将维生素 A 和维生素 E 分离，经紫外检测器检测，并用内标法定量测定。

2. 仪器 实验室常用仪器，高效液相色谱仪（带紫外分光检测器），旋转蒸发器，高速离心机（带 1.5~3.0 mL 具塑料盖的塑料离心管，与高速离心机配套），高纯氮气，恒温水浴锅，紫外分光光度计。

3. 试剂

（1）无水乙醚：不含有过氧化物。过氧化物检查方法：用 5 mL 乙醚加 1 mL 碘化钾溶液（10%），振摇 1 min，如有过氧化物则析出游离碘，水层呈黄色或加 0.5% 淀粉溶液 4 滴，水层呈蓝色。该乙醚需处理后使用。

去除过氧化物的方法：重蒸乙醚时，瓶中放入纯铁丝或铁末少许。弃去10%初馏液和10%残馏液。

（2）无水乙醇：不得含有醛类物质。检查方法：取2 mL银氨溶液于试管中，加入少量乙醇，摇匀，再加入氢氧化钠溶液，加热，放置冷却后，若有银镜反应则表示乙醇中有醛。

脱醛方法：取2 g硝酸银溶于少量水中。取4 g氢氧化钠溶于温乙醇中。将两者倾入1 L乙醇中，振摇后，放置暗处2 d（不时摇动，促进反应），经过滤，置蒸馏瓶中蒸馏，弃去初蒸出的50 mL。当乙醇中含醛较多时，硝酸银用量适当增加。

（3）无水硫酸钠。

（4）甲醇：重蒸后使用。

（5）重蒸水：水中加少量高锰酸钾，临用前蒸馏。

（6）抗坏血酸溶液（100 g/L）：临用前配制。

（7）氢氧化钾溶液（1+1）。

（8）氢氧化钠溶液（100 g/L）。

（9）硝酸银溶液（50 g/L）。

（10）银氨溶液：加氨水至硝酸银溶液（50 g/L）中，直至生成的沉淀重新溶解为止，再加氢氧化钠溶液（100 g/L）数滴，如发生沉淀，再加氨水直至溶解。

（11）维生素A标准液：视黄醇（纯度85%）或视黄醇乙酸酯（纯度90%）经皂化处理后使用。用脱醛乙醇溶解维生素A标准品，使其浓度大约为1 mL，相当于1 mg视黄醇。临用前用紫外分光光度法标定其准确浓度。

（12）维生素E标准液：α-生育酚（纯度95%），γ-生育酚（95%），δ-生育酚（纯度95%）。用脱醛乙醇分别溶解以上3种维生素E标准品，使其浓度大约为1 mL相当于1 mg。临用前用紫外分光光度计分别标定此3种维生素E溶液的准确浓度。

（13）内标溶液：称取苯并（e）芘（纯度98%），用脱醛乙醇配制成每1 mL相当10 μg苯并（e）芘的内标溶液。

（14）pH为1～14试纸。

4. 方法

（1）试样处理。

皂化：准确称取1～10 g试样（含维生素A约3 μg，维生素E各异构体约为40 μg）于皂化瓶中，加30 mL无水乙醇，进行搅拌，直到颗粒物分散均匀为止。加5 mL抗坏血酸溶液（100 g/L），苯并（e）芘标准液2.00 mL，混匀。10 mL氢氧化钾（1+1），混匀。于沸水浴回流30 min使皂化完全。皂化后立即放入冰水中冷却。

提取：将皂化后的试样移入分液漏斗中，用50 mL水分2～3次洗皂化瓶，洗液并入分液漏斗中。用约100 mL乙醚分两次洗皂化瓶及其残渣，乙醚液并入分液漏斗中。如有残渣，可将此液通过有少许脱脂棉的漏斗滤入分液漏斗。轻轻振摇分液漏斗2 min，静置分层，弃去水层。

洗涤：用约50 mL水洗分液漏斗中的乙醚层，用pH试纸检验直至水层不显碱性（最初水洗轻摇，逐次振摇强度可增加）。

浓缩：将乙醚提取液经过无水硫酸钠（约5 g）滤入与旋转蒸发器配套的250～300 mL球形蒸发瓶内，用约100 mL乙醚冲洗分液漏斗及无水硫酸钠3次，并入蒸发瓶内，并将其接至旋转蒸发器上,于 55 ℃水浴中减压蒸馏并回收乙醚,待瓶中剩下约 2 mL 乙醚时,取下蒸发瓶,立即用氮气吹掉乙醚。立即加入 2.00 mL 乙醇,充分混合,溶解提取物。

离心:将乙醇液移入一塑料离心管中离心 5 min(5 000 r/min)。上清液供色谱分析。如果试样中维生素含量过少,可用氮气将乙醇液吹干后,再用乙醇重新定容,并记下体积比。

(2)标准曲线的制备。维生素 A 和维生素 E 标准浓度的标定:取维生素 A 和各维生素 E 标准液若干微升,分别稀释至 3.00 mL 乙醇中,并分别按给定波长测定各维生素的吸光度。用比吸光系数计算出该维生素的浓度。测定条件见表 4-2。

浓度计算:

$$C = \frac{A}{E} \times \frac{1}{100} \times \frac{3.00}{V \times 10^{-3}}$$

式中:C——维生素浓度,g/mL;

A——维生素的平均紫外吸光度;

V——加入标准液的量,μL;

E——某种维生素的 1% 比吸光系数;

$\frac{3.00}{V \times 10^{-3}}$——标准液稀释倍数。

表 4-2　维生素 A 和维生素 E 标准浓度标定的测定条件

标准	加入标准液的量 V (μL)	比吸光系数 E (1%, cm)	波长 λ (nm)
视黄醇	10.00	1835	325
α-生育酚	100.0	71	294
γ-生育酚	100.0	92.8	298
δ-生育酚	100.0	91.2	298

标准曲线的制备:采用内标法定量。把一定量的维生素 A、α-生育酚、β-生育酚、δ-生育酚及内标苯并(e)芘液混合均匀。选择合适灵敏度,使上述物质的各峰高约为满量程 70%,为高浓度点。高浓度的 1/2 为低浓度点[其内标苯并(e)芘的浓度值不变],用此种浓度的混合标准进行色谱分析,结果见图 4-7。维生素标准曲线绘制是以维生素峰面积与内标物峰面积之比为纵坐标,维生素浓度为横坐标绘制,或计算直线回归方程。如有微处理机装置,则按仪器说明用二点内标法进行定量。

(3)色谱条件(参考条件)。预柱:ultrasphere ODS 10 μm,4 mm×4.5 cm。分析柱:ultrasphere ODS 5 μm,4.6 mm×25 cm。流动相:

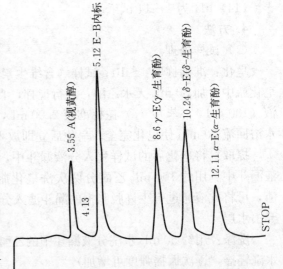

图 4-7　维生素 A 和维生素 E 色谱图

甲醇+水=98+2。混匀。临用前脱气。紫外检测器波长：300 nm。量程0.02。进样量：20 μL。流速：1.7 mL/min。

（4）试样分析。取试样浓缩液20 μL，待绘制出色谱图及色谱参数后，再进行定性和定量。

定性：用标准物色谱峰的保留时间定性。

定量：根据色谱图求出某种维生素峰面积与内标物峰面积的比值，以此值在标准曲线上查到其含量。或用回归方程求出其含量。

5. 计算

$$X=\frac{C}{m}\times V\times\frac{100}{1000}$$

式中：X——某种维生素的含量，mg/100 g；

C——由标准曲线上查到某种维生素含量，μg/mL；

V——试样浓缩定容体积，mL；

m——试样质量，g。

计算结果表示到三位有效数字。在重复性条件下获得的两次独立测定结果的绝对差值不得超过算术平均值的10%。

6. 注意事项

（1）此方法适用于食品中维生素A和维生素E的测定。

（2）检出限分别为：维生素A，0.8 ng；α-生育酚，91.8 ng；γ-生育酚，36.6 ng；δ-生育酚，20.6 ng。

（3）整个样品处理过程应在低温条件下避光操作。

（4）皂化前，应排出瓶中空气，有助于稳定测试结果；皂化过程应严格控制时间，皂化完应迅速降温，方可保证分析的精密度。因皂化液为强碱性，分液漏斗封闭必须良好。

（二）维生素A的测定

1. 原理 维生素A在三氯甲烷中与三氯化锑相互作用，产生蓝色物质，其深浅与溶液中所含维生素A的含量成正比。该蓝色物质虽不稳定，但在一定时间内可用分光光度计于620 nm波长处测定其吸光度。

2. 仪器 实验室常用仪器、分光光度计、回流冷凝装置。

3. 试剂 除非另有说明，在分析中仅使用分析纯试剂和蒸馏水或相当纯度的水。

（1）无水硫酸钠。

（2）乙酸酐。

（3）乙醚。

（4）无水乙醇。

（5）三氯甲烷：应不含分解物，否则会破坏维生素A。

检查方法：三氯甲烷不稳定，放置后易受空气中氧的作用生成氯化氢和光气。检查时可取少量三氯甲烷置试管中加水少许振摇，使氯化氢溶到水层。加入几滴硝酸银溶液，如有白色沉淀即说明三氯甲烷中有分解产物。

处理方法：试剂应先测验是否含有分解产物，如有则应于分液漏斗中加水洗数次，加无水硫酸钠或氯化钙使之脱水,然后蒸馏。

(6) 三氯化锑-三氯甲烷溶液 (250 g/L):用三氯甲烷配制三氯化锑溶液,储于棕色瓶中(注意勿使吸收水分)。

(7) 氢氧化钾溶液 (1+1)。

(8) 维生素 A 或视黄醇乙酸酯标准液。

配制:视黄醇(纯度 85%)或视黄醇乙酸酯(纯度 90%)经皂化处理后使用。用脱醛乙醇溶解维生素 A 标准品,使其浓度大约为 1 mL,相当于 1 mg 视黄醇。临用前用紫外分光光度法标定其准确浓度。

标定:取维生素 A 标准液 10.00 μL,稀释至 3.00 mL 乙醇中,在波长 325 nm 处测定其吸光度。用比吸光系数计算出该维生素的浓度。

维生素 A 浓度计算:

$$C = \frac{A}{E} \times \frac{1}{100} \times \frac{3.00}{V \times 10^{-3}}$$

式中:C——维生素 A 浓度,g/mL;

A——维生素 A 的平均紫外吸光度;

V——加入维生素 A 标准液的量,10.00 μL;

E——维生素 A 的 1% 比吸光系数,其数值为 1 835;

$\frac{3.00}{V \times 10^{-3}}$——标准液稀释倍数。

(9) 酚酞指示剂 (10 g/L):用 95% 乙醇配制。

4. 方法 维生素 A 极易被光破坏,实验操作应在微弱光线下进行,或用棕色玻璃仪器。

(1) 试样处理。根据试样性质,可采用皂化法或研磨法。

① 皂化法。适用于维生素 A 含量不高的试样,可减少脂溶性物质的干扰,但全部试验过程费时,且易导致维生素 A 损失。皂化法包括以下 4 个操作过程:皂化、提取、洗涤和浓缩。

皂化:根据试样中维生素 A 含量的不同,准确称取 0.5~5 g 试样于三角瓶中,加入 10 mL 氢氧化钾 (1+1) 及 20~40 mL 乙醇,于电热板上回流 30 min 至皂化完全为止。

提取:将皂化瓶内混合物移至分液漏斗中,以 30 mL 水洗皂化瓶,洗液并入分液漏斗。如有渣子,可用脱脂棉漏斗滤入分液漏斗内。用 50 mL 乙醚分两次洗皂化瓶,洗液并入分液漏斗中。振摇并注意放气,静置分层后,水层放入第二个分液漏斗内。再用约 30 mL 乙醚分两次冲洗皂化瓶,洗液倾入第二个分液漏斗中。振摇后,静置分层,水层放入三角瓶中,醚层与第一个分液漏斗合并。重复至水液中无维生素 A 为止。

洗涤:用约 30 mL 水加入第一个分液漏斗中,轻轻振摇,静置片刻后,放去水层。加 15~20 mL 氢氧化钾溶液 (0.5 mol/L) 于分液漏斗中,轻轻振摇后,弃去下层碱液,除去醚溶性酸皂。继续用水洗涤,每次用水约 30 mL,直至洗涤液与酚酞指示剂呈无色为止(大约 3 次)。醚层液静置 10~20 min,小心放出析出的水。

浓缩:将醚层液经过无水硫酸钠滤入三角瓶中,再用约 25 mL 乙醚冲洗分液漏斗和硫酸钠两次,洗液并入三角瓶内。置水浴上蒸馏,回收乙醚。待瓶中剩约 5 mL 乙醚时取下,用减压抽气法至干,立即加入一定量的三氯甲烷使溶液中维生素 A 含量在适宜浓度范围内。

② 研磨法。适用于每克试样维生素 A 含量大于 5~10 μg 试样的测定，如肝分析。步骤简单、省时、结果准确。研磨法包括以下 3 个操作过程：研磨、提取和浓缩。

研磨：精确称 2~5 g 试样，放入盛有 3~5 倍试样质量的无水硫酸钠研钵中，研磨至试样中水分完全被吸收，并均质化。

提取：小心地将全部均质化试样移入带盖的三角瓶内，准确加入 50~100 mL 乙醚。紧压盖子，用力振摇 2 min，使试样中维生素 A 溶于乙醚中。使其自行澄清（需 1~2 h），或离心澄清（因乙醚易挥发，气温高时应在冷水浴中操作。装乙醚的试剂瓶也应事先放入冷水浴中）。

浓缩：取澄清的乙醚提取液 2~5 mL，放入比色管中，在 70~80 ℃ 水浴上抽气蒸干，立即加入 1 mL 三氯甲烷溶解残渣。

(2) 测定。

标准曲线的制备：准确取一定量的维生素 A 标准液于 4~5 个容量瓶中，以三氯甲烷配制标准系列。再取相同数量比色管顺次取 1 mL 三氯甲烷和标准系列使用液 1 mL，各管加入乙酸酐 1 滴，制成标准比色系列。于 620 nm 波长处，以三氯甲烷调节吸光度至零点，将其标准比色系列按顺序移入光路前，迅速加入 9 mL 三氯化锑-三氯甲烷溶液。于 6 s 内测定吸光度，以吸光度为纵坐标，维生素 A 含量为横坐标绘制标准曲线图。

试样测定：于一比色管中加入 10 mL 三氯甲烷，加入 1 滴乙酸酐为空白液。另一比色管中加入 1 mL 三氯甲烷，其余比色管中分别加入 1 mL 试样溶液及 1 滴乙酸酐。于 620 nm 波长处，以三氯甲烷调节吸光度至零点，将其比色系列按顺序移入光路前，迅速加入 9 mL 三氯化锑—三氯甲烷溶液，于 6 s 内测定吸光度。

5. 计算

$$X = \frac{C}{m} \times V \times \frac{100}{1000}$$

式中：X——试样中维生素 A 的含量（如按国际单位，1 IU＝0.3 μg 维生素 A），mg/100 g；

C——由标准曲线上查得试样中维生素 A 的含量，μg/mL；

m——试样质量，g；

V——提取后加三氯甲烷定量之体积，mL；

100——以每 100 g 试样计。

计算结果保留三位有效数字。在重复性条件下获得的两次独立测定结果的绝对差值不得超过算术平均值的 10%。

6. 注意事项

(1) 三氯化锑与维生素 A 生成的蓝色物质不稳定，要求在 6 s 内完成吸光度的测定，否则蓝色物质逐渐消失，使结果偏低。

(2) 三氯化锑与水能生成白色沉淀，样品提取液不应含水，加入乙酸酐可脱去试剂中微量的水分。

(3) 维生素 A 容易被光破坏，实验操作应在微弱光线下进行。

(4) 此法适用于维生素 A 含量较高的样品。

二、水溶性维生素测定

水溶性维生素 B_1、维生素 B_2 和维生素 C 广泛存在于动植物组织中，饮食来源充足。水溶性维生素都易溶于水，而不溶于苯、乙醚、氯仿等大多数有机溶剂。在酸性介质中很稳定，即使加热也不破坏；但在碱性介质中不稳定，易于分解，特别在碱性条件下加热，可大部或全部破坏。它们易受空气、光、热、酶、金属离子等的影响；维生素 B_2 对光，特别是紫外线敏感，易被光线破坏；维生素 C 对氧、铜离子敏感，易被氧化。根据上述性质，测定水溶性维生素时，一般都在酸性溶液中进行前处理。

（一）硫胺素（维生素 B_1）测定

1. 原理 硫胺素在碱性铁氰化钾溶液中被氧化成噻嘧色素，在紫外线照射下，噻嘧色素发出荧光。在给定的条件下，以及没有其他荧光物质干扰时，此荧光之强度与噻嘧色素量成正比，即与溶液中硫胺素量成正比。如试样中含杂质过多，应经过离子交换剂处理，使硫胺素与杂质分离，然后对所得溶液做测定。

2. 仪器 电热恒温培养箱，荧光分光光度计，Maizel‐Gerson 反应瓶（图 4‐8），盐基交换管（图 4‐9）。

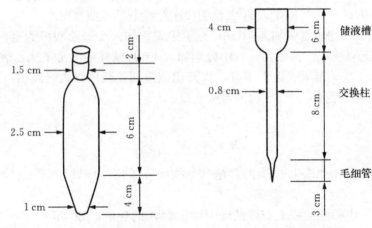

图 4‐8 Maizel‐Gerson 反应瓶　　图 4‐9 盐基交换管

3. 试剂

（1）正丁醇：需经重蒸馏后使用。

（2）无水硫酸钠。

（3）淀粉酶和蛋白酶。

（4）盐酸溶液（0.1 mol/L）：8.5 mL 浓盐酸（相对密度 1.19 或 1.20）用水稀释至 1 000 mL。

（5）盐酸溶液（0.3 mol/L）：25.5 mL 浓盐酸用水稀释至 1 000 mL。

（6）乙酸钠溶液（2 mol/L）：164 g 无水乙酸钠溶于水中稀释至 1 000 mL。

（7）氯化钾溶液（250 g/L）：250 g 氯化钾溶于水中稀释至 1 000 mL。

（8）酸性氯化钾溶液（250 g/L）：8.5 mL 浓盐酸用 25% 氯化钾溶液稀释至 1 000 mL。

（9）氢氧化钠溶液（150 g/L）：15 g 氢氧化钠溶于水中稀释至 100 mL。

（10）1% 铁氰化钾溶液（10 g/L）：1 g 铁氰化钾溶于水中稀释至 100 mL，放于棕色瓶内保存。

(11) 碱性铁氰化钾溶液：取 4 mL 铁氰化钾溶液（10 g/L），用氢氧化钠溶液（150 g/L）稀释至 60 mL。用时现配，避光使用。

(12) 乙酸溶液：30 mL 冰乙酸用水稀释至 1 000 mL。

(13) 活性人造浮石：称取 40～60 目的人造浮石 200 g，以 10 倍于其容积的热乙酸溶液搅洗 2 次，每次 10 min。再用 5 倍于其容积的热氯化钾溶液（250 g/L）搅洗 15 min，然后再用稀乙酸溶液搅洗 10 min，最后用热蒸馏水洗至没有氯离子。于蒸馏水中保存。

(14) 硫胺素标准储备液（0.1 mg/mL）：准确称取 100 mg 经氯化钙干燥 24 h 的硫胺素，溶于盐酸溶液（0.01 mol/L）中，并稀释至 1 000 mL。于冰箱中避光保存。

(15) 硫胺素标准中间液（10 μg/mL）：将硫胺素标准储备液用盐酸溶液（0.01 mol/L）稀释 10 倍，于冰箱中避光保存。

(16) 硫胺素标准使用液（0.1 μg/mL）：将硫胺素标准中间液用水稀释 100 倍，用时现配。

(17) 溴甲酚氯溶液（0.4 g/L）：称取 0.1 g 溴甲酚绿，置于小研钵中，加入 1.4 mL 氢氧化钠溶液（0.1 mol/L）研磨片刻，再加入少许水继续研磨至完全溶解，用水稀释至 250 mL。

4. 方法

(1) 制备。试样采集后用匀浆机打成匀浆于低温冰箱中冷冻保存，用时将其解冻后混匀使用。干燥试样要将其尽量粉碎后备用。

(2) 提取。准确称取一定量试样（估计其硫胺素含量为 10～30 μg，一般称取 2～10 g 试样），置于 100 mL 三角瓶中，加入 50 mL 盐酸溶液（0.1 mol/L 或 0.3 mol/L）使其溶解，放入高压锅中加热 121 ℃水解 30 min，凉后取出。

用乙酸钠溶液（2 mol/L）调其 pH 为 4.5（以 0.4 g/L 溴甲酚绿为外指示剂）。按每克试样加入 20 mg 淀粉酶和 40 mg 蛋白酶的比例加入淀粉酶和蛋白酶。于 45～50 ℃恒温箱过夜保温（约 16 h）。凉至室温，定容至 100 mL，然后混匀过滤，即为提取液。

(3) 净化。用少许脱脂棉铺于盐基交换管的交换柱底部，加水将棉纤维中气泡排出，再加约 1 g 活性人造浮石使之达到交换柱的 1/3 高度。保持盐基交换管中液面始终高于活性人造浮石。用移液管加入提取液 20～60 mL（使通过活性人造浮石的硫胺素总量为 2～5 μg）。加入约 10 mL 热蒸馏水冲洗交换柱，弃去洗液。如此重复三次。加入温度为 90 ℃的酸性氯化钾溶液（250 g/L）20 mL，收集此液于 25 mL 刻度试管内，凉至室温，用酸性氯化钾溶液（250 g/L）定容至 25 mL，即为试样净化液。

重复上述操作，将 20 mL 硫胺素标准使用液加入盐基交换管以代替试样提取液，即得到标准净化液。

(4) 氧化。将 5 mL 试样净化液分别加入 A、B 两个反应瓶。在避光条件下，将 3 mL 氢氧化钠溶液（150 g/L）加入反应瓶 A，将 3 mL 碱性铁氰化钾溶液加入反应瓶 B，振摇约 15 s，然后加入 10 mL 正丁醇。将 A、B 两个反应瓶同时用力振摇 1.5 min。

重复上述操作，用标准净化液代替试样净化液。

静置分层后吸去下层碱性溶液，加入 2～3 g 无水硫酸钠使溶液脱水。

(5) 测定。荧光测定条件：激发波长 365 nm，发射波长 435 nm，激发波狭缝 5 nm，发射波狭缝 5 nm。

依次测定下列荧光强度：试样空白荧光强度（试样反应瓶 A），标准空白荧光强度（标准反应瓶 A），试样荧光强度（试样反应瓶 B），标准荧光强度（标准反应瓶 B）。

5. 计算

$$X = (U-U_b) \times \frac{C \cdot V}{S-S_b} \times \frac{V_1}{V_2} \times \frac{1}{m} \times \frac{100}{1000}$$

式中：X——试样中硫胺素含量，mg/100 g；

U——试样荧光强度；

U_b——试样空白荧光强度；

S——标准荧光强度；

S_b——标准空白荧光强度；

C——硫胺素标准使用液浓度，μg/mL；

V——用于净化的硫胺素标准使用液体积，mL；

V_1——试样水解后定容体积，mL；

V_2——试样用于净化的提取液体积，mL；

m——试样质量，g；

$\frac{100}{1000}$——试样含量由 μg/g 换算成 mg/100 g 的系数。

计算结果保留两位有效数字。在重复性条件下获得的两次独立测定结果的绝对差值不得超过算术平均值的 10%。

6. 注意事项

(1) 本法适用于各类食品中硫胺素的测定，但不适于有吸附硫胺素能力的物质和含有影响噻嗪色荧光物质的试样。

(2) 本法检出限为 0.05 μg，线性范围为 0.2～10 μg。

(二) 核黄素（维生素 B_2）的测定

1. 原理 核黄素在 440～500 nm 波长光照射下发生黄绿色荧光。在稀溶液中其荧光强度与核黄素的浓度成正比。在波长 525 nm 下测定其荧光强度。试液再加入低亚硫酸钠（$Na_2S_2O_4$），将核黄素还原为无荧光的物质，然后测定试液中残余荧光杂质的荧光强度，两者之差即为食品中核黄素所产生的荧光强度。

2. 仪器 实验室常用设备，高压消毒锅，电热恒温培养箱，核黄素吸附柱（图 4-10），荧光分光光度计。

3. 试剂

(1) 硅镁吸附剂：60～100 目。

(2) 乙酸钠溶液（2.5 mol/L）。

(3) 木瓜蛋白酶（100 g/L）：用乙酸钠溶液（2.5 mol/L）配制。使用时现配制。

(4) 淀粉酶（100 g/L）：用乙酸钠溶液（2.5 mol/L）配制。使用时现配制。

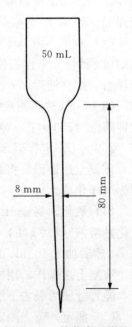

图 4-10 核黄素吸附柱

(5) 盐酸溶液（0.1 mol/L）。
(6) 氢氧化钠溶液（1 mol/L）。
(7) 氢氧化钠溶液（0.1 mol/L）。
(8) 低亚硫酸钠溶液（200 g/L）：此液用时现配。保存在冰水浴中，4 h 内有效。
(9) 洗脱液：丙酮-冰乙酸-水（5+2+9）。
(10) 溴甲酚绿指示剂（0.4 g/L）。
(11) 高锰酸钾溶液（30 g/L）。
(12) 过氧化氢溶液（30 g/L）。
(13) 核黄素标准储备液（25 μg/mL）：将标准品核黄素粉状结晶置于真空干燥器或盛有硫酸的干燥器中。经过 24 h 后，准确称取 50 mg，置于 2L 容量瓶中，加入 2.4 mL 冰乙酸和 1.5L 水。将容量瓶置于温水中摇动，待其溶解，冷至室温，稀释至 2L，移至棕色瓶内，加少许甲苯盖于溶液表面，于冰箱中保存。
(14) 核黄素标准使用液：吸取 2.00 mL 核黄素标准储备液，置于 50 mL 棕色容量瓶中，用水稀释至刻度。避光，储于 4 ℃冰箱，可保存一周。此溶液每毫升相当于 1.00 μg 核黄素。

4. 方法

(1) 试样提取。

水解：准确称取 2~10 g 样品（含 10~200 μg 核黄素）于 100 mL 三角瓶中，加 50 mL 盐酸溶液（0.1 mol/L），搅拌直到颗粒物分散均匀。用 40 mL 瓷坩埚为盖扣住瓶口，置于高压锅内高压（10.3×10^4 Pa）水解 30 min。水解液冷却后，滴加氢氧化钠溶液（1 mol/L）调 pH 为 4.5（取少许水解液，用溴甲酚绿指示剂检验呈草绿色）。

酶解：含有淀粉的水解液，加入 3 mL 淀粉酶溶液（10 g/L），于 37~40 ℃保温约 16 h。含高蛋白的水解液，加 3 mL 木瓜蛋白酶溶液（10 g/L），于 37~40 ℃保温约 16 h。

过滤：上述酶解液定容至 100 mL，用干滤纸过滤。此提取液在 4 ℃冰箱中可保存一周。

(2) 氧化去杂质。视试样中核黄素的含量取一定体积的试样提取液及核黄素标准使用液（含 1~10 μg 核黄素）分别于 20 mL 的带盖刻度试管中，加水至 15 mL。各管加 0.5 mL 冰乙酸，混匀。加 0.5 mL 高锰酸钾溶液（30 g/L），混匀，放置 2 min，使氧化去杂质。滴加过氧化氢溶液（30 g/L）数滴，直至高锰酸钾的颜色退去。剧烈振摇此管，使多余的氧气逸出。

(3) 核黄素的吸附和洗脱。吸附柱制备：硅镁吸附剂约 1 g 用湿法装入柱，占柱长 1/2~2/3（约 5 cm）为宜（吸附柱下端用一小团脱脂棉垫上），勿使柱内产生气泡，调节流速约为 60 滴/min。

吸附与洗脱：将全部氧化后的样液及标准液通过吸附柱后，用约 20 mL 热水洗去样液中的杂质。然后用 5.00 mL 洗脱液将试样中核黄素洗脱并收集于一带盖 10 mL 刻度试管中，再用水洗吸附柱，收集洗出液并定容至 10 mL，混匀后待测。

(4) 标准曲线的制备。分别精确吸取核黄素标准使用液 0.3 mL、0.6 mL、0.9 mL、1.25 mL、2.5 mL、5.0 mL、10.0 mL、20.0 mL（相当于 0.3 μg、0.6 μg、0.9 μg、1.25 μg、2.5 μg、5.0 μg、10.0 μg、20.0 μg 核黄素）或取与试样含量相近的单点标准按核黄素的吸附和洗脱步骤操作。

(5) 测定。于激发光波长 440 nm，发射光波长 525 nm，测量试样管及标准管的荧光值。待试样及标准的荧光值测量后，在各管的剩余液（5～7 mL）中加 0.1 mL 低亚硫酸钠溶液（200 g/L），立即混匀，在 20 s 内测出各管的荧光值，作各自的空白值。

5. 计算

$$X = \frac{(A-B) \times S}{(C-D) \times m} \times f \times \frac{100}{1\,000}$$

式中：X——试样中核黄素的含量，mg/100 g；
$\quad\quad\quad A$——试样管荧光值；
$\quad\quad\quad B$——试样管空白荧光值；
$\quad\quad\quad C$——标准管荧光值；
$\quad\quad\quad D$——标准管空白荧光值；
$\quad\quad\quad f$——稀释倍数；
$\quad\quad\quad m$——试样质量，g；
$\quad\quad\quad S$——标准管中核黄素质量，μg；
$\quad\quad\quad \frac{100}{1\,000}$——将试样中核黄素含量由 μg/g 换算成 mg/100 g 的系数。

计算结果表示到小数点后两位。在重复性条件下获得的两次独立测定结果的绝对差值不得超过算术平均值的 10%。

6. 注意事项

(1) 核黄素暴露于可见光或紫外光线中极不稳定，测定时整个操作过程需避光进行。

(2) 荧光测定时，应事先用核黄素标准液扫描其荧光强度的激发波长和发射波长。

(3) 本法适用于各类农产品中核黄素的测定，检出限为 0.006 μg，线性范围为 0.1～20 μg。

（三）抗坏血酸（维生素 C）的测定

1. 原理 总抗坏血酸包括还原型、脱氢型和二酮古乐糖酸，试样中还原型抗坏血酸经活性炭氧化为脱氢抗坏血酸，再与 2,4-二硝基苯肼作用生成红色脎，根据脎在硫酸溶液中的含量与抗坏血酸含量成正比，进行比色定量。

2. 仪器

(1) 恒温箱：37 ℃±0.5 ℃。

(2) 可见-紫外分光光度计。

(3) 捣碎机。

3. 试剂

(1) 硫酸溶液（4.5 mol/L）：谨慎地加 250 mL 浓硫酸（相对密度 1.84）于 700 mL 水中，冷却后用水稀释至 1 000 mL。

(2) 85% 硫酸溶液：谨慎地加 900 mL 浓硫酸（相对密度 1.84）于 100 mL 水中。

(3) 2,4-二硝基苯肼溶液（20 g/L）：溶解 2,4-二硝基苯肼 2 g 于 100 mL 硫酸溶液（4.5 mol/L）中，过滤。不用时存于冰箱内，每次用前必须过滤。

(4) 草酸溶液（20 g/L）：溶解 20 g 草酸（$C_2H_2O_4$）于 700 mL 水中，稀释至 1 000 mL。

(5) 草酸溶液（10 g/L）：取 500 mL 草酸溶液（20 g/L）稀释至 1 000 mL。

(6) 硫脲溶液（10 g/L）：溶解 5 g 硫脲于 500 mL 草酸溶液（10 g/L）中。

(7) 硫脲溶液（20 g/L）：溶解 10 g 硫脲于 500 mL 草酸溶液（10 g/L）中。

(8) 盐酸溶液（1 mol/L）：取 100 mL 盐酸，加入水中，并稀释至 1 200 mL。

(9) 抗坏血酸标准溶液：称取 100 mg 纯抗坏血酸溶解于 100 mL 草酸溶液（20 g/L）中，此溶液每毫升相当于 1 mg 抗坏血酸。

(10) 活性炭：将 100 g 活性炭加到 750 mL 盐酸溶液（1 mol/L）中，回流 1～2 h，过滤，用水洗数次，至滤液中无铁离子（Fe^{3+}）为止，然后置于 110 ℃烘箱中烘干。

检验铁离子方法：利用普鲁士蓝反应。将 20 g/L 亚铁氰化钾与 1%盐酸等量混合，将上述洗出滤液滴入，如有铁离子则产生蓝色沉淀。

4. 方法

(1) 试样制备。全部实验过程应避光。

鲜样制备：称取 100 g 鲜样及吸取 100 mL 草酸溶液（20 g/L），倒入捣碎机中打成匀浆，取 10～40 g 匀浆（含 1～2 mg 抗坏血酸）倒入 100 mL 容量瓶中，用草酸溶液（10 g/L）稀释至刻度，混匀。

干样制备：称 1～4 g 干样（含 1～2 mg 抗坏血酸）放入乳钵内，加入草酸溶液（10 g/L）磨成匀浆，倒入 100 mL 容量瓶内，用草酸溶液（10 g/L）稀释至刻度，混匀。

将制备的样液过滤，滤液备用。不易过滤的试样可用离心机离心后，倾出上清液，过滤，备用。

(2) 氧化处理。取 25 mL 上述滤液，加入 2 g 活性炭，振摇 1 min，过滤，弃去最初数毫升滤液。取 10 mL 此氧化提取液，加入 10 mL 硫脲溶液（20 g/L），混匀，此试样为稀释液。

(3) 呈色反应。于三个试管中各加入 4 mL 稀释液。一个试管作为空白，在其余试管中加入 2,4-二硝基苯肼溶液（20 g/L）1.0 mL，将所有试管放入 37 ℃±0.5 ℃恒温箱或水浴中，保温 3 h。

3 h 后取出，除空白管外，将所有试管放入冰水中。空白管取出后使其冷到室温，然后加入 2,4-二硝基苯肼溶液（20 g/L）1.0 mL，在室温中放置 10～15 min 后放入冰水内。

(4) 85%硫酸处理。当试管放入冰水后，向每一试管中加入 85%硫酸溶液 5 mL，滴加时间至少需要 1 min，边加边摇动试管。将试管自冰水中取出，在室温放置 30 min 后比色。

(5) 比色。用 1 cm 比色杯，以空白液调零点，于 500 nm 波长测吸光度。

(6) 标准曲线绘制。加 2 g 活性炭于 50 mL 标准溶液中，振动 1 min，过滤。取 10 mL 滤液放入 500 mL 容量瓶中，加 5.0 g 硫脲，用草酸溶液（10 g/L）稀释至刻度，此时抗坏血酸浓度 20 μg/mL。

吸取上述稀释液 5 mL、10 mL、20 mL、25 mL、40 mL、50 mL、60 mL，分别放入 7 个 100 mL 容量瓶中，用硫脲溶液（10 g/L）稀释至刻度，使最后稀释液中抗坏血酸的浓度分别为 1 μg/mL、2 μg/mL、4 μg/mL、5 μg/mL、8 μg/mL、10 μg/mL、12 μg/mL。

上述标准系列中每一浓度的溶液均吸取三份，每份 4 mL，分别置于三支试管中，其中一支试管作为空白，在其余试管中加入 2,4-二硝基苯肼溶液（20 g/L）1.0 mL，将所有试管放入 37 ℃±0.5 ℃恒温箱或水浴中，保温 3 h。

3 h 后取出，除空白管外，将所有试管放入冰水中。空白管取出后使其冷却到室温，然后加入 2,4-二硝基苯肼溶液（20 g/L）1.0 mL，在室温中放置 10~15 min 后放入冰水内。

当试管放入冰水后，向每一试管中加入 85% 硫酸溶液 5 mL，滴加时间至少需要 1 min，边加边摇动试管。将试管自冰水中取出，在室温放置 30 min 后比色。用 1 cm 比色杯，以空白液调零点，于 500 nm 波长测吸光度。

以吸光度为纵坐标，抗坏血酸浓度（μg/mL）为横坐标绘制标准曲线。

5. 计算

$$X = \frac{c \times V}{m} \times F \times \frac{100}{1000}$$

式中：X——试样中总抗坏血酸含量，mg/100 g；

c——由标准曲线查得或由回归方程求得试样氧化液中总抗坏血酸的浓度，μg/mL；

V——试样用草酸溶液（10 g/L）定容体积，mL；

F——试样氧化处理过程中的稀释倍数；

m——试样质量，g。

计算结果精确到小数点后两位。在重复性条件下获得的两次独立测定结果的绝对差值不得超过算术平均值的 10%。

6. 注意事项

（1）本法适用于蔬菜、水果及其制品中总抗坏血酸的测定。检出限为 0.1 μg/mL，线性范围为 1~120 μg/mL。

（2）活性炭对抗坏血酸的氧化作用，是基于其表面吸附的氧进行界面反应，加入量过低，氧化不充分，测定结果偏低；加入量过高，对抗坏血酸有吸附作用，使测定结果也偏低。

（3）硫脲的作用在于防止抗坏血酸的继续被氧化和有助于脎的形成，最终溶液中硫脲的浓度均需一致，否则影响色变。

（4）加入 85% 硫酸后试管从冰水中取出，溶液的颜色会继续变深，所以必须严格控制时间，加入硫酸后准时 30 min 比色。

实训操作

猪肝中维生素 A 的测定

【实训目的】学会并掌握分光光度法测定猪肝中维生素 A 的含量。

【实训原理】维生素 A 在三氯甲烷中与三氯化锑相互作用，产生蓝色物质，其深浅与溶液中所含维生素 A 的含量成正比。该蓝色物质虽不稳定，但在一定时间内可用分光光度计于 620 nm 波长处测定其吸光度。

【实训仪器】分光光度计。

【实训试剂】除非另有说明，在分析中仅使用分析纯试剂和蒸馏水或相当纯度的水。

1. 三氯化锑-三氯甲烷溶液（250 g/L） 用三氯甲烷配制三氯化锑溶液，储于棕色瓶中

（注意勿使吸收水分）。

2. 氢氧化钾溶液（1+1）。

3. 维生素 A 或视黄醇乙酸酯标准液　配制：视黄醇（纯度85％）或视黄醇乙酸酯（纯度90％）经皂化处理后使用。用脱醛乙醇溶解维生素 A 标准品，使其浓度大约为1 mL，相当于1 mg 视黄醇。临用前用紫外分光光度法标定其准确浓度。

标定：取维生素 A 标准液10.00 μL，稀释至3.00 mL 乙醇中，在波长325 nm 处测定其吸光度。用比吸光系数计算出该维生素的浓度。

维生素 A 浓度计算：

$$C=\frac{A}{E}\times\frac{1}{100}\times\frac{3.00}{V\times10^{-3}}$$

式中：C——维生素 A 浓度，g/mL；

　　　A——维生素 A 的平均紫外吸光度；

　　　V——加入维生素 A 标准液的量，10.00 μL；

　　　E——维生素 A 的1％比吸光系数，其数值为1 835；

　　　$\dfrac{3.00}{V\times10^{-3}}$——标准液稀释倍数。

4. 酚酞指示剂（10 g/L）　用95％乙醇配制。

【操作步骤】

1. 试样处理

（1）研磨：精确称2~5 g 猪肝试样，放入盛有3~5倍试样质量的无水硫酸钠研钵中，研磨至试样中水分完全被吸收，并均质化。

（2）提取：小心地将全部均质化试样移入带盖的三角瓶内，准确加入50~100 mL 乙醚。紧压盖子，用力振摇2 min，使试样中维生素 A 溶于乙醚中。使其自行澄清（需1~2 h）。

（3）浓缩：取澄清的乙醚提取液2~5 mL，放入比色管中，在70~80 ℃水浴上抽气蒸干，立即加入1 mL 三氯甲烷溶解残渣。

2. 测定　标准曲线的制备：准确取一定量的维生素 A 标准液于4~5个容量瓶中，以三氯甲烷配制标准系列。再取相同数量比色管顺次取1 mL 三氯甲烷和标准系列使用液1 mL，各管加入乙酸酐1滴，制成标准比色系列。于620 nm 波长处，以三氯甲烷调节吸光度至零点，将其标准比色系列按顺序移入光路前，迅速加入9 mL 三氯化锑-三氯甲烷溶液。于6 s 内测定吸光度，以吸光度为纵坐标、维生素 A 含量为横坐标绘制标准曲线图。

试样测定：于一比色管中加入10 mL 三氯甲烷，加入1滴乙酸酐为空白液。另一比色管中加入1 mL 三氯甲烷，其余比色管中分别加入1 mL 试样溶液及1滴乙酸酐。于620 nm 波长处，以三氯甲烷调节吸光度至零点，将其比色系列按顺序移入光路前，迅速加入9 mL 三氯化锑-三氯甲烷溶液，于6 s 内测定吸光度。

【结果计算】

$$X=\frac{C}{m}\times V\times\frac{100}{1000}$$

式中：X——猪肝中维生素 A 的含量，mg/100 g；

　　　C——由标准曲线上查得试样中维生素 A 的含量，μg/mL；

m——试样质量，g；

V——提取后加三氯甲烷定量的体积，mL；

100——以每 100 g 试样计。

计算结果保留三位有效数字。在重复性条件下获得的两次独立测定结果的绝对差值不得超过算术平均值的 10%。

任务八　矿物元素测定

除元素 C、H、O、N 构成有机物和水以外，其他元素统称为矿物元素。矿物元素按其含量的多少可分为常量元素和微量元素。农产品中含量在 0.01% 以上的矿物元素称为常量元素，如元素 Ca、Mg、K、Na、P、S、Cl 等。农产品中含量在 0.01% 以下的矿物元素称为微量元素或痕量元素，如元素 Fe、Co、Ni、Zn、Cr、Mo、Al、Si、Se、Sn、I、F、Mn、V 等。

矿物元素在农产品中的含量虽然不高，却有着重要的生理功能。有的是机体的重要组成成分，有的是维持正常生理功能不可缺少的物质。对人体来讲，有些元素如 Ca、Fe、I、Zn、Se 等具有重要的营养作用，是人或动物生命所必需的（有害元素除外）。

一、钙的测定

钙是人体中含量最丰富的矿物元素，除作为机体骨骼和牙齿的组成成分外，还参与多种生理活动。钙的缺乏会引起软骨病。

（一）原子吸收分光光度法

1. 原理　试样经湿消化后，导入原子吸收分光光度计中，经火焰原子化后，吸收 422.7 nm 的共振线，其吸收量与含量成正比，与标准系列比较定量。

2. 仪器　所用玻璃仪器均以硫酸-重铬酸钾洗液浸泡数小时，再用洗衣粉充分洗刷后，用水反复冲洗，最后用去离子水冲洗晒干或烘干，方可使用。

（1）实验室常用设备。

（2）原子吸收分光光度计。

3. 试剂　要求使用去离子水，优级纯试剂。

（1）盐酸。

（2）硝酸。

（3）高氯酸。

（4）混合酸：硝酸-高氯酸（4+1）。

（5）硝酸溶液（0.5 mol/L）：量取 32 mL 硝酸，加去离子水并稀释至 1 000 mL。

（6）氧化镧溶液（20 g/L）：称取 23.45 g 氧化镧（纯度大于 99.99%），先用少量水湿润，再加 75 mL 盐酸于 1 000 mL 容量瓶中，加去离子水稀释至刻度。

（7）钙标准储备液：准确称取 1.248 6 g 碳酸钙（纯度大于 99.99%），加 50 mL 去离子水，加盐酸溶解，移入 1 000 mL 容量瓶中，加 20 g/L 氧化镧溶液稀释至刻度。储存于聚乙烯瓶内，4 ℃保存。此溶液每毫升相当于 500 μg 钙。

（8）钙标准使用液：钙标准使用液的配制见表 4-3。钙标准使用液配制后，储存于聚乙烯瓶内，于4℃保存。

表4-3 钙标准使用液配制

元素	标准储备液浓度 ($\mu g/mL$)	吸取标准储备液量 (mL)	稀释体积（容量瓶） (mL)	标准使用液浓度 ($\mu g/mL$)	稀释溶液
钙	500	6.0	100	25	氧化镧溶液 (20 g/L)

4. 方法

（1）试样处理。

① 试样制备：微量元素分析的试样制备过程中，应特别注意防止各种污染。所用设备如电磨、绞肉机、匀浆器、打碎机等，必须是不锈钢制品。所用容器必须使用玻璃或聚乙烯制品，测定钙的试样不得用石磨研碎。鲜样（如蔬菜、水果、鲜鱼、鲜肉等）先用自来水冲洗干净后，再用去离子水充分洗净。干粉类试样（如面粉、乳粉等）取样后立即装容器密封保存，防止空气中的灰尘和水分污染。

② 试样消化：精确称取均匀干试样 0.5～1.5 g（湿样 2.0～4.0 g，饮料等液体试样 5.0～10.0 g）于 250 mL 高型烧杯，加混合酸 20～30 mL，上盖表面皿。置于电热板或沙浴上加热消化。如未消化好而酸液过少时，再补加几毫升混合酸，继续加热消化，直至样液无色透明为止。加几毫升水，加热以除去多余的硝酸。待烧杯中液体接近 2～3 mL 时，取下冷却。用 20 g/L 氧化镧溶液洗涤并转移于 10 mL 刻度试管中，并定容至刻度。

取与消化试样相同量的混合酸，按上述操作做试剂空白试验。

（2）测定。将钙标准使用液分别配制成不同浓度系列的标准稀释液，见表4-4。测定操作参数见表4-5。

表4-4 不同浓度系列标准稀释液的配制方法

元素	使用液浓度 ($\mu g/mL$)	吸取使用液量 (mL)	稀释体积（容量瓶） (mL)	标准系列浓度 ($\mu g/mL$)	稀释溶液
钙	25	1	50	0.5	氧化镧溶液 (20 g/L)
		2		1	
		3		1.5	
		4		2	
		6		3	

表4-5 测定操作参数

元素	波长 (nm)	光源	火焰	标准系列浓度范围 ($\mu g/mL$)	稀释溶液
钙	422.7	可见	空气-乙炔	0.5～3.0	氧化镧溶液 (20 g/L)

其他实验条件：仪器狭缝、空气及乙炔的流量、灯头高度、元素灯电流等均按仪器使用说明调至最佳状态。

将消化好的试样液、试剂空白液和钙元素的标准浓度系列分别导入火焰进行测定。

5. 计算

$$X = \frac{(C - C_0) \times V \times f \times 100}{m \times 1000}$$

式中：X——试样中钙元素的含量，mg/100 g；
　　　C——测定用试样液中钙元素的浓度，μg/mL；
　　　C_0——试剂空白液中钙元素的浓度，μg/mL；
　　　V——试样定容体积，mL；
　　　f——稀释倍数；
　　　m——试样的质量，g。

计算结果精确到小数点后两位。在重复性条件下获得的两次独立测定结果的绝对差值不得超过算术平均值的10%。

6. 注意事项　此法适用于各种农产品中钙的测定，检出限为0.1 μg/mL，线性范围为0.5~2.5 μg/mL。

(二) 滴定法（EDTA法）

钙与氨羧络合剂能定量地形成金属络合物，其稳定性较钙与指示剂所形成的络合物为强。在适当的pH范围内，以氨羧络合剂EDTA滴定。在达到当量点时，EDTA就自指示剂络合物中夺取钙离子，使溶液呈现游离指示剂的颜色（终点）。根据EDTA络合剂用量，可计算出钙的含量。

此法适用于各种食品中钙的测定，线性范围为5~50 μg/mL。

二、铁的测定

铁是人体内不可缺少的微量元素，它与蛋白质结合形成血红蛋白，参与了血液中氧的运输。人体缺铁会引起缺铁性贫血。

1. 原理　样品经湿法消化后，导入原子吸收分光光度计中，经火焰原子化后，铁吸收248.3 nm的共振线，其吸收量与铁的含量成正比，与标准系列比较从而定量。

2. 仪器　所用玻璃仪器均以硫酸-重铬酸钾洗液浸泡数小时，再用洗衣粉充分洗涤后，用水反复冲洗，最后用去离子水冲洗晒干或烘干，方可使用。

（1）实验室常用设备。
（2）原子吸收分光光度计。

3. 试剂　要求使用去离子水，优级纯试剂。

（1）盐酸。
（2）硝酸。
（3）高氯酸。
（4）混合酸：硝酸-高氯酸（4+1）。
（5）硝酸溶液（0.5 mol/L）：量取32 mL硝酸，加去离子水并稀释至1 000 mL。
（6）铁标准储备液：准确称取金属铁（纯度大于99.99%）1.000 0 g或含1.000 0 g纯金属铁相对应的氧化物。加硝酸溶解，移入1 000 mL容量瓶中，用0.5 mol/L硝酸溶液稀释至刻度。储存于聚乙烯瓶内，4℃保存。**此溶液每毫升相当于1 mg铁。**

(7) 铁标准使用液：吸取铁标准储备液 10.0 mL，置于 100 mL 容量瓶中，加硝酸溶液（0.5 mol/L）稀释至刻度。储存于聚乙烯瓶内，4 ℃保存。此溶液每毫升相当于 100 μg 铁。

4. 方法

(1) 样品处理。

① 样品制备。微量元素分析的试样制备过程中，应特别注意防止各种污染。所用设备如电磨、绞肉机、匀浆器、打碎机等，必须是不锈钢制品。所用容器必须使用玻璃或聚乙烯制品。

鲜样（如蔬菜、水果、鲜鱼、鲜肉等）先用自来水冲洗干净后，再用去离子水充分洗净。干粉类试样（如面粉、乳粉等）取样后，立即装入容器密封保存，防止空气中的灰尘和水分污染。

② 样品消化。精确称取均匀样品（干样 0.5~1.5 g、湿样 2.0~4.0 g、饮料等液体样品 5.0~10.0 g）于 250 mL 高型烧杯中，加混合酸 20~30 mL，上盖表面皿。置于电热板或电沙浴上加热消化，直至样液无色透明为止。如未消化好而酸液过少时，补加几毫升混合酸继续消化。再加几毫升去离子水，加热以除去多余的硝酸。待烧杯中液体接近 2~3 mL 时，取下冷却。用去离子水冲洗并转移于 10 mL 刻度试管中，用去离子水定容至刻度。

取与消化样品相同量的混合酸，按上述操作做试剂空白试验。

(2) 测定。吸取铁标准使用液 0.5 mL、1.0 mL、2.0 mL、3.0 mL、4.0 mL 于 100 mL 容量瓶中，用硝酸溶液（0.5 mol/L）稀释至刻度。铁标准系列溶液的浓度分别为 0.5 μg/mL、1.0 μg/mL、2.0 μg/mL、3.0 μg/mL、4.0 μg/mL。

将消化好的样液、试剂空白液及铁标准系列溶液分别导入火焰进行测定。测定操作参数见表 4-6。

表 4-6 测定操作参数

元素	波长（nm）	光源	火焰	标准系列浓度范围（μg/mL）
铁	248.3	紫外	空气-乙炔	0.5~4.0

其他实验条件：仪器狭缝、空气及乙炔的流量、灯头高度、元素灯电流等均按仪器使用说明调至最佳状态。

5. 计算

$$X=\frac{(C-C_0)\times V\times f\times 100}{m\times 1000}$$

式中：X——试样中铁元素的含量，mg/100 g；

C——测定用试样液中铁元素的浓度，μg/mL；

C_0——试剂空白液中铁元素的浓度，μg/mL；

V——试样定容体积，mL；

f——稀释倍数；

m——试样的质量，g。

计算结果精确到小数点后两位。在重复性条件下获得的两次独立测定结果的绝对差值不得超过算术平均值的 10%。

6. 注意事项 此法适用于各种食品中铁的测定，检出限为 0.2 μg/mL。

三、碘的测定

碘是人体必需的营养素，在促进人体的生长发育、维持机体正常的生理功能等方面起着十分重要的作用。人体缺碘时会引起甲状腺肿和地方性克汀病，小孩可患呆小病，但长期过量摄入碘也会造成甲状腺肿。

（一）气相色谱法

1. 原理 试样中的碘在硫酸条件下与丁酮反应生成丁酮与碘的衍生物，经气相色谱分离，电子捕获检测器检测，外标法定量。

2. 仪器 天平（感量为0.1 mg），气相色谱仪（带电子捕获检测器）。

3. 试剂 除非另有规定，本方法所用试剂均为分析纯，水为GB/T 6682规定的一级水。

（1）高峰氏（Taka-Diastase）淀粉酶：酶活力≥1.5U/mg。

（2）碘化钾（KI）或碘酸钾（KIO_3）：优级纯。

（3）丁酮（C_4H_8O）：色谱纯。

（4）硫酸（H_2SO_4）：优级纯。

（5）正己烷（C_6H_{14}）。

（6）无水硫酸钠（Na_2SO_4）。

（7）双氧水（3.5%）：吸取11.7 mL体积分数为30%的双氧水稀释至100 mL。

（8）亚铁氰化钾溶液（109 g/L）：称取109 g亚铁氰化钾，用水定容于1 000 mL容量瓶中。

（9）乙酸锌溶液（219 g/L）：称取219 g乙酸锌，用水定容于1 000 mL容量瓶中。

（10）碘标准储备液（1.0 mg/mL）：称取131 mg碘化钾（精确至0.1 mg）或168.5 mg碘酸钾（精确至0.1 mg），用水溶解并定容至100 mL，5℃±1℃冷藏保存，一个星期内有效。

（11）碘标准工作液（1.0 μg/mL）：吸取10 mL碘标准储备液，用水定容至100 mL，混匀。再吸取1.0 mL，用水定容至100 mL，混匀。临用前配制。

4. 方法

（1）试样处理。

① 不含淀粉的试样：称取混合均匀的固体试样5 g，液体试样20 g（精确至0.000 1 g）于150 mL三角瓶中，固体试样用25 mL约40℃的热水溶解。

② 含淀粉的试样：称取混合均匀的固体试样5 g或液体试样20 g（精确至0.000 1 g）于150 mL三角瓶中，加入0.2 g高峰氏淀粉酶。固体试样用25 mL约40℃的热水充分溶解，置于50~60℃恒温箱中酶解30 min，取出冷却。

（2）试样测定液的制备。

① 沉淀：将上述处理过的试样溶液转入100 mL容量瓶中，加入5 mL亚铁氰化钾溶液和5 mL乙酸锌溶液后，用水定容至刻度，充分振摇后静止10 min。滤纸过滤后吸取滤液10 mL于100 mL分液漏斗中，加10 mL水。

② 衍生与提取：向分液漏斗中加入0.7 mL硫酸、0.5 mL丁酮和2.0 mL双氧水，充分混匀。室温下保持20 min后，加入20 mL正己烷，振荡萃取2 min。静止分层后，将水相移

入另一分液漏斗中，再进行第二次萃取。合并有机相，用水洗涤 2~3 次。通过无水硫酸钠过滤脱水后，移入 50 mL 容量瓶中，用正己烷定容至刻度。此溶液为试样测定液。

（3）碘标准测定液的制备。分别吸取 1.0 mL、2.0 mL、4.0 mL、8.0 mL、12.0 mL 碘标准工作液，相当于 1.0 μg、2.0 μg、4.0 μg、8.0 μg、12.0 μg 的碘。

① 沉淀：将上述碘标准工作液转入 100 mL 容量瓶中，加入 5 mL 亚铁氰化钾溶液和 5 mL 乙酸锌溶液后，用水定容至刻度，充分振摇后静止 10 min。滤纸过滤后吸取滤液 10 mL 于 100 mL 分液漏斗中，加 10 mL 水。

② 衍生与提取：向分液漏斗中加入 0.7 mL 硫酸、0.5 mL 丁酮和 2.0 mL 双氧水，充分混匀。室温下保持 20 min 后，加入 20 mL 正己烷，振荡萃取 2 min。静止分层后，将水相移入另一分液漏斗中，再进行第二次萃取。合并有机相，用水洗涤 2~3 次。通过无水硫酸钠过滤脱水后，移入 50 mL 容量瓶中，用正己烷定容至刻度。此溶液为碘标准测定液。

（4）测定。

① 参考色谱条件。

色谱柱：填料为 5% 氰丙基-甲基聚硅氧烷的毛细管柱（柱长 30 m，内径 0.25 mm，膜厚 0.25 μm）或具同等性能的色谱柱。进样口温度：260 ℃。ECD 检测器温度：300 ℃。分流比：1∶1。进样量：1.0 μL。

程序升温见表 4-7。

表 4-7 程序升温

升温速率（℃/min）	温度（℃）	持续时间（min）
	50	9
30	220	3

② 标准曲线的制作。将碘标准测定液分别注入气相色谱仪中，得到标准测定液的峰面积（或峰高）。以标准测定液的峰面积（或峰高）为纵坐标，以碘标准测定液中碘的质量为横坐标，制作标准曲线。

③ 试样溶液的测定。将试样测定液注入气相色谱仪中，得到峰面积（或峰高），从标准曲线中获得试样中碘的含量（μg）。

5. 计算

$$X = \frac{C_s}{m} \times 100$$

式中：X——试样中碘含量，μg/100 g；

C_s——从标准曲线中获得试样中碘的含量，μg；

m——试样的质量，g。

以重复性条件下获得的两次独立测定结果的算术平均值表示，结果保留至小数点后一位。

6. 注意事项 此法适用于婴幼儿食品和乳品中碘的测定，检出限为 2.0 μg/100 g。

（二）直接滴定法

在酸性介质中，试样中的碘酸根离子氧化碘化钾析出单质碘，用硫代硫酸钠标准溶液滴定，测定碘的含量。

此法适用于添加碘酸盐的加碘食用盐中碘的测定。

四、锌的测定

锌是人体必需的微量元素，具有促进生长发育，改善味觉的作用。缺锌时易出现味觉嗅觉差、厌食、生长缓慢与智力发育低于正常等表现。

（一）原子吸收光谱法

1. 原理 试样经处理后，导入原子吸收分光光度计中原子化，吸收 213.8 nm 共振线，其吸收值与锌含量成正比，与标准系列比较定量。

2. 仪器 原子吸收分光光度计。

3. 试剂

（1）4-甲基-2-戊酮（MIBK，又名甲基异丁酮）。

（2）磷酸（1+10）。

（3）盐酸（1+11）：量取 10 mL 盐酸，加到适量水中，再稀释至 120 mL。

（4）混合酸：硝酸-高氯酸（3+1）。

（5）锌标准溶液：准确称取 0.500 g 金属锌（99.99%）溶于 10 mL 盐酸中。然后在水浴上蒸发至近干，用少量水溶解后移入 1 000 mL 容量瓶中，以水稀释至刻度，储于聚乙烯瓶中。此溶液每毫升相当 0.50 mg 锌。

（6）锌标准使用液：吸取 10.0 mL 锌标准溶液置于 50 mL 容量瓶中，以盐酸（0.1 mol/L）稀释至刻度，此溶液每毫升相当于 100.0 μg 锌。

4. 方法

（1）试样处理。

① 谷类：去除其中杂物及尘土，必要时除去外壳。磨碎后过 40 目筛，混匀。称取 5.00～10.00 g 置于 50 mL 瓷坩埚中，小火炭化至无烟后移入马弗炉中，500 ℃±25 ℃灰化约 8 h 后，取出坩埚。放冷后加入少量混合酸，小火加热，不使干涸，必要时加少许混合酸。如此反复处理，直至残渣中无炭粒。待坩埚稍冷，加 10 mL 盐酸（1+11），溶解残渣并移入 50 mL 容量瓶中。再用盐酸（1+11）反复洗涤坩埚，洗液并入容量瓶中，并稀释至刻度，混匀备用。

取与试样处理相同量的混合酸和盐酸（1+11），按同一操作方法做试剂空白试验。

② 蔬菜、瓜果及豆类：取可食部分洗净晾干，充分切碎或打碎混匀。称取 10.00～20.00 g 置于瓷坩埚中，加 1 mL 磷酸（1+10），小火炭化至无烟后移入马弗炉中，500 ℃±25 ℃灰化约 8 h 后，取出坩埚。放冷后再加入少量混合酸，小火加热，不使干涸，必要时加少许混合酸。如此反复处理，直至残渣中无炭粒。待坩埚稍冷，加 10 mL 盐酸（1+11），溶解残渣并移入 50 mL 容量瓶中。再用盐酸（1+11）反复洗涤坩埚，洗液并入容量瓶中，并稀释至刻度，混匀备用。

取与试样处理相同量的混合酸和盐酸（1+11），按同一操作方法做试剂空白试验。

③ 禽、蛋、水产及乳制品：取可食部分充分混匀。称取 5.00～10.00 g 置于瓷坩埚中，小火炭化至无烟后移入马弗炉中，500 ℃±25 ℃灰化约 8 h 后，取出坩埚。放冷后再加入少

量混合酸，小火加热，不使干涸，必要时加少许混合酸。如此反复处理，直至残渣中无炭粒。待坩埚稍冷，加 10 mL 盐酸（1+11），溶解残渣并移入 50 mL 容量瓶中。再用盐酸（1+11）反复洗涤坩埚，洗液并入容量瓶中，并稀释至刻度，混匀备用。

取与试样处理相同量的混合酸和盐酸（1+11），按同一操作方法做试剂空白试验。

④ 乳类：经混匀后，量取 50 mL 置于瓷坩埚中。加 1 mL 磷酸（1+10），在水浴上蒸干。在小火炭化至无烟后移入马弗炉中，500 ℃±25 ℃灰化约 8 h 后，取出坩埚。放冷后再加入少量混合酸，小火加热，不使干涸，必要时加少许混合酸。如此反复处理，直至残渣中无炭粒。待坩埚稍冷，加 10 mL 盐酸（1+11），溶解残渣并移入 50 mL 容量瓶中。再用盐酸（1+11）反复洗涤坩埚，洗液并入容量瓶中，并稀释至刻度，混匀备用。

取与试样处理相同量的混合酸和盐酸（1+11），按同一操作方法做试剂空白试验。

（2）测定。吸取 0、0.10 mL、0.20 mL、0.40 mL、0.80 mL 锌标准使用液，分别置于 50 mL 容量瓶中。以盐酸（1 mol/L）稀释至刻度，混匀。各容量瓶中每毫升分别相当于 0、0.2 μg、0.4 μg、0.8 μg、1.6 μg 锌。

将处理后的样液、试剂空白液和锌标准溶液，分别导入调至最佳条件的火焰原子化器进行测定。

参考测定条件：灯电流 6 mA，波长 213.8 nm，狭缝 0.38 nm，空气流量 10 L/min，乙炔流量 2.3 L/min，灯头高度 3 mm，氘灯背景校正。以锌含量对应吸光度，绘制标准曲线或计算直线回归方程，样品吸光度与曲线比较或代入方程求出含量。

5. 计算

$$X = \frac{(A_1 - A_2) \times V \times 1000}{m \times 1000}$$

式中：X——试样中锌的含量，mg/kg 或 mg/L；

A_1——测定用试样液中锌的含量，μg/mL；

A_2——试剂空白液中锌的含量，μg/mL；

m——试样质量（体积），g 或 mL；

V——试样处理液的总体积，mL。

计算结果保留两位有效数字。在重复性条件下获得的两次独立测定结果的绝对差值不得超过算术平均值的 10%。

6. 注意事项　此法适用于农产品中锌的测定，检出限为 0.4 mg/kg。

（二）二硫腙比色法

1. 原理　试样经消化后，在 pH 为 4.0～5.5 时，锌离子与二硫腙形成紫红色络合物，溶于四氯化碳，加入硫代硫酸钠，防止铜、汞、铅、铋、银和镉等离子干扰，与标准系列比较定量。

2. 仪器　分光光度计。

3. 试剂

（1）乙酸钠溶液（2 mol/L）：称取 68 g 乙酸钠（$CH_3COONa \cdot 3H_2O$），加水溶解后稀释至 250 mL。

（2）乙酸溶液（2 mol/L）：量取 10.0 mL 冰乙酸，加水稀释至 85 mL。

(3) 乙酸-乙酸盐缓冲液：乙酸钠溶液（2 mol/L）与乙酸溶液（2 mol/L）等量混合，此溶液 pH 为 4.7 左右。用二硫腙-四氯化碳溶液（0.1 g/L）提取数次，每次 10 mL，除去其中的锌。至四氯化碳层绿色不变为止，弃去四氯化碳层。再用四氯化碳提取乙酸-乙酸盐缓冲液中过剩的二硫腙，至四氯化碳无色，弃去四氯化碳层。

(4) 氨水（1+11）。

(5) 盐酸（2 mol/L）：量取 10 mL 盐酸，加水稀释至 60 mL。

(6) 盐酸（0.02 mol/L）：吸取 1 mL 盐酸（2 mol/L），加水稀释至 100 mL。

(7) 盐酸羟胺溶液（200 g/L）：称取 20 g 盐酸羟胺，加 60 mL 水，滴加氨水（1+1），调节 pH 至 4.0～5.5。用二硫腙-四氯化碳溶液（0.1 g/L）提取数次，每次 10 mL，除去其中的锌。至四氯化碳层绿色不变为止，弃去四氯化碳层。再用四氯化碳提取乙酸-乙酸盐缓冲液中过剩的二硫腙，至四氯化碳无色，弃去四氯化碳层。

(8) 硫代硫酸钠溶液（250 g/L）：配制出 250 g/L 硫代硫酸钠溶液后，用乙酸（2 mol/L）调节 pH 至 4.0～5.5。用二硫腙-四氯化碳溶液（0.1 g/L）提取数次，每次 10 mL，除去其中的锌。至四氯化碳层绿色不变为止，弃去四氯化碳层。再用四氯化碳提取乙酸-乙酸盐缓冲液中过剩的二硫腙，至四氯化碳无色，弃去四氯化碳层。

(9) 二硫腙-四氯化碳溶液（0.1 g/L）。

(10) 二硫腙使用液：吸取 1.0 mL 二硫腙-四氯化碳溶液（0.1 g/L），加四氯化碳至 10.0 mL，混匀。用 1 cm 比色杯，以四氯化碳调节零点，于波长 530 nm 处测吸光度（A）。用下面公式计算出配制 100 mL 二硫腙使用液（57%透光率）所需的二硫腙-四氯化碳溶液（0.10 g/L）的体积（V）。

$$V = \frac{10 \times (2 - \lg 57)}{A} = \frac{2.44}{A}$$

(11) 锌标准溶液：准确称取 0.100 0 g 锌，加 10 mL 盐酸（2 mol/L），溶解后移入 1 000 mL 容量瓶中，加水稀释至刻度。此溶液每毫升相当于 100.0 μg 锌。

(12) 锌标准使用液：吸取 1.0 mL 锌标准溶液，置于 100 mL 容量瓶中，加 1 mL 盐酸（2 mol/L），以水稀释至刻度。此溶液每毫升相当于 1.0 μg 锌。

(13) 酚红指示液（1 g/L）：称取 0.1 g 酚红，用乙醇溶解至 100 mL。

4. 方法

(1) 试样消化（硝酸-高氯酸-硫酸法）。

① 粮食、粉丝、粉条、豆干制品、糕点、茶叶等含水分少的固体食品：称取 5.00 g 或 10.00 g 的粉碎试样，置于 250～500 mL 定氮瓶中。先加水少许使湿润，加数粒玻璃珠和 10～15 mL 硝酸-高氯酸混合液（4+1），放置片刻。小火缓缓加热，待作用缓和，放冷。沿瓶壁加入 5 mL 或 10 mL 硫酸，再加热。至瓶中液体开始变成棕色时，不断沿瓶壁滴加硝酸-高氯酸混合液（4+1）至有机质分解完全。加大火力，至产生白烟。待瓶口白烟冒净后，瓶内液体再产生白烟为消化完全，该溶液应澄明无色或微带黄色，放冷。（在操作过程中，应注意防止爆沸或爆炸）加 20 mL 水煮沸，除去残余的硝酸至产生白烟为止。如此处理两次，放冷。将冷后的溶液移入 50 mL 或 100 mL 容量瓶中，用水洗涤定氮瓶，洗液并入容量瓶中，放冷。加水至刻度，混匀。定容后的溶液每 10 mL 相当于 1 g 试样，相当加入硫酸 1 mL。

取与消化试样相同量的硝酸-高氯酸混合液（4＋1）或硫酸，按相同操作方法做试剂空白试验。

② 蔬菜、水果：称取 25.00 g 或 50.00 g 洗净打成匀浆的试样，置于 250～500 mL 定氮瓶中。先加水少许使湿润，加数粒玻璃珠和 10～15 mL 硝酸-高氯酸混合液（4＋1），放置片刻。小火缓缓加热，待作用缓和，放冷。沿瓶壁加入 5 mL 或 10 mL 硫酸，再加热。至瓶中液体开始变成棕色时，不断沿瓶壁滴加硝酸-高氯酸混合液（4＋1）至有机质分解完全。加大火力，至产生白烟。待瓶口白烟冒净后，瓶内液体再产生白烟为消化完全，该溶液应澄明无色或微带黄色，放冷。（在操作过程中应注意防止爆沸或爆炸）加 20 mL 水煮沸，除去残余的硝酸至产生白烟为止。如此处理两次，放冷。将冷后的溶液移入 50 mL 或 100 mL 容量瓶中，用水洗涤定氮瓶，洗液并入容量瓶中，放冷。加水至刻度，混匀。定容后的溶液每 10 mL 相当于 5 g 试样，相当加入硫酸 1 mL。

取与消化试样相同量的硝酸-高氯酸混合液（4＋1）或硫酸，按相同操作方法做试剂空白试验。

③ 酱、酱油、醋、冷饮、豆腐、腐乳、酱腌菜等：称取 10.00 g 或 20.00 g 试样（或吸取 10.0 mL 或 20.0 mL 液体试样），置于 250～500 mL 定氮瓶中。先加水少许使湿润，加数粒玻璃珠和 10～15 mL 硝酸-高氯酸混合液（4＋1），放置片刻。小火缓缓加热，待作用缓和，放冷。沿瓶壁加入 5 mL 或 10 mL 硫酸，再加热。至瓶中液体开始变成棕色时，不断沿瓶壁滴加硝酸-高氯酸混合液（4＋1）至有机质分解完全。加大火力，至产生白烟。待瓶口白烟冒净后，瓶内液体再产生白烟为消化完全，该溶液应澄明无色或微带黄色，放冷。（在操作过程中应注意防止爆沸或爆炸）加 20 mL 水煮沸，除去残余的硝酸至产生白烟为止。如此处理两次，放冷。将冷后的溶液移入 50 mL 或 100 mL 容量瓶中，用水洗涤定氮瓶，洗液并入容量瓶中，放冷。加水至刻度，混匀。定容后的溶液每 10 mL 相当于 2 g 或 2 mL 试样。

取与消化试样相同量的硝酸-高氯酸混合液（4＋1）或硫酸，按相同操作方法做试剂空白试验。

④ 含乙醇饮料或含二氧化碳饮料：吸取 10.00 mL 或 20.00 mL 试样，置于 250～500 mL 定氮瓶中。加数粒玻璃珠，先用小火加热除去乙醇或二氧化碳，再加 5～10 mL 硝酸-高氯酸混合液（4＋1），混匀后，放置片刻。小火缓缓加热，待作用缓和，放冷。沿瓶壁加入 5 mL 或 10 mL 硫酸，再加热。至瓶中液体开始变成棕色时，不断沿瓶壁滴加硝酸-高氯酸混合液（4＋1）至有机质分解完全。加大火力，至产生白烟。待瓶口白烟冒净后，瓶内液体再产生白烟为消化完全，该溶液应澄明无色或微带黄色，放冷。（在操作过程中应注意防止爆沸或爆炸）加 20 mL 水煮沸，除去残余的硝酸至产生白烟为止。如此处理两次，放冷。将冷后的溶液移入 50 mL 或 100 mL 容量瓶中，用水洗涤定氮瓶，洗液并入容量瓶中，放冷。加水至刻度，混匀。定容后的溶液每 10 mL 相当于 2 mL 试样。

取与消化试样相同量的硝酸-高氯酸混合液（4＋1）或硫酸，按相同操作方法做试剂空白试验。

⑤ 含糖量高的食品：称取 5.00 g 或 10.00 g 试样，置于 250～500 mL 定氮瓶中。先加少许水使湿润，加数粒玻璃珠和 5～10 mL 硝酸-高氯酸混合液（4＋1），混匀。缓缓加入 5 mL 或 10 mL 硫酸，待作用缓和停止起泡沫后，先用小火缓缓加热（糖分易炭化），不断沿

瓶壁补加硝酸-高氯酸混合液（4+1）。待泡沫全部消失后，再加大火力，至有机质分解完全，产生白烟，溶液应澄明无色或微带黄色，放冷。（在操作过程中应注意防止爆沸或爆炸）加 20 mL 水煮沸，除去残余的硝酸至产生白烟为止。如此处理两次，放冷。将冷后的溶液移入 50 mL 或 100 mL 容量瓶中，用水洗涤定氮瓶，洗液并入容量瓶中，放冷。加水至刻度，混匀。定容后的溶液每 10 mL 相当于 1 g 试样，相当加入硫酸量 1 mL。

取与消化试样相同量的硝酸-高氯酸混合液（4+1）或硫酸，按相同操作方法做试剂空白试验。

⑥ 水产品：取可食部分试样捣成匀浆，称取 5.00 g 或 10.0 g（海产藻类、贝类可适当减少取样量），置于 250～500 mL 定氮瓶中。先加水少许使湿润，加数粒玻璃珠和 10～15 mL 硝酸-高氯酸混合液（4+1），放置片刻。小火缓缓加热，待作用缓和，放冷。沿瓶壁加入 5 mL 或 10 mL 硫酸，再加热。至瓶中液体开始变成棕色时，不断沿瓶壁滴加硝酸-高氯酸混合液（4+1）至有机质分解完全。加大火力，至产生白烟。待瓶口白烟冒净后，瓶内液体再产生白烟为消化完全，该溶液应澄明无色或微带黄色，放冷。（在操作过程中应注意防止爆沸或爆炸）加 20 mL 水煮沸，除去残余的硝酸至产生白烟为止。如此处理两次，放冷。将冷后的溶液移入 50 mL 或 100 mL 容量瓶中，用水洗涤定氮瓶，洗液并入容量瓶中，放冷。加水至刻度，混匀。定容后的溶液每 10 mL 相当于 1 g 试样，相当加入硫酸 1 mL。

取与消化试样相同量的硝酸-高氯酸混合液（4+1）或硫酸，按相同操作方法做试剂空白试验。

(2) 测定。准确吸取 5～10 mL 定容的消化液和相同量的试剂空白液，分别置于 125 mL 分液漏斗中。加 5 mL 水和 0.5 mL 盐酸羟胺溶液（200 g/L），摇匀。加 2 滴酚红指示液（1 g/L），用氨水溶液（1+1）调节至红色，再多加 2 滴。然后加 5 mL 二硫腙-四氯化碳溶液（0.1 g/L），剧烈振摇 2 min，静置分层。将四氯化碳层移入另一分液漏斗中，水层再用少量二硫腙-四氯化碳溶液振摇提取，每次 2～3 mL，直至二硫腙-四氯化碳溶液绿色不变为止。合并提取液，用 5 mL 水洗涤，四氯化碳层用盐酸（0.02 mol/L）提取 2 次，每次 10 mL，提取时剧烈振摇 2 min。合并盐酸（0.02 mol/L）提取液，并用少量四氯化碳洗去残留的二硫腙。

吸取 0、1.0 mL、2.0 mL、3.0 mL、4.0 mL、5.0 mL 锌标准使用液（相当于 0、1.0 μg、2.0 μg、3.0 μg、4.0 μg、5.0 μg 锌），分别置于 125 mL 分液漏斗中，各加盐酸（0.02 mol/L）至 20 mL。于试样提取液、试剂空白提取液及锌标准溶液各分液漏斗中，加 10 mL 乙酸-乙酸盐缓冲液和 1 mL 硫代硫酸钠溶液（250 g/L），摇匀。再各加入 10.0 mL 二硫腙使用液，剧烈振摇 2 min。静置分层后，经脱脂棉将四氯化碳层滤入 1 cm 比色杯中。以四氯化碳调节零点，于波长 530 nm 处测吸光度，标准各点吸收值减去零管吸收值后，绘制标准曲线或计算直线回归方程。样液吸收值与曲线比较或代入方程求得含量。

5. 计算

$$X = \frac{(A_1 - A_2) \times 1000}{m \times \frac{V_2}{V_1} \times 1000}$$

式中：X——试样中锌的含量，mg/kg 或 mg/L；

A_1——测定用试样液中锌的含量，μg/mL；

A_2——试剂空白液中锌的含量，$\mu g/mL$；

　　m——试样质量（体积），g 或 mL；

　　V_1——试样消化液的总体积，mL。

　　V_2——测定用试样消化液的体积，mL。

计算结果保留两位有效数字。在重复性条件下获得的两次独立测定结果的绝对差值不得超过算术平均值的 10%。

6. 注意事项　此法适用于农产品中锌的测定，检出限为 2.5 mg/kg。

五、硒的测定

硒有抗氧化、解毒作用，可保护心血管、维护心肌的健康、增强机体免疫功能。此外，硒还有促进生长、保护视觉器官等作用。硒缺乏可导致克山病与大骨节病。

（一）氢化物原子荧光光谱法

1. 原理　试样经酸加热消化后，在 6 mol/L 盐酸介质中，将试样中的六价硒还原成四价硒。用硼氢化钠或硼氢化钾作还原剂，将四价硒在盐酸介质中还原成硒化氢（H_2Se）。由载气（氩气）带入原子化器中进行原子化，在硒空心阴极灯照射下，基态硒原子被激发至高能态。在去活化回到基态时，发射出特征波长的荧光。其荧光强度与硒含量成正比，与标准系列比较定量。

2. 仪器　原子荧光光谱仪（带硒空心阴极灯），电热板，微波消化仪，天平（感量为 1 mg），粉碎机，烘箱。

3. 试剂　除非另有规定，本方法所使用试剂均为分析纯，水为 GB/T 6682 规定的三级水。

（1）硝酸：优级纯。

（2）高氯酸：优级纯。

（3）盐酸：优级纯。

（4）混合酸：硝酸-高氯酸（9+1）。

（5）氢氧化钠：优级纯。

（6）硼氢化钠溶液（8 g/L）：称取 8.0 g 硼氢化钠（$NaBH_4$），溶于氢氧化钠溶液（5 g/L）中，然后定容至 1 000 mL，混匀。

（7）铁氰化钾溶液（100 g/L）：称取 10.0 g 铁氰化钾 [$K_3Fe(CN)_6$]，溶于 100 mL 水中混匀。

（8）硒标准储备液：精确称取 100.0 mg 硒（光谱纯），溶于少量硝酸中，加 2 mL 高氯酸，置沸水浴中加热 3~4 h，冷却后加 8.4 mL 盐酸，再置沸水浴中煮 2 min，准确稀释至 1 000 mL，其盐酸浓度为 0.1 mol/L，此储备液浓度为每毫升相当于 100 μg 硒。

（9）硒标准应用液：取 100 $\mu g/mL$ 硒标准储备液 1.0 mL，定容至 100 mL，此应用液浓度为 1 $\mu g/mL$。

（10）盐酸（6 mol/L）：量取 50 mL 盐酸缓慢加入 40 mL 水中，冷却后定容至 100 mL。

（11）过氧化氢（30%）。

4. 方法

（1）试样制备。

① 粮食：试样用水洗 3 次，于 60 ℃烘干、粉碎，储于塑料瓶内备用。
② 蔬菜及其他植物性食物：取可食部用水洗净后用纱布吸去水滴，打成匀浆后备用。
③ 其他固体试样：粉碎，混匀，备用。
④ 液体试样：混匀，备用。

(2) 试样消解。

① 电热板加热消解：称取 0.5～2 g（精确至 0.001 g）试样，液体试样吸取 1.00～10.00 mL，置于消化瓶中，加 10.0 mL 混合酸及几粒玻璃珠，盖上表面皿冷消化过夜。次日于电热板上加热，并及时补加硝酸。当溶液变为清亮无色并伴有白烟时，再继续加热至剩余体积 2 mL 左右，切不可蒸干。冷却，再加 5.0 mL 盐酸（6 mol/L），继续加热至溶液变为清亮无色并伴有白烟出现，将六价硒还原成四价硒。冷却，转移至 50 mL 容量瓶中定容，混匀备用。同时做空白试验。

② 微波消解：称取 0.5～2 g（精确至 0.001 g）试样于消化管中，加 10 mL 硝酸和 2 mL 过氧化氢。振摇混合均匀，于微波消化仪中消化。其消化推荐条件见表 4-8（可根据不同的仪器自行设定消解条件）。

表 4-8 微波消化推荐条件

步骤	微波功率（W）	升温时间（min）	控制温度（℃）	保持时间（min）
1	1600	6	120	1
2	1600	3	150	5
3	1600	5	200	10

冷却后转入三角瓶中，加几粒玻璃珠，在电热板上继续加热至近干，切不可蒸干。再加 5.0 mL 盐酸（6 mol/L），继续加热至溶液变为清亮无色并伴有白烟出现，将六价硒还原成四价硒。冷却，转移试样消化液于 25 mL 容量瓶中定容，混匀备用。同时做空白试验。

吸取 10.0 mL 试样消化液于 15 mL 离心管中，加 2.0 mL 盐酸（优级纯）和 1.0 mL 铁氰化钾溶液（100 g/L），混匀待测。

(3) 标准曲线的配制。分别取 0、0.10 mL、0.20 mL、0.30 mL、0.40 mL、0.50 mL 标准应用液于 15 mL 离心管中，用去离子水定容至 10 mL。再分别加 2 mL 盐酸（优级纯）和 1.0 mL 铁氰化钾溶液（100 g/L），混匀，制成标准工作曲线。

(4) 仪器参考条件。负高压：340 V；电流：100 mA；原子化温度：800 ℃；炉高：8 mm；载气流速：500 mL/min；屏蔽气流速：1 000 mL/min；测量方式：标准曲线法；读数方式：峰面积；延迟时间：1 s；读数时间：15 s；加液时间：8 s；进样体积：2 mL。

(5) 测定。设定好仪器最佳条件，逐步将炉温升至所需温度后，稳定 10～20 min 后开始测量。连续用标准系列的零管进样，待读数稳定之后，转入标准系列测量，绘制标准曲线。转入试样测量，分别测定试样空白和试样消化液。每测不同的试样之前，都应清洗进样器。

5. 计算

$$X = \frac{(C - C_0) \times V \times 1000}{m \times 1000 \times 1000}$$

式中：X——试样中硒的含量，mg/kg 或 mg/L；

C——试样消化液测定浓度，ng/mL；

C_0——试样空白消化液测定浓度，ng/mL；

m——试样的质量（体积），g 或 mL；

V——试样消化液总体积，mL。

以重复性条件下获得的两次独立测定结果的算术平均值表示，结果保留三位有效数字。

6. 注意事项 此法适用于农产品中硒的测定。在重复性条件下获得的两次独立测定结果的绝对差值不得超过算术平均值的 10%。

（二）荧光法

1. 原理 将试样用混合酸消化，使硒化合物氧化为无机硒 Se^{4+}。在酸性条件下，Se^{4+} 与 2，3-二氨基萘（DAN）反应生成 4，5-苯并苯硒脑，然后用环己烷萃取。在激发光波长为 376 nm 和发射光波长为 520 nm 条件下，测定荧光强度从而计算出试样中硒的含量。

2. 仪器 荧光分光光度计，天平（感量为 1 mg），烘箱，粉碎机，电热板，水浴锅。

3. 试剂 除非另有规定，本方法所使用试剂均为分析纯，水为 GB/T 6682 规定的三级水。

（1）硒标准溶液。准确称取元素硒（光谱纯）100.0 mg，溶于少量浓硝酸中。加入 2 mL 高氯酸（70%～72%），至沸水浴中加热 3～4 h。冷却后加入 8.4 mL 盐酸溶液（0.1 mol/L），再置沸水浴中煮 2 min。准确稀释至 1 000 mL，此为储备液（Se 含量：100 μg/mL）。使用时，用 0.1 mol/L 盐酸溶液将储备液稀释至每毫升含 0.05 μg 硒。于冰箱内保存，两年内有效。

（2）DAN 试剂（1.0 g/L）。此试剂在暗室内配制。称取 DAN（纯度 95%～98%）200 mg 于一带盖锥形瓶中，加入 0.1 mol/L 盐酸溶液 200 mL，振摇 15 min 使其全部溶解。加入约 40 mL 环己烷，继续振荡 5 min。将此液倒入塞有玻璃棉（或脱脂棉）的分液漏斗中，待分层后滤去环己烷层，收集 DAN 溶液层。反复用环己烷纯化，直至环己烷中荧光降至最低时为止（纯化 5～6 次）。将纯化后的 DAN 溶液储于棕色瓶中，加入约 1 cm 厚的环己烷覆盖表层，至冰箱内保存。必要时，在使用前再以环己烷纯化一次。

（警告：此试剂有一定毒性，使用本试剂的人员应有正规实验室工作经验。使用者有责任采取适当的安全和健康措施，并保证符合国家有关规定）。

（3）混合酸：硝酸-高氯酸（9+1）。

（4）去硒硫酸：取浓硫酸 200 mL，缓慢倒入 200 mL 水中。再加入 48% 氢溴酸 30 mL，混匀。至沙浴上加热至出现白浓烟，此时体积应为 200 mL。

（5）EDTA 溶液（0.2 mol/L）：称取 EDTA 二钠盐 37 g，加水并加热至完全溶解，冷却后稀释至 500 mL。

（6）盐酸羟胺溶液（100 g/L）：称取 10 g 盐酸羟胺溶于水中，稀释至 100 mL。

（7）甲酚红指示剂（0.2 g/L）：称取甲酚红 50 mg 溶于少量水中，加氨水（1+1）1 滴。待完全溶解后，加水稀释至 250 mL。

（8）EDTA 混合液：取 EDTA 溶液（0.2 mol/L）和盐酸羟胺溶液（100 g/L）各 50 mL，加 5 mL 甲酚红指示剂（0.2 g/L），用水稀释至 1L，混匀。

（9）氨水（1+1）。

（10）盐酸。

(11) 环己烷：需先测试有无荧光杂质，否则重蒸后使用。用过的环己烷可回收，重蒸后再使用。

(12) 盐酸 (1+9)。

4. 方法

(1) 试样处理。

粮食：试样用水洗 3 次，至 60 ℃烤箱中烘去表面水分。用粉碎机粉碎，储于塑料瓶内，放一小包樟脑精，盖紧瓶塞保存，备用。

蔬菜及其他植物性食物：取可食部分，用蒸馏水冲洗 3 次后，用纱布吸去水滴，不锈钢刀切碎。取一定量试样，在烘箱中于 60 ℃烤干。称重、计算水分、粉碎，备用。计算时应折合成鲜样重。

其他固体试样：粉碎、混匀试样，备用。

液体试样：混匀试样，备用。

(2) 试样消化。称含硒量为 0.01～0.5 μg 的粮食或蔬菜及动物性试样 0.5～2.0 g（精确至 0.001 g），液体试样吸取 1.00～10.00 mL 于磨口锥形瓶内。加 10 mL 去硒硫酸（5%），待试样湿润后，再加 20 mL 混合酸液放置过夜，次日置电热板上逐渐加热。当剧烈反应发生后溶液呈无色，继续加热至白烟产生。此时溶液逐渐变成淡黄色，即达终点。

某些蔬菜试样消化后出现混浊，以致难以确定终点。这时可注意瓶内出现滚滚白烟，此刻立即取下，溶液冷却后又变为无色。

有些含硒较高的蔬菜含有较多的 Se^{6+}，需要在消化完成后，再加 10 mL 盐酸（10%）。继续加热使再回终点，以完全还原 Se^{6+} 为 Se^{4+}。否则，结果将偏低。

(3) 测定。上述消化后的试样溶液，加入 EDTA 混合液 20.0 mL，用氨水 (1+1) 及盐酸 (1+9) 调至淡红橙色 (pH 为 1.5～2.0)。

以下步骤在暗室操作：加 DAN 试剂（1.0 g/L）3.0 mL，混匀后，置沸水浴中加热 5 min。取出冷却后，加环己烷 3.0 mL，振摇 4 min，将全部溶液移入分液漏斗。待分层后弃去水层，小心将环己烷层由分液漏斗上口倾入带盖试管中，勿使环己烷中混入水滴。于荧光分光光度计上，在激发光波长 376 nm 和发射光波长 520 nm 条件下，测定 4,5-苯并苯硒脑的荧光强度。

(4) 硒标准曲线绘制。准确量取硒标准溶液（0.05 μg/mL）0、0.20 mL、1.00 mL、2.00 mL、4.00 mL，相当于 0、0.01 μg、0.05 μg、0.10 μg、20 μg 硒。加水至 5.0 mL 后，按试样测定步骤进行测定。

当硒含量在 0.5 μg 以下时，荧光强度与硒含量呈线性关系。在常规测定试样时，每次只需做试剂空白与试样硒含量相近的标准管（双份）即可。

5. 计算

$$X = \frac{m_1}{F_1 - F_0} \times \frac{F_2 - F_0}{m}$$

式中：X——试样中硒的含量，μg/g 或 μg/mL；

m_1——试管中硒的质量，μg；

F_1——标准硒荧光读数；

F_2——试样荧光读数；

F_0——空白管荧光读数；

m——试样质量，g 或 mL。

6. 注意事项 此法适用于农产品中硒的测定。在重复性条件下获得的两次独立测定结果的绝对差值不得超过算术平均值的10%。

实训操作

稻米中硒的测定

【实训目的】学会并掌握荧光法测定稻米中硒的含量。

【实训原理】样品经混合酸消化，硒化合物被氧化为四价无机硒（Se^{4+}），与2,3-二氨基萘（DAN）应生成4,5-苯并苯硒脑，然后用环己烷萃取。在激发光波长为376 nm和发射光波长为520 nm条件下，测定荧光强度从而计算出试样中硒的含量。

【实训仪器】荧光分光光度计。

【实训试剂】除非另有规定，本方法所使用试剂均为分析纯，水为GB/T 6682规定的三级水。

1. 硒标准溶液 准确称取元素硒（光谱纯）100.0 mg，溶于少量浓硝酸中。加入2 mL高氯酸（70%～72%），至沸水浴中加热3～4 h。冷却后加入8.4 mL盐酸溶液（0.1 mol/L），再置沸水浴中煮2 min。准确稀释至1 000 mL，此为储备液（Se含量：100 μg/mL）。使用时，用0.1 mol/L盐酸溶液将储备液稀释至每毫升含0.05 μg硒。于冰箱内保存，两年内有效。

2. DAN试剂（1.0 g/L） 此试剂在暗室内配制。称取DAN（纯度95%～98%）200 mg于一带盖锥形瓶中，加入0.1 mol/L盐酸溶液200 mL，振摇15 min使其全部溶解。加入约40 mL环己烷，继续振荡5 min。将此液倒入塞有玻璃棉（或脱脂棉）的分液漏斗中，待分层后滤去环己烷层，收集DAN溶液层。反复用环己烷纯化，直至环己烷中荧光降至最低时为止（纯化5～6次）。将纯化后的DAN溶液储于棕色瓶中，加入约1 cm厚的环己烷覆盖表层，至冰箱内保存。必要时，在使用前再以环己烷纯化一次。

3. 混合酸 硝酸-高氯酸（9+1）。

4. 去硒硫酸 取浓硫酸200 mL，缓慢倒入200 mL水中。再加入48%氢溴酸30 mL，混匀。至沙浴上加热至出现白浓烟，此时体积应为200 mL。

5. EDTA溶液（0.2 mol/L） 称取EDTA二钠盐37 g，加水并加热至完全溶解，冷却后稀释至500 mL。

6. 盐酸羟胺溶液（100 g/L） 称取10 g盐酸羟胺溶于水中，稀释至100 mL。

7. 甲酚红指示剂（0.2 g/L） 称取甲酚红50 mg溶于少量水中，加氨水（1+1）1滴。待完全溶解后，加水稀释至250 mL。

8. EDTA混合液 取EDTA溶液（0.2 mol/L）和盐酸羟胺溶液（100 g/L）各50 mL，加5 mL甲酚红指示剂（0.2 g/L），用水稀释至1L，混匀。

9. 氨水（1+1）。

10. 盐酸（1+9）。

【操作步骤】

1. 试样处理　稻米用水洗 3 次，至 60 ℃ 烤箱中烘去表面水分。用粉碎机粉碎，储于塑料瓶内，放一小包樟脑精，盖紧瓶塞保存，备用。

2. 试样消化　称取处理好的试样 0.5～2.0 g 于磨口锥形瓶内，加 10 mL 去硒硫酸（5%），试样湿润后，再加 20 mL 混合酸液放置过夜，次日置电热板上逐渐加热。当剧烈反应发生后溶液呈无色，继续加热至白烟产生。此时溶液逐渐变成淡黄色，即达终点。

3. 测定　于试样消化液中加入 EDTA 混合液 20.0 mL，用氨水（1+1）及盐酸（1+9）调至淡红橙色（pH 为 1.5～2.0）。

在暗室中进行以下步骤：加 DAN 试剂（1.0 g/L）3.0 mL，混匀后，置沸水浴中加热 5 min。取出冷却后，加环己烷 3.0 mL，振摇 4 min，将全部溶液移入分液漏斗。待分层后弃去水层，小心将环己烷层由分液漏斗上口倾入带盖试管中，勿使环己烷中混入水滴。于荧光分光光度计上，在激发光波长 376 nm 和发射光波长 520 nm 条件下，测定 4,5-苯并苤硒脑的荧光强度。

4. 标准曲线绘制　准确量取硒标准溶液（0.05 $\mu g/mL$）0、0.20 mL、1.00 mL、2.00 mL、4.00 mL，相当于 0、0.01 μg、0.05 μg、0.10 μg、20 μg 硒。加水至 5.0 mL 后，按试样测定步骤进行测定。

当硒含量在 0.5 μg 以下时，荧光强度与硒含量呈线性关系。在常规测定试样时，每次只需做试剂空白与试样硒含量相近的标准管（双份）即可。

【结果计算】

$$X = \frac{m_1}{F_1 - F_0} \times \frac{F_2 - F_0}{m}$$

式中：X——稻米中硒的含量，$\mu g/g$；

m_1——试管中硒的质量，μg；

F_1——标准硒荧光读数；

F_2——试样荧光读数；

F_0——空白管荧光读数；

m——试样质量，g。

在重复性条件下获得的两次独立测定结果的绝对差值不得超过算术平均值的 10%。

项目总结

农产品中的营养物质主要是蛋白质、脂肪、糖类、矿物质、维生素和水等。营养物质的含量是农产品的重要指标，决定着农产品的质量和品质，直接关系着人体的健康。农产品中营养物质的检测在评判产品质量，指导人们合理营养与膳食，提高人们生活水平具有重要的意义。

问题思考

1. 农产品中水分的测定方法有哪些？各自适用于哪些类型的样品？
2. 在干燥过程中加入干燥海砂的目的是什么？

3. 水分测定过程中应注意哪些问题？
4. 简述水分含量和水分活度的概念，二者有什么区别？
5. 试述食品中灰分测定的操作步骤及要点。
6. 食品中总酸度的测定方法有哪些？如何测定？
7. 什么是有效酸度？电位法测定酸度的原理是什么？
8. 试述索氏提取法测定脂肪的原理及操作要点。
9. 乙醚中过氧化物的检查方法是什么？
10. 试述酸水解法测定脂肪的原理及操作要点。
11. 脂肪特征值有哪些？它们与脂肪的品质有什么关系？
12. 斐林试剂的组成是什么？
13. 简述说明可溶性糖类测定中的样品预处理过程。
14. 蔗糖的测定方法有哪些？
15. 淀粉的测定方法有哪些？
16. 什么是粗纤维和膳食纤维？
17. 试述食品中果胶的测定原理。
18. 凯氏定氮法测定蛋白质的主要依据是什么？
19. 用凯氏定氮法处理 0.300 g 某食物试样，生成的 NH_3 收集在硼酸溶液中。滴定消耗 HCl 溶液（0.10 mol/L）25.00 mL。计算试样中蛋白质的质量分数。
20. 用凯氏定氮法测定食品中蛋白质时，加热浓硫酸的作用是什么？
21. 测定食品中蛋白质时，在消化过程中加入硫酸钾、硫酸铜的作用是什么？
22. 为什么凯氏定氮法测定出的蛋白质含量为食品中粗蛋白质含量？
23. 测定维生素 A 之前为什么需要皂化？
24. 试述荧光法测定维生素 B_1 的原理。
25. 试述 2,4-二硝基苯肼比色法测定维生素 C 的原理及操作要点。
26. 钙、铁、锌的常用测定方法有哪些？
27. 简述气相色谱法测碘的原理。
28. 简述荧光法测硒的原理。

项目五　添加剂检测

【知识目标】
1. 了解食品添加剂的种类和作用。
2. 掌握食品添加剂的检测原理。

【技能目标】
1. 能够正确使用食品添加剂检测所用的仪器设备。
2. 能够熟练掌握食品添加剂检测的操作技能。

项目导入

食品添加剂是指为改善食品品质和色、香、味,以及为防腐和加工工艺的需要而加入食品中的化学合成或者天然物质。

目前我国食品添加剂有23个类别,2 000多个品种,包括酸度调节剂、抗结剂、消泡剂、抗氧化剂、漂白剂、膨松剂、着色剂、护色剂、酶制剂、增味剂、营养强化剂、防腐剂、甜味剂、增稠剂、香料等。

食品添加剂为食品生产和日常生活提供了诸多便利,使人类食品丰富多彩。食品添加剂既有化工产品的特性,又有食品安全的特殊要求。正确合理使用食品添加剂有利于食品工业的技术进步和科技创新,同时也能加速食品添加剂产业的健康发展。食品添加剂是食品工业重要的基础原料,对食品的生产工艺、产品质量、安全卫生都起到至关重要的作用。但是违法滥用食品添加剂以及超范围、超标准使用添加剂,都会给食品质量、安全卫生以及消费者的健康带来巨大的危害。

随着食品工业与添加剂工业的发展,食品添加剂的种类和数量越来越多,它们对人们健康的影响也越来越大。加之,随着毒理学研究方法的不断改进和发展,原来认为无害的食品添加剂,近年来又发现还可能存在慢性毒性、致癌作用、致畸作用及致突变作用等各种潜在的危害,因而更加不能忽视。所以食品加工企业必须严格遵照执行食品添加剂的安全标准,加强食品添加剂的管理,规范、合理、安全地使用添加剂,保证食品质量,保证人民身体健康。

任务一　防腐剂测定

防腐剂是能防止食品腐败变质,抑制食品中微生物繁殖,延长食品保存期的物质,不包括盐、糖、醋以及香辛料等。防腐剂是人类使用最悠久、最广泛的食品添加剂。我国许可使用的品种有：苯甲酸、苯甲酸钠、山梨酸、山梨酸钾、丙酸钠、丙酸钙、对羟基苯甲酸乙酯和丙酯、脱氢醋酸、二氧化硫、焦亚硫酸钾和焦亚硫酸钠等。

苯甲酸及苯甲酸钠是目前我国使用的主要防腐剂之一。它属于酸型防腐剂，在酸性条件下防腐效果较好，特别适用于偏酸性食品（pH 4.5～5）。《食品安全国家标准 食品添加剂使用标准》（GB 2760—2011）规定：苯甲酸及苯甲酸钠在碳酸饮料中的最大使用量为 0.2 g/kg（以苯甲酸计），在浓缩果蔬汁（浆）（仅限食品工业用）中的最适用量为 2 g/kg（以苯甲酸计）。

一、气相色谱法

1. 原理　试样酸化后，用乙醚提取山梨酸、苯甲酸，用附氢火焰离子化检测器的气相色谱仪进行分离测定，与标准系列比较定量。

2. 仪器　气相色谱仪（具有氢火焰离子化检测器）。

3. 试剂

（1）乙醚：不含过氧化物。

（2）石油醚：沸程 30～60 ℃。

（3）盐酸。

（4）无水硫酸钠。

（5）盐酸（1+1）：取 100 mL 盐酸，加水稀释至 200 mL。

（6）氯化钠酸性溶液（40 g/L）：于氯化钠溶液（40 g/L）中加少量盐酸（1+1）酸化。

（7）山梨酸、苯甲酸标准溶液：准确称取山梨酸、苯甲酸各 0.200 0 g，置于 100 mL 容量瓶中，用石油醚-乙醚（3+1）混合溶剂溶解后并稀释至刻度。此溶液每毫升相当于 2.0 mg 山梨酸或苯甲酸。

（8）山梨酸、苯甲酸标准使用液：吸取适量的山梨酸、苯甲酸标准溶液，以石油醚-乙醚（3+1）混合溶剂稀释至每毫升相当于 50 μg、100 μg、150 μg、200 μg、250 μg 山梨酸或苯甲酸。

4. 方法

（1）试样提取。称取 2.50 g 事先混合均匀的试样，置于 25 mL 带塞量筒中，加 0.5 mL 盐酸（1+1）酸化，用 15 mL 和 10 mL 乙醚提取两次，每次振摇 1 min，将上层乙醚提取液吸入另一个 25 mL 带塞量筒中，合并乙醚提取液。用 3 mL 氯化钠酸性溶液（40 g/L）洗涤两次，静止 15 min，用滴管将乙醚层通过无水硫酸钠滤入 25 mL 容量瓶中。加乙醚至刻度，混匀。准确吸取 5 mL 乙醚提取液于 5 mL 带塞刻度试管中，置 40 ℃ 水浴上挥干，加入 2 mL 石油醚-乙醚（3+1）混合溶剂溶解残渣，备用。

（2）色谱参考条件。

色谱柱：玻璃柱，内径 3 mm，长 2 m，内装涂以 5% 二甘醇琥珀酸酯（DEGS）+1% 磷酸固定液的 60～80 目 Chromosorb W/AW。

气流速度：载气为氮气，50 mL/min（氮气和空气、氢气之比按各仪器型号不同选择各自的最佳比例条件）。

温度：进样口 230 ℃，检测器 230 ℃，柱温 170 ℃。

（3）测定。进样 2 μL 标准系列中各浓度标准使用液于气相色谱仪中，可测得不同浓度山梨酸、苯甲酸的峰高，以浓度为横坐标，相应的峰高值为纵坐标，绘制标准曲线。

同时进样 2 μL 试样溶液，测得峰高与标准曲线比较定量。

5. 计算

$$X = \frac{A \times 1000}{m \times \frac{5}{25} \times \frac{V_2}{V_1} \times 1000}$$

式中：X——试样中山梨酸或苯甲酸的含量，mg/kg；

　　　A——测定用试样液中山梨酸或苯甲酸的质量，μg；

　　　V_1——加入石油醚-乙醚（3+1）混合溶剂的体积，mL；

　　　V_2——测定时进样的体积，μL；

　　　m——试样的质量，g；

　　　5——测定时吸取乙醚提取液的体积，mL；

　　　25——试样乙醚提取液的总体积，mL。

由测得苯甲酸的量乘以 1.18，即为试样中苯甲酸钠的含量。

计算结果保留两位有效数字。在重复性条件下获得的两次独立测定结果的绝对差值不得超过算术平均值的 10%。

6. 注意事项

（1）乙醚提取液应用无水硫酸钠充分脱水，挥干乙醚后如仍有残留水分，必须将水分挥干，进样溶液中含水会影响测定结果。

（2）样品中加酸酸化的目的是使山梨酸盐和苯甲酸盐转变为山梨酸和苯甲酸。

（3）此法适用于酱油、果汁、果酱等食品中山梨酸和苯甲酸含量的测定，检出限为 1 mg/kg。

二、高效液相色谱法

1. 原理　去除试样中的脂肪和蛋白质，甲醇稀释，过滤后，采用反相液相色谱法分离测定。

2. 仪器

（1）高效液相色谱仪，配有紫外检测器。

（2）天平：感量为 0.1 mg、0.01 g。

3. 试剂　除非另有规定，本方法所使用试剂均为分析纯，水为 GB/T 6682 规定的一级水。

（1）甲醇（CH_3OH）：色谱纯。

（2）亚铁氰化钾溶液（92 g/L）：称取亚铁氰化钾 [$K_4Fe(CN)_6 \cdot 3H_2O$] 106 g，用水溶解于 1 000 mL 容量瓶中，定容到刻度后混匀。

（3）乙酸锌溶液（183 g/L）：称取乙酸锌 [$Zn(CH_3COO)_2 \cdot 2H_2O$] 219 g，加入 32 mL 乙酸，用水溶解于 1 000 mL 容量瓶中，定容到刻度后混匀。

（4）磷酸盐缓冲液（pH=6.7）：分别称取 2.5 g 磷酸二氢钾（KH_2PO_4）和 2.5 g 磷酸氢二钾（$K_2HPO_4 \cdot 3H_2O$）于 1 000 mL 容量瓶中，用水定容到刻度后混匀，用 0.45 μm 滤膜过滤后备用。

(5) 氢氧化钠溶液（0.1 mol/L）：称量 4 g 氢氧化钠（NaOH），用水溶解于 1 000 mL 容量瓶中，定容到刻度后混匀。

(6) 硫酸溶液（0.5 mol/L）：移取 30 mL 的浓硫酸（H_2SO_4）到 500 mL 水中，边搅拌边缓慢加入，冷却到室温后转移到 1 000 mL 容量瓶，定容到刻度后混匀。

(7) 甲醇水溶液（体积分数为 50%）。

(8) 苯甲酸和山梨酸标准储备液（每毫升含苯甲酸、山梨酸各 500 μg）：准确称取苯甲酸、山梨酸标准品各 50.0 mg，分别置于 100 mL 容量瓶中，用甲醇（色谱纯）溶解，并稀释至刻度。摇匀后，冷藏于冰箱中，有效期 2 个月。

(9) 苯甲酸和山梨酸的混合标准工作液（每毫升含苯甲酸、山梨酸各 10 μg）：分别吸取苯甲酸和山梨酸的标准储备液各 5 mL，至 250 mL 的容量瓶中，用甲醇水溶液（体积分数为 50%）定容至刻度后混匀。冷藏于冰箱中，有效期 5d。

4. 方法

(1) 试样制备。

① 液态试样：储藏在冰箱中的乳与乳制品，应在试验前预先取出，并达室温，称量 20 g（精确至 0.01 g）样品于 100 mL 容量瓶中。

② 固态试样：称量 3 g（精确至 0.01 g）样品于 100 mL 容量瓶中，加 10 mL 水，用玻璃棒搅拌至完全溶解。

(2) 萃取和净化。向盛有试样的容量瓶中加入 25 mL 氢氧化钠溶液（0.1 mol/L），混合后置于超声波水浴或 70 ℃水浴中处理 15 min。冷却后，用硫酸溶液（0.5 mol/L）将 pH 调节到 8（用 pH 计或 pH 试纸均可），然后加入 2 mL 亚铁氰化钾溶液（92 g/L）和 2 mL 乙酸锌溶液（183 g/L）。剧烈振摇，静置 15 min，混合后冷却到室温，再用甲醇（色谱纯）定容，静置 15 min，上清液经过 0.45 μm 滤膜过滤。收集滤液作为试样溶液，用于高效液相色谱仪测定。

(3) 色谱参考条件。色谱柱：C_{18}，250 mm×4.6 mm，5 μm。流动相：甲醇-磷酸盐缓冲溶液（1+9）。流速：1.2 mL/min。检测波长：227 nm。柱温：室温。进样量：10 μL。

(4) 测定。准确吸取各不少于 2 份的 10 μL 试样溶液及苯甲酸和山梨酸的混合标准工作液，以色谱峰面积定量。在上述色谱条件下，出峰顺序依次为苯甲酸、山梨酸。

5. 计算

$$X = \frac{A \times C_s \times V}{A_s \times m}$$

式中：X——试样中苯甲酸或山梨酸的含量，mg/kg；

A——试样溶液中苯甲酸或山梨酸的峰面积；

A_s——标准溶液中苯甲酸或山梨酸的峰面积；

C_s——标准溶液的浓度，μg/mL；

V——试样最终定容体积，mL；

m——试样质量，g。

以重复性条件下获得的两次独立测定结果的算术平均值表示，结果保留三位有效数字。在重复性条件下获得的两次独立测定结果的绝对差值不得超过算术平均值的 10%。

6. 注意事项 此法适用于乳与乳制品中苯甲酸和山梨酸含量的测定，检出限均为 1 mg/kg。

实训操作

果汁中防腐剂山梨酸的测定

【实训目的】 学会并掌握气相色谱法测定果汁中防腐剂山梨酸的含量。

【实训原理】 试样酸化后,用乙醚提取山梨酸,用附氢火焰离子化检测器的气相色谱仪进行分离测定,与标准系列比较定量。

【实训仪器】 气相色谱仪:具有氢火焰离子化检测器。

【实训试剂】

1. 盐酸 (1+1) 取 100 mL 盐酸,加水稀释至 200 mL。

2. 氯化钠酸性溶液 (40 g/L) 于氯化钠溶液 (40 g/L) 中加少量盐酸 (1+1) 酸化。

3. 山梨酸标准溶液 准确称取山梨酸 0.200 0 g,置于 100 mL 容量瓶中,用石油醚-乙醚 (3+1) 混合溶剂溶解后并稀释至刻度。此溶液每毫升相当于 2.0 mg 山梨酸或苯甲酸。

4. 山梨酸标准使用液 吸取适量的山梨酸标准溶液,以石油醚-乙醚 (3+1) 混合溶剂稀释至每毫升相当于 50 μg、100 μg、150 μg、200 μg、250 μg 山梨酸。

【操作步骤】

1. 试样提取 称取 2.50 g 混合均匀的果汁,置于 25 mL 带塞量筒中,加 0.5 mL 盐酸 (1+1) 酸化,用 15 mL 和 10 mL 乙醚提取两次,每次振摇 1 min,将上层乙醚提取液吸入另一个 25 mL 带塞量筒中,合并乙醚提取液。用 3 mL 氯化钠酸性溶液 (40 g/L) 洗涤两次,静止 15 min,用滴管将乙醚层通过无水硫酸钠滤入 25 mL 容量瓶中。加乙醚至刻度,混匀。准确吸取 5 mL 乙醚提取液于 5 mL 带塞刻度试管中,置 40 ℃ 水浴上挥干,加入 2 mL 石油醚-乙醚 (3+1) 混合溶剂溶解残渣,备用。

2. 色谱条件

(1) 色谱柱:玻璃柱,内径 3 mm,长 2 m,内装涂以 5%DEGS+1%磷酸固定液的 60~80 目 Chromosorb W/AW。

(2) 气流速度:载气为氮气,50 mL/min (氮气和空气、氢气之比按各仪器型号不同选择各自的最佳比例条件)。

(3) 温度:进样口 230 ℃,检测器 230 ℃,柱温 170 ℃。

3. 试样测定 进样 2 μL 标准系列中各浓度标准使用液于气相色谱仪中,可测得不同浓度山梨酸的峰高,以浓度为横坐标、相应峰高值为纵坐标,绘制标准曲线。

同时进样 2 μL 试样溶液,测得峰高与标准曲线比较定量。

【结果计算】

$$X = \frac{A \times 1000}{m \times \frac{5}{25} \times \frac{V_2}{V_1} \times 1000}$$

式中:X——果汁中山梨酸的含量,mg/kg;

A——测定用试样液中山梨酸的质量,μg;

V_1——加入石油醚-乙醚 (3+1) 混合溶剂的体积,mL;

V_2——测定时进样的体积，μL；

m——试样的质量，g；

5——测定时吸取乙醚提取液的体积，mL；

25——试样乙醚提取液的总体积，mL。

计算结果保留两位有效数字。在重复性条件下获得的两次独立测定结果的绝对差值不得超过算术平均值的10%。

任务二 抗氧化剂测定

抗氧化剂是指能阻止或推迟食品氧化变质，提高食品稳定性和延长储存期的食品添加剂。按其来源性不同，可分为天然的抗氧化剂和人工合成的抗氧化剂两类。按其溶解性的不同，可分为脂溶性抗氧化剂和水溶性抗氧化剂两类，前者包括丁基羟基茴香醚（BHA）、二丁基羟基甲苯（BHT）和没食子酸丙酯（PG）等，后者包括抗坏血酸及其盐、异抗坏血酸及其盐、亚硫酸盐类等。

《食品安全国家标准 食品添加剂使用标准》（GB 2760—2011）规定：BHA 和 BHT 在食品中最大使用量为 0.2 g/kg，PG 在食品中最大使用量为 0.1 g/kg。

一、气相色谱法

1. 原理 样品中的抗氧化剂用有机溶剂提取、凝胶渗透色谱净化系统（GPC）净化后，用气相色谱氢火焰离子化检测器检测，采用保留时间定性，外标法定量。

2. 仪器

(1) 气相色谱仪（GC）：配氢火焰离子化检测器（FID）。

(2) 凝胶渗透色谱净化系统（GPC），或可进行脱脂的等效分离装置。

(3) 分析天平：感量 0.01 g 和 0.000 1 g。

(4) 旋转蒸发仪。

(5) 涡旋混合器。

(6) 粉碎机。

(7) 微孔过滤器：孔径 0.45 μm，有机溶剂型滤膜。

3. 试剂 除另有说明外，所使用试剂均为分析纯，用水为 GB/T 6682—2008 规定的二级水。

(1) 环己烷。

(2) 乙酸乙酯。

(3) 石油醚：沸程 30～60 ℃（重蒸）。

(4) 乙腈。

(5) 丙酮。

(6) BHA 标准品：纯度≥99.0%，−18 ℃冷冻储藏。

(7) BHT 标准品：纯度≥99.3%，−18 ℃冷冻储藏。

(8) TBHQ 标准品：纯度≥99.0%，−18 ℃冷冻储藏。

(9) BHA、BHT、TBHQ 标准储备液：准确称取 BHA、BHT、TBHQ 标准品各

50 mg（精确至 0.1 mg），用乙酸乙酯：环己烷（1：1）定容至 50 mL，配制成 1 mg/mL 的储备液，于 4 ℃冰箱中避光保存。

（10）BHA、BHT、TBHQ 标准使用液：吸取标准储备液 0.1 mL、0.5 mL、1.0 mL、2.0 mL、3.0 mL、4.0 mL、5.0 mL，于一组 10 mL 容量瓶中，乙酸乙酯：环己烷（1：1）定容，此标准系列的浓度为 0.01 mg/mL、0.05 mg/mL、0.10 mg/mL、0.20 mg/mL、0.30 mg/mL、0.40 mg/mL、0.50 mg/mL。现用现配。

4. 方法

（1）试样制备。取同一批次 3 个完整独立包装样品（固体样品不少于 200 g，液体样品不少于 200 mL），固体或半固体样品粉碎混匀，液体样品混合均匀，然后用对角线法取 2/4 或 2/6，或根据试样情况取有代表性试样，放置广口瓶内保存待用。

（2）试样处理。

① 油脂样品。混合均匀的油脂样品，过 0.45 μm 滤膜备用。

② 油脂含量较高或中等的样品（油脂含量 15％以上的样品）。根据样品中油脂的实际含量，称取 50～100 g 混合均匀的样品，置于 250 mL 具塞锥形瓶中，加入适量石油醚，使样品完全浸没，放置过夜，用快速滤纸过滤后，减压回收溶剂，得到的油脂试样过 0.45 μm 滤膜备用。

③ 油脂含量少的样品（油脂含量 15％以下的样品）和不含油脂的样品（如口香糖等）。称取 1～2 g 粉碎并混合均匀的样品，加入 10 mL 乙腈，涡旋混合 2 min，过滤。如此重复 3 次，将收集滤液旋转蒸发至近干，用乙腈定容至 2 mL，过 0.45 μm 滤膜，直接进气相色谱仪分析。

（3）净化。准确称取备用的油脂试样 0.5 g（精确至 0.1 mg），用乙酸乙酯：环己烷（1：1，体积比）准确定容至 10.0 mL，涡旋混合 2 min，经凝胶渗透色谱装置净化，收集流出液，旋转蒸发浓缩至近干，用乙酸乙酯：环己烷（1：1）定容至 2 mL，进气相色谱仪分析。

凝胶渗透色谱分离参考条件如下：凝胶渗透色谱柱，300 mm×25 mm 玻璃柱，Bio Beads（S-X3），200～400 目，25 g；柱分离度：玉米油与抗氧化剂（BHA、BHT、TBHQ）的分离度≥85％；流动相，乙酸乙酯：环己烷（1：1，体积比）；流速，4.7 mL/min；进样量，5 mL；流出液收集时间，7～13 min；紫外检测器波长，254 nm。

（4）测定。

① 色谱参考条件。色谱柱：（14％腈丙基-苯基）二甲基聚硅氧烷毛细管柱（30 m×0.25 mm），膜厚 0.25 μm（或相当型号色谱柱）；进样口温度：230 ℃；升温程序：初始柱温 80 ℃，保持 1 min，以 10 ℃/min 升温至 250 ℃，保持 5 min；检测器温度：250 ℃；进样量：1 μL；进样方式：不分流进样；载气：氮气，纯度≥99.999％，流速 1 mL/min。

② 定量分析。在色谱参考条件下，试样待测液和 BHA、BHT、TBHQ 三种标准品在相同保留时间处（±0.5％）出峰，可定性 BHA、BHT、TBHQ 三种抗氧化剂。以标准样品浓度为横坐标、峰面积为纵坐标，作线性回归方程，从标准曲线图中查出试样溶液中抗氧化剂的相应含量。

5. 计算

$$X = C \times \frac{V \times 1000}{m \times 1000}$$

式中：X——试样中抗氧化剂含量，mg/kg 或 mg/L；
  C——从标准工作曲线上查出的试样溶液中抗氧化剂的浓度，μg/mL；
  V——试样最终定容体积，mL；
  m——试样质量，g 或 mL。

计算结果保留至小数点后三位。在重复性条件下获得的两次独立测定结果的绝对差值不得超过算术平均值的 10%。

6. 注意事项 此法适用于农产品中 BHA、BHT、TBHQ 的测定，检出限为：BHA 2 mg/kg、BHT 2 mg/kg、TBHQ 5 mg/kg。

二、分光光度法

1. 原理 试样经石油醚溶解，用乙酸铵水溶液提取后，没食子酸丙酯（PG）与亚铁酒石酸盐反应，产生红色化合物，在波长 540 nm 处测定吸光度，与标准比较定量。测定试样相当于 2 g 时，最低检出浓度为 25 mg/kg。

2. 仪器 分光光度计。

3. 试剂

（1）石油醚：沸程 30~60 ℃。

（2）乙酸铵溶液（100 g/L 及 16.7 g/L）。

（3）显色剂：称取 0.100 g 硫酸亚铁（$FeSO_4 \cdot 7H_2O$）和 0.500 g 酒石酸钾钠（$NaKC_4H_4O_6 \cdot 4H_2O$），加水溶解，稀释至 100 mL，临用前配制。

（4）PG 标准溶液（50.0 μg/mL）：准确称取 0.010 0 g PG 溶于水中，移入 200 mL 容量瓶中，并用水稀释至刻度。

4. 方法

（1）试样处理。称取 10.00 g 试样，用 100 mL 石油醚溶解，移入 250 mL 分液漏斗中，加 20 mL 乙酸铵溶液（16.7 g/L），振摇 2 min，静置分层，将水层放入 125 mL 分液漏斗中（如乳化，连同乳化层一起放下），石油醚层再用 20 mL 乙酸铵溶液（16.7 g/L）重复提取两次，合并水层。石油醚层用水振摇洗涤两次，每次 15 mL，水洗涤并入同一 125 mL 分液漏斗中，振摇静置。将水层通过干燥滤纸滤入 100 mL 容量瓶中，用少量水洗涤滤纸，加 2.5 mL 乙酸铵溶液（100 g/L），加水至刻度，摇匀。将此溶液用滤纸过滤，弃去初滤液的 20 mL，收集滤液供比色测定用。

（2）测定。吸取 20.0 mL 上述处理后的试样提取液于 25 mL 具塞比色管中，加入 1 mL 显色剂，加 4 mL 水，摇匀。

另准确吸取 0、1.0 mL、2.0 mL、4.0 mL、6.0 mL、8.0 mL、10.0 mL PG 标准溶液（相当于 0、50 μg、100 μg、200 μg、300 μg、400 μg、500 μg PG），分别置于 25 mL 带塞比色管中，加入 2.5 mL 乙酸铵溶液（100 g/L），准确加水至 24 mL，加入 1 mL 显色剂，摇匀。

用 1 cm 比色杯，以零管调节零点，在波长 540 nm 处测定吸光度，绘制标准曲线并计算样品中 PG 的含量。

5. 计算

$$X = \frac{A \times 1000}{m \times \dfrac{V_2}{V_1} \times 1000 \times 1000}$$

式中：X——试样中 PG 的含量，g/kg；

A——测定用样液中 PG 的质量，μg；

m——试样质量，g；

V_1——提取后样液总体积，mL；

V_2——测定用吸取样液的体积，mL。

计算结果保留两位有效数字。在重复性条件下获得的两次独立测定结果的绝对差值不得超过算术平均值的 10%。

6. 注意事项

(1) 此法适用于油脂中 PG 的测定，检出限为 50 μg。

(2) 由于 PG 易被氧化，其含量与存放时间成反比，故样品要及时分析，以免影响实验结果。

(3) 在操作中，两次过滤可以减少干扰物质、降低空白值，有较好的回收率。

实训操作

饼干中抗氧化剂 BHT 的测定

【实训目的】学会并掌握气相色谱法测定饼干中抗氧化剂二丁基羟基甲苯（BHT）的含量。

【实训原理】样品中的抗氧化剂 BHT 用有机溶剂提取、凝胶渗透色谱净化系统（GPC）净化后，用气相色谱氢火焰离子化检测器检测，采用保留时间定性，外标法定量。

【实训仪器】气相色谱仪（GC）：配氢火焰离子化检测器（FID）。

【实训试剂】除另有说明外，所使用试剂均为分析纯，用水为 GB/T 6682—2008 规定的二级水。

1. BHT 标准储备液 准确称取 BHT 标准品各 50 mg（精确至 0.1 mg），用乙酸乙酯：环己烷（1∶1）定容至 50 mL，配制成 1 mg/mL 的储备液，于 4 ℃冰箱中避光保存。

2. BHT 标准使用液 吸取标准储备液 0.1 mL、0.5 mL、1.0 mL、2.0 mL、3.0 mL、4.0 mL、5.0 mL，于一组 10 mL 容量瓶中，乙酸乙酯：环己烷（1∶1）定容，此标准系列的浓度为 0.01 mg/mL、0.05 mg/mL、0.10 mg/mL、0.20 mg/mL、0.30 mg/mL、0.40 mg/mL、0.50 mg/mL。现用现配。

【操作步骤】

1. 试样处理 称取 1~2 g 粉碎并混合均匀的饼干，加入 10 mL 乙腈，涡旋混合 2 min，过滤。如此重复 3 次，将收集滤液旋转蒸发至近干，用乙腈定容至 2 mL，过 0.45 μm 滤膜，直接进气相色谱仪分析。

2. 色谱条件 色谱柱：(14% 腈丙基-苯基) 二甲基聚硅氧烷毛细管柱（30 m×0.25 mm），膜厚 0.25 μm（或相当型号色谱柱）；进样口温度：230 ℃；升温程序：初始柱温 80 ℃，保持 1 min，以 10 ℃/min 升温至 250 ℃，保持 5 min；检测器温度：250 ℃；进样量：1 μL；进样方式：不分流进样；载气：氮气，纯度≥99.999%，流速 1 mL/min。

3. 定量分析 在色谱参考条件下，试样待测液和 BHT 标准品在相同保留时间处

（±0.5％）出峰，可定性抗氧化剂 BHT。以标准样品浓度为横坐标，峰面积为纵坐标，作线性回归方程，从标准曲线图中查出试样溶液中抗氧化剂的相应含量。

【结果计算】

$$X = C \times \frac{V \times 1000}{m \times 1000}$$

式中：X——饼干中抗氧化剂 BHT 的含量，mg/kg；

C——从标准工作曲线上查出的试样溶液中抗氧化剂的浓度，$\mu g/mL$；

V——试样最终定容体积，mL；

m——试样质量，g。

计算结果保留至小数点后三位。在重复性条件下获得的两次独立测定结果的绝对差值不得超过算术平均值的 10％。

任务三 发色剂测定

发色剂是指能与食品中的呈色物质作用，使之在食品加工保藏等过程中不致分解破坏，呈现良好色泽的物质，也称护色剂或呈色剂。护色剂和着色剂不同，它本身没有颜色，不起染色作用，但与食品原料中的有色物质可结合形成稳定的颜色。

硝酸盐和亚硝酸盐是食品加工业中常用的发色剂。硝酸盐可在亚硝酸菌的作用下还原为亚硝酸盐，亚硝酸盐在酸性条件下（如肌肉中乳酸）产生游离的亚硝酸，与肉中肌红蛋白结合，生成亚硝基肌红蛋白，呈现稳定的红色化合物，致使食品呈鲜艳的亮红色。但由于亚硝酸盐是致癌物质亚硝胺的前体，因此在加工过程中常以抗坏血酸钠或异构抗坏血酸钠、烟酸胺等辅助发色，以降低肉制品中亚硝酸盐的使用量。

《食品安全国家标准 食品添加剂使用标准》（GB 2760—2011）规定：在肉制品中，亚硝酸钠的最大使用量为 0.15 g/kg，硝酸钠的最大使用量为 0.5 g/kg。残留量（以亚硝酸钠计），肉类罐头不得超过 0.05 g/kg，肉制品不得超过 0.03 g/kg。

一、离子色谱法

1. 原理 试样经沉淀蛋白质、除去脂肪后，采用相应的方法提取和净化，以氢氧化钾溶液为淋洗液，阴离子交换柱分离，电导检测器检测。以保留时间定性，外标法定量。

2. 仪器

(1) 离子色谱仪：包括电导检测器，配有抑制器，高容量阴离子交换柱，50 μL 定量环。

(2) 食物粉碎机。

(3) 超声波清洗器。

(4) 天平：感量为 0.1 mg 和 1 mg。

(5) 离心机：转速≥10 000 r/min，配 5 mL 或 10 mL 离心管。

(6) 0.22 μm 水性滤膜针头滤器。

(7) 净化柱：包括 C_{18} 柱、Ag 柱和 Na 柱或等效柱。

(8) 注射器：1.0 mL 和 2.5 mL。

注：所有玻璃器皿使用前均需依次用 2 mol/L 氢氧化钾和水分别浸泡 4 h，然后用水冲洗 3~5 次，晾干备用。

3. 试剂

(1) 超纯水：电阻率 >18.2 MΩ·cm。

(2) 乙酸（CH_3COOH）：分析纯。

(3) 氢氧化钾（KOH）：分析纯。

(4) 乙酸溶液（3%）：量取乙酸 3 mL 于 100 mL 容量瓶中，以水稀释至刻度，混匀。

(5) 亚硝酸根离子（NO_2^-）标准溶液（100 mg/L，水基体）。

(6) 硝酸根离子（NO_3^-）标准溶液（1 000 mg/L，水基体）。

(7) 亚硝酸盐（以 NO_2^- 计）和硝酸盐（以 NO_3^- 计）混合标准使用液：准确移取亚硝酸根离子（NO_2^-）和硝酸根离子（NO_3^-）的标准溶液各 1.0 mL 于 100 mL 容量瓶中，用水稀释至刻度。此溶液每升含亚硝酸根离子 1.0 mg 和硝酸根离子 10.0 mg。

4. 方法

(1) 试样预处理。

① 新鲜蔬菜、水果。将试样用去离子水洗净晾干后，取可食部切碎混匀。将切碎的样品用四分法取适量，用食物粉碎机制成匀浆备用。如需加水应记录加水量。

② 肉类、蛋、水产及其制品。用四分法取适量或取全部，用食物粉碎机制成匀浆备用。

③ 乳粉、豆乳粉、婴儿配方粉等固态乳制品（不包括干酪）。将试样装入能够容纳 2 倍试样体积的带盖容器中，通过反复摇晃和颠倒容器使样品充分混匀直到使试样均一化。

④ 发酵乳、乳、炼乳及其他液体乳制品。通过搅拌或反复摇晃和颠倒容器使试样充分混匀。

⑤ 干酪。取适量的样品研磨成均匀的泥浆状。为避免水分损失，研磨过程中应避免产生过多的热量。

(2) 提取。

① 水果、蔬菜、鱼类、肉类、蛋类及其制品等。称取试样匀浆 5 g（精确至 0.01 g，可适当调整试样的取样量），以 80 mL 水洗入 100 mL 容量瓶中，超声提取 30 min，每隔 5 min 振摇一次，保持固相完全分散。于 75 ℃水浴中放置 5 min，取出放置至室温，加水稀释至刻度。溶液经滤纸过滤后，取部分溶液于 10 000 r/min 离心 15 min，上清液备用。

② 腌鱼类、腌肉类及其他腌制品。称取试样匀浆 2 g（精确至 0.01 g），以 80 mL 水洗入 100 mL 容量瓶中，超声提取 30 min，每 5 min 振摇一次，保持固相完全分散。于 75 ℃水浴中放置 5 min，取出放置至室温，加水稀释至刻度。溶液经滤纸过滤后，取部分溶液于 10 000 r/min 离心 15 min，上清液备用。

③ 乳。称取试样 10 g（精确至 0.01 g），置于 100 mL 容量瓶中，加水 80 mL 摇匀，超声 30 min，加入 3% 乙酸溶液 2 mL，于 4 ℃放置 20 min，取出放置至室温，加水稀释至刻度。溶液经滤纸过滤，取上清液备用。

④ 乳粉。称取试样 2.5 g（精确至 0.01 g），置于 100 mL 容量瓶中，加水 80 mL 摇匀，超声 30 min，加入 3% 乙酸溶液 2 mL，于 4 ℃放置 20 min，取出放置至室温，加水稀释至刻度。溶液经滤纸过滤，取上清液备用。

取上述备用的上清液约 15 mL，通过 0.22 μm 水性滤膜针头滤器、C_{18} 柱，弃去前面

3 mL（如果氯离子大于 100 mg/L，则需要依次通过针头滤器、C_{18} 柱、Ag 柱和 Na 柱，弃去前面 7 mL），收集后面洗脱液待测。

固相萃取柱使用前需进行活化，如使用 OnGuard Ⅱ RP 柱（1.0 mL）、OnGuard Ⅱ Ag 柱（1.0 mL）和 OnGuard Ⅱ Na 柱（1.0 mL），其活化过程为：OnGuard Ⅱ RP 柱（1.0 mL）使用前依次用 10 mL 甲醇、15 mL 水通过，静置活化 30 min。OnGuard Ⅱ Ag 柱（1.0 mL）和 OnGuard Ⅱ Na 柱（1.0 mL）用 10 mL 水通过，静置活化 30 min。

（3）参考色谱条件。

① 色谱柱。氢氧化物选择性，可兼容梯度洗脱的高容量阴离子交换柱，如 Dionex IonPac AS11-C 4 mm×250 mm（带 IonPac AG11-HC 型保护柱 4 mm×50 mm），或性能相当的离子色谱柱。

② 淋洗液。

一般试样：氢氧化钾溶液，浓度为 6～70 mmol/L；洗脱梯度为 6 mmol/L 30 min，70 mmol/L 5 min，6 mmol/L 5 min；流速 1.0 mL/min。

粉状婴幼儿配方食品：氢氧化钾溶液，浓度为 5～50 mmol/L；洗脱梯度为 5 mmol/L 33 min，50 mmol/L 5 min，5 mmol/L 5 min；流速 1.3 mL/min。

③ 抑制器。连续自动再生膜阴离子抑制器或等效抑制装置。

④ 检测器。电导检测器，检测池温度为 35 ℃。

⑤ 进样体积。50 μL（可根据试样中被测离子含量进行调整）。

（4）测定。

① 标准曲线。移取亚硝酸盐和硝酸盐混合标准使用液，加水稀释制成系列标准溶液，含亚硝酸根离子浓度为 0、0.02 mg/L、0.04 mg/L、0.06 mg/L、0.08 mg/L、0.10 mg/L、0.15 mg/L、0.20 mg/L；硝酸根离子浓度为 0、0.2 mg/L、0.4 mg/L、0.6 mg/L、0.8 mg/L、1.0 mg/L、1.5 mg/L、2.0 mg/L 的混合标准溶液，从低到高浓度依次进样，得到上述各浓度标准溶液的色谱图。以亚硝酸根离子或硝酸根离子的浓度（mg/L）为横坐标，以峰高（μS）或峰面积为纵坐标，绘制标准曲线或计算线性回归方程。

② 样品测定。分别吸取空白和试样溶液 50 μL，在相同工作条件下，依次注入离子色谱仪中，记录色谱图。根据保留时间定性，分别测量空白和样品的峰高（μS）或峰面积。

5. 计算

$$X=\frac{(C-C_0)\times V\times f\times 1000}{m\times 1000}$$

式中：X——试样中亚硝酸根离子或硝酸根离子的含量，mg/kg；

C——测定用试样溶液中的亚硝酸根离子或硝酸根离子浓度，mg/L；

C_0——试剂空白液中亚硝酸根离子或硝酸根离子浓度，mg/L；

V——试样溶液体积，mL；

f——试样溶液稀释倍数；

m——试样质量，g。

说明：试样中测得的亚硝酸根离子含量乘以换算系数 1.5，即得亚硝酸盐（按亚硝酸钠计）含量；试样中测得的硝酸根离子含量乘以换算系数 1.37，即得硝酸盐（按硝酸钠计）含量。

以重复性条件下获得的两次独立测定结果的算术平均值表示，结果保留两位有效数字。在重复性条件下获得的两次独立测定结果的绝对值差不得超过算术平均值的10%。

6. 注意事项　此法适用于农产品中亚硝酸盐和硝酸盐的测定，检出限为：亚硝酸盐为 0.2 mg/kg，硝酸盐为 0.4 mg/kg。

二、分光光度法

1. 原理　亚硝酸盐采用盐酸萘乙二胺法测定，硝酸盐采用镉柱还原法测定。

试样经沉淀蛋白质、除去脂肪后，在弱酸条件下亚硝酸盐与对氨基苯磺酸重氮化后，再与盐酸萘乙二胺偶合形成紫红色染料，外标法测得亚硝酸盐含量。采用镉柱将硝酸盐还原成亚硝酸盐，测得亚硝酸盐总量，由此总量减去亚硝酸盐含量，即得试样中硝酸盐含量。

2. 仪器　天平（感量为0.1 mg和1 mg），组织捣碎机，超声波清洗器，恒温干燥箱，分光光度计，镉柱。

（1）海绵状镉的制备。投入足够的锌皮或锌棒于500 mL硫酸镉溶液（200 g/L）中，经过3~4 h，当其中的镉全部被锌置换后，用玻璃棒轻轻刮下，取出残余锌棒，使镉沉底，倾去上层清液，以水用倾泻法多次洗涤，然后移入组织捣碎机中，加500 mL水，捣碎约2 s，用水将金属细粒洗至标准筛上，取20~40目的部分。

（2）镉柱的装填。镉柱见图5-1。用水装满镉柱玻璃管，并装入2 cm高的玻璃棉做垫，将玻璃棉压向柱底时，应将其中所包含的空气全部排出，在轻轻敲击下加入海绵状镉至8~10 cm高，上面用1 cm高的玻璃棉覆盖，上置一储液漏斗，末端要穿过橡皮塞与镉柱玻璃管紧密连接。

如无上述镉柱玻璃管时，可以25 mL酸式滴定管代用，但过柱时要注意始终保持液面在镉层之上。

当镉柱填装好后，先用25 mL盐酸（0.1 mol/L）洗涤，再以水洗两次，每次25 mL，镉柱不用时用水封盖，随时都要保持水平面在镉层之上，不得使镉层夹有气泡。

（3）镉柱每次使用完毕后，应先以25 mL盐酸（0.1 mol/L）洗涤，再以水洗两次，每次25 mL，最后用水覆盖镉柱。

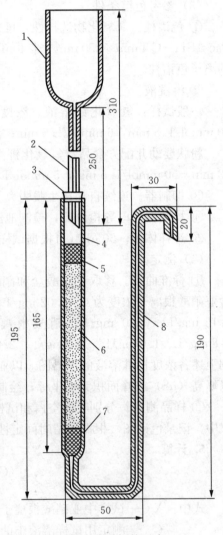

图5-1　镉柱示意
1. 贮液漏斗（内径35 mm，外径37 mm）
2. 进液毛细管（内径0.4 mm，外径6 mm）
3. 橡皮塞
4. 镉柱玻璃管（内径12 mm，外径16 mm）
5、7. 玻璃棉　6. 海绵状镉
8. 出液毛细管（内径2 mm，外径8 mm）

（4）镉柱还原效率的测定。吸取 20 mL 硝酸钠标准使用液，加入 5 mL 氨缓冲液的稀释液，混匀后注入储液漏斗，使流经镉柱还原，以原烧杯收集流出液，当储液漏斗中的样液流完后，再加 5 mL 水置换柱内留存的样液。取 10.0 mL 还原后的溶液（相当 10 μg 亚硝酸钠）于 50 mL 比色管中。另吸取 0、0.20 mL、0.40 mL、0.60 mL、0.80 mL、1.00 mL、1.50 mL、2.00 mL、2.50 mL 亚硝酸钠标准使用液（相当于 0、1.0 μg、2.0 μg、3.0 μg、4.0 μg、5.0 μg、7.5 μg、10.0 μg、12.5 μg 亚硝酸钠），分别置于 50 mL 带塞比色管中。于标准管与试样管中分别加入 2 mL 对氨基苯磺酸溶液（4 g/L），混匀，静置 3～5 min 后各加入 1 mL 盐酸萘乙二胺溶液（2 g/L），加水至刻度，混匀，静置 15 min，用 2 cm 比色杯，以零管调节零点，于波长 538 nm 处测吸光度，绘制标准曲线比较。同时做试剂空白。根据标准曲线计算测得结果，与加入量一致，还原效率大于 98% 为符合要求。

（5）还原效率计算

$$X = \frac{A}{10} \times 100\%$$

式中：X——还原效率，%；

　　　A——测得亚硝酸钠的质量，μg；

　　　10——测定用溶液相当亚硝酸钠的质量，μg。

3. 试剂　　除非另有规定，本方法所用试剂均为分析纯。水为 GB/T 6682 规定的二级水或去离子水。

（1）亚铁氰化钾（$K_4Fe(CN)_6 \cdot 3H_2O$）。

（2）乙酸锌（$Zn(CH_3COO)_2 \cdot 2H_2O$）。

（3）冰醋酸（CH_3COOH）。

（4）硼酸钠（$Na_2B_4O_7 \cdot 10H_2O$）。

（5）盐酸（$\rho = 1.19$ g/mL）。

（6）氨水（25%）。

（7）对氨基苯磺酸（$C_6H_7NO_3S$）。

（8）盐酸萘乙二胺（$C_{12}H_{14}N_2 \cdot 2HCl$）。

（9）亚硝酸钠（$NaNO_2$）。

（10）硝酸钠（$NaNO_3$）。

（11）锌皮或锌棒。

（12）硫酸镉。

（13）亚铁氰化钾溶液（106 g/L）：称取 106.0 g 亚铁氰化钾，用水溶解，并稀释至 1 000 mL。

（14）乙酸锌溶液（220 g/L）：称取 220.0 g 乙酸锌，先加 30 mL 冰醋酸溶解，用水稀释至 1 000 mL。

（15）饱和硼砂溶液（50 g/L）：称取 5.0 g 硼酸钠，溶于 100 mL 热水中，冷却后备用。

（16）氨缓冲溶液（pH 为 9.6～9.7）：量取 30 mL 盐酸，加 100 mL 水，混匀后加 65 mL 氨水（25%），再加水稀释至 1 000 mL，混匀。调节 pH 至 9.6～9.7。

（17）氨缓冲液的稀释液：量取 50 mL 氨缓冲溶液（pH 为 9.6～9.7），加水稀释至 500 mL，混匀。

(18) 盐酸（0.1 mol/L）：量取 5 mL 盐酸，用水稀释至 600 mL。

(19) 对氨基苯磺酸溶液（4 g/L）：称取 0.4 g 对氨基苯磺酸，溶于 100 mL 盐酸（20%，体积分数）中，置棕色瓶中混匀，避光保存。

(20) 盐酸萘乙二胺溶液（2 g/L）：称取 0.2 g 盐酸萘乙二胺，溶于 100 mL 水中，混匀后，置棕色瓶中，避光保存。

(21) 亚硝酸钠标准溶液（200 μg/mL）：准确称取 0.100 0 g 于 110～120 ℃干燥恒重的亚硝酸钠，加水溶解移入 500 mL 容量瓶中，加水稀释至刻度，混匀。

(22) 亚硝酸钠标准使用液（5.0 μg/mL）：临用前，吸取亚硝酸钠标准溶液 5.00 mL，置于 200 mL 容量瓶中，加水稀释至刻度。

(23) 硝酸钠标准溶液（200 μg/mL，以亚硝酸钠计）：准确称取 0.123 2 g 于 110～120 ℃干燥恒重的硝酸钠，加水溶解，移入 500 mL 容量瓶中，并稀释至刻度。

(24) 硝酸钠标准使用液（5 μg/mL）：临用时吸取硝酸钠标准溶液 2.50 mL，置于 100 mL 容量瓶中，加水稀释至刻度。

4. 方法

(1) 试样预处理。

① 新鲜蔬菜、水果。将试样用去离子水洗净晾干后，取可食部切碎混匀。将切碎的样品用四分法取适量，用食物粉碎机制成匀浆备用。如需加水应记录加水量。

② 肉类、蛋、水产及其制品。用四分法取适量或取全部，用食物粉碎机制成匀浆备用。

③ 乳粉、豆乳粉、婴儿配方粉等固态乳制品（不包括干酪）。将试样装入能够容纳 2 倍试样体积的带盖容器中，通过反复摇晃和颠倒容器使样品充分混匀直到使试样均一化。

④ 发酵乳、乳、炼乳及其他液体乳制品。通过搅拌或反复摇晃和颠倒容器使试样充分混匀。

⑤ 干酪。取适量的样品研磨成均匀的泥浆状。为避免水分损失，研磨过程中应避免产生过多的热量。

(2) 提取。称取 5 g（精确至 0.01 g）制成匀浆的试样（如制备过程中加水，应按加水量折算），置于 50 mL 烧杯中，加 12.5 mL 饱和硼砂溶液（50 g/L），搅拌均匀，以 70 ℃左右的水约 300 mL 将试样洗入 500 mL 容量瓶中，于沸水浴中加热 15 min，取出置冷水浴中冷却，并放置至室温。

(3) 提取液净化。在振荡上述提取液时加入 5 mL 亚铁氰化钾溶液（106 g/L），摇匀再加入 5 mL 乙酸锌溶液（220 g/L），以沉淀蛋白质。加水至刻度摇匀，放置 30 min，除去上层脂肪，上清液用滤纸过滤，弃去初滤液 30 mL，滤液备用。

(4) 亚硝酸盐的测定。吸取 40.0 mL 上述滤液 50 mL 带塞比色管中，另吸取 0、0.20 mL、0.40 mL、0.60 mL、0.80 mL、1.00 mL、1.50 mL、2.00 mL、2.50 mL 亚硝酸钠标准使用液（相当于 0、1.0 μg、2.0 μg、3.0 μg、4.0 μg、5.0 μg、7.5 μg、10.0 μg、12.5 μg 亚硝酸钠），分别置于 50 mL 带塞比色管中。于标准管与试样管中分别加入 2 mL 对氨基苯磺酸溶液（4 g/L）混匀，静置 3～5 min 后各加入 1 mL 盐酸萘乙二胺溶液（2 g/L），加水至刻度混匀，静置 15 min，用 2 cm 比色杯，以零管调节零点，于波长 538 nm 处测吸光度，绘制标准曲线比较。同时做试剂空白。

(5) 硝酸盐的测定。

① 镉柱还原。先以 25 mL 稀氨缓冲液冲洗镉柱，流速控制在 3～5 mL/min（以滴定管代替的可控制在 2～3 mL/min）。

吸取 20 mL 滤液于 50 mL 烧杯中，加 5 mL 氨缓冲溶液，混合后注入储液漏斗，使流经镉柱还原，以原烧杯收集流出液，当储液漏斗中的样液流尽后，再加 5 mL 水置换柱内留存的样液。

将全部收集液如前再经镉柱还原一次，第二次流出液收集于 100 mL 容量瓶中，继以水流经镉柱洗涤三次，每次 20 mL，洗液一并收集于同一容量瓶中，加水至刻度，混匀。

② 亚硝酸钠总量的测定。吸取 10～20 mL 还原后的样液于 50 mL 比色管中。另吸取 0、0.20 mL、0.40 mL、0.60 mL、0.80 mL、1.00 mL、1.50 mL、2.00 mL、2.50 mL 亚硝酸钠标准使用液（相当于 0、1.0 μg、2.0 μg、3.0 μg、4.0 μg、5.0 μg、7.5 μg、10.0 μg、12.5 μg 亚硝酸钠），分别置于 50 mL 带塞比色管中。于标准管与试样管中分别加入 2 mL 对氨基苯磺酸溶液（4 g/L），混匀，静置 3～5 min 后各加入 1 mL 盐酸萘乙二胺溶液（2 g/L），加水至刻度，混匀，静置 15 min，用 2 cm 比色杯，以零管调节零点，于波长 538 nm 处测吸光度，绘制标准曲线比较。同时做试剂空白。

5. 计算

（1）亚硝酸盐（以亚硝酸钠计）含量计算：

$$X_1 = \frac{A_1 \times 1000}{m \times \frac{V_1}{V_0} \times 1000}$$

式中：X_1——试样中亚硝酸钠的含量，mg/kg；

A_1——测定用样液中亚硝酸钠的质量，μg；

m——试样质量，g；

V_1——测定用样液体积，mL；

V_0——试样处理液总体积，mL。

以重复性条件下获得的两次独立测定结果的算术平均值表示，结果保留两位有效数字。

（2）硝酸盐（以硝酸钠计）含量计算：

$$X_2 = \left[\frac{A_2 \times 1000}{m \times \frac{V_2}{V_0} \times \frac{V_4}{V_3} \times 1000} - X_1 \right] \times 1.232$$

式中：X_2——试样中硝酸钠的含量，mg/kg；

A_2——经镉粉还原后测得总亚硝酸钠的质量，μg；

m——试样质量，g；

1.232——亚硝酸钠换算成硝酸钠的系数；

V_2——总亚硝酸钠的测定用样液体积，mL；

V_0——试样处理液总体积，mL；

V_3——经镉柱还原后样液总体积，mL；

V_4——经镉柱还原后样液的测定用体积，mL；

X_1——试样中亚硝酸钠的含量，mg/kg。

以重复性条件下获得的两次独立测定结果的算术平均值表示，结果保留两位有效数字。在重复性条件下获得的两次独立测定结果的绝对差值不得超过算术平均值的 10%。

6. 注意事项 此法适用于农产品中亚硝酸盐和硝酸盐的测定,检出限为:亚硝酸盐为 1 mg/kg,硝酸盐为 1.4 mg/kg。

实训操作

火腿中发色剂亚硝酸盐的测定

【实训目的】 学会并掌握分光光度法测定火腿中发色剂亚硝酸盐的含量。

【实训原理】 试样经沉淀蛋白质、除去脂肪后,在弱酸条件下亚硝酸盐与对氨基苯磺酸重氮化后,再与盐酸萘乙二胺偶合形成紫红色染料,外标法测得亚硝酸盐含量。

【实训仪器】 分光光度计。

【实训试剂】 除非另有规定,本方法所用试剂均为分析纯。水为 GB/T 6682 规定的二级水或去离子水。

1. 亚铁氰化钾溶液(106 g/L) 称取 106.0 g 亚铁氰化钾,用水溶解,并稀释至 1 000 mL。

2. 乙酸锌溶液(220 g/L) 称取 220.0 g 乙酸锌,先加 30 mL 冰醋酸溶解,用水稀释至 1 000 mL。

3. 饱和硼砂溶液(50 g/L) 称取 5.0 g 硼酸钠,溶于 100 mL 热水中,冷却后备用。

4. 对氨基苯磺酸溶液(4 g/L) 称取 0.4 g 对氨基苯磺酸,溶于 100 mL 盐酸(20%,体积分数)中,置棕色瓶中混匀,避光保存。

5. 盐酸萘乙二胺溶液(2 g/L) 称取 0.2 g 盐酸萘乙二胺,溶于 100 mL 水中,混匀后,置棕色瓶中,避光保存。

6. 亚硝酸钠标准溶液(200 μg/mL) 准确称取 0.100 0 g 于 110~120 ℃干燥恒重的亚硝酸钠,加水溶解移入 500 mL 容量瓶中,加水稀释至刻度,混匀。

7. 亚硝酸钠标准使用液(5.0 μg/mL) 临用前,吸取亚硝酸钠标准溶液 5.00 mL,置于 200 mL 容量瓶中,加水稀释至刻度。

【操作步骤】

1. 试样处理 称取 5.0 g 经绞碎混匀的火腿,置于 50 mL 烧杯中,加 12.5 mL 饱和硼砂溶液(50 g/L),搅拌均匀,以 70 ℃左右的水约 300 mL 将试样洗入 500 mL 容量瓶中,于沸水浴中加热 15 min,取出置冷水浴中冷却,并放置至室温。然后一边转动一边加入 5 mL 亚铁氰化钾溶液(106 g/L),摇匀再加入 5 mL 乙酸锌溶液(220 g/L),以沉淀蛋白质。加水至刻度摇匀,放置 30 min,除去上层脂肪,上清液用滤纸过滤,弃去初滤液 30 mL,滤液备用。

2. 试样测定 吸取 40.0 mL 上述滤液 50 mL 带塞比色管中,另吸取 0、0.20 mL、0.40 mL、0.60 mL、0.80 mL、1.00 mL、1.50 mL、2.00 mL、2.50 mL 亚硝酸钠标准使用液(相当于 0、1.0 μg、2.0 μg、3.0 μg、4.0 μg、5.0 μg、7.5 μg、10.0 μg、12.5 μg 亚硝酸钠),分别置于 50 mL 带塞比色管中。于标准管与试样管中分别加入 2 mL 对氨基苯磺酸溶液(4 g/L)混匀,静置 3~5 min 后各加入 1 mL 盐酸萘乙二胺溶液(2 g/L),加水至刻度混匀,静置 15 min,用 2 cm 比色杯,以零管调节零点,于波长 538 nm 处测吸光度,绘制

标准曲线比较。同时做试剂空白。

【结果计算】

$$X = \frac{A \times 1000}{m \times \frac{V_2}{V_1} \times 1000}$$

式中：X——试样中亚硝酸钠的含量，mg/kg；
A——测定用样液中亚硝酸钠的质量，μg；
m——试样质量，g；
V_2——测定用样液体积，mL；
V_1——试样处理液总体积，mL。

以重复性条件下获得的两次独立测定结果的算术平均值表示，结果保留两位有效数字。

任务四 漂白剂测定

漂白剂是指能够破坏、抑制食品发色因素，使其退色或使食品免于褐变的物质。我国允许使用的漂白剂主要有亚硫酸钠（Na_2SO_3）、亚硫酸氢钠（$NaHSO_3$）、低亚硫酸钠（$Na_2S_2O_4$）、焦亚硫酸钠（$Na_2S_2O_5$）和硫黄燃烧生成的二氧化硫。这些漂白剂通过解离成亚硫酸，亚硫酸具有还原性，产生漂白、脱色、防腐和抗氧化作用。

漂白剂是指可使食品中的有色物质经化学作用分解转变为无色物质，或使其退色的一类食品添加剂，可分为还原型和氧化型两类。我国使用的大都是以亚硫酸类化合物为主的还原型漂白剂，通过产生的 SO_2 的还原作用而使食品漂白。

《食品安全国家标准 食品添加剂使用标准》（GB 2760—2011）规定了漂白粉在食品中的最大残留允许量见表 5-1。

表 5-1 食品中 SO_2 的最大残留允许量

食品名称	SO_2 的最大残留允许量（g/kg）
啤酒和麦芽饮料	0.01
食用淀粉	0.03
经表面处理的鲜水果、罐头（竹笋、酸菜、蘑菇）、食用菌和藻类、坚果与籽类罐头、米粉制品、冷冻米面制品、果蔬汁（浆）	0.05
水果干类、腌渍的蔬菜、粉丝、粉条、饼干、食糖	0.1
干制蔬菜、腐竹类	0.2
蜜饯凉果	0.35
脱水马铃薯	0.4

一、盐酸副玫瑰苯胺法

1. 原理 亚硫酸盐与四氯汞钠反应生成稳定的络合物，再与甲醛及盐酸副玫瑰苯胺作用生成紫红色络合物，与标准系列比较定量。

2. 仪器 分光光度计。

3. 试剂

（1）四氯汞钠吸收液：称取 13.6 g 氯化高汞及 6.0 g 氯化钠，溶于水中并稀释至 1 000 mL，放置过夜，过滤后备用。

（2）氨基磺酸铵溶液（12 g/L）。

（3）甲醛溶液（2 g/L）：吸取 0.55 mL 无聚合沉淀的甲醛（36%），加水稀释至 100 mL，混匀。

（4）淀粉指示液：称取 1 g 可溶性淀粉，用少许水调成糊状，缓缓倾入 100 mL 沸水中，随加随搅拌，煮沸，放冷备用，此溶液临用时现配。

（5）亚铁氰化钾溶液：称取 10.6 g 亚铁氰化钾 $[K_4Fe(CN)_6 \cdot 3H_2O]$，加水溶解并稀释至 100 mL。

（6）乙酸锌溶液：称取 22 g 乙酸锌 $[Zn(CH_3COO)_2 \cdot 3H_2O]$ 溶于少量水中，加入 3 mL 冰乙酸，加水稀释至 100 mL。

（7）盐酸副玫瑰苯胺溶液：称取 0.1 g 盐酸副玫瑰苯胺（$C_{19}H_{18}N_2Cl \cdot 4H_2O$）于研钵中，加少量水研磨使溶解并稀释至 100 mL。取出 20 mL，置于 100 mL 容量瓶中，加盐酸（1+1），充分摇匀后使溶液由红变黄，如不变黄再滴加少量盐酸至出现黄色，再加水稀释至刻度，混匀备用（如无盐酸副玫瑰苯胺可用盐酸品红代替）。

盐酸副玫瑰苯胺的精制方法：称取 20 g 盐酸副玫瑰苯胺于 400 mL 水中，用 50 mL 盐酸（1+5）酸化，徐徐搅拌，加 4~5 g 活性炭，加热煮沸 2 min。将混合物倒入大漏斗中，过滤（用保温漏斗趁热过滤）。滤液放置过夜，出现结晶，然后用布氏漏斗抽滤，将结晶再悬浮于 1 000 mL 乙醚-乙醇（10+1）的混合液中，振摇 3~5 min，以布氏漏斗抽滤，再用乙醚反复洗涤至醚层不带色为止，于硫酸干燥器中干燥，研细后储于棕色瓶中保存。

（8）碘溶液 $[c(\frac{1}{2}I_2)=0.100 \text{ mol/L}]$。

（9）硫代硫酸钠（$Na_2S_2O_3 \cdot 5H_2O$）标准溶液（0.100 mol/L）。

（10）二氧化硫标准溶液：称取 0.5 g 亚硫酸氢钠，溶于 200 mL 四氯汞钠吸收液中，放置过夜，上清液用定量滤纸过滤备用。

吸取 10.0 mL 亚硫酸氢钠-四氯汞钠溶液于 250 mL 碘量瓶中，加 100 mL 水，准确加入 20.00 mL 碘溶液（0.1 mol/L），5 mL 冰乙酸，摇匀，放置于暗处，2 min 后迅速以硫代硫酸钠（0.100 mol/L）标准溶液滴定至淡黄色，加 0.5 mL 淀粉指示液，继续滴至无色。另取 100 mL 水，准确加入 20.0 mL 碘溶液（0.1 mol/L）、5 mL 冰乙酸，按同一方法做试剂空白试验。

二氧化硫标准溶液的浓度计算：

$$X=\frac{(V_2-V_1)\times c \times 32.03}{10}$$

式中：X——二氧化硫标准溶液浓度，mg/mL；

V_1——测定用亚硫酸氢钠-四氯汞钠溶液消耗硫代硫酸钠标准溶液体积，mL；

V_2——试剂空白消耗硫代硫酸钠标准溶液体积，mL；

c——硫代硫酸钠标准溶液浓度，mol/L；

32.03——每毫升硫代硫酸钠标准溶液（1.000 mol/L）相当于二氧化硫的质量，mg。

(11) 二氧化硫使用液：临用前将二氧化硫标准溶液以四氯汞钠吸收液稀释成每毫升相当于 2 μg 二氧化硫。

(12) 氢氧化钠溶液（20 g/L）。

(13) 硫酸（1+71）。

4. 方法

(1) 试样处理。水溶性固体试样如白砂糖等可称取约 10.00 g 均匀试样（试样量可视含量高低而定），以少量水溶解，置于 100 mL 容量瓶中，加入 4 mL 氢氧化钠溶液（20 g/L），5 min 后加入 4 mL 硫酸（1+71），然后加入 20 mL 四氯汞钠吸收液，以水稀释至刻度。

其他固体试样如饼干、粉丝等可称取 5.0～10.0 g 研磨均匀的试样，以少量水湿润并移入 100 mL 容量瓶中，然后加入 20 mL 四氯汞钠吸收液，浸泡 4 h 以上，若上层溶液不澄清可加入亚铁氰化钾及乙酸锌溶液各 2.5 mL，最后用水稀释至 100 mL 刻度，过滤后备用。

液体试样如葡萄酒等可直接吸取 5.0～10.0 mL 试样，置于 100 mL 容量瓶中，以少量水稀释，加 20 mL 四氯汞钠吸收液，摇匀，最后加水至刻度，混匀，必要时过滤备用。

(2) 测定。吸取 0.50～5.0 mL 上述试样处理液于 25 mL 带塞比色管中。

另吸取 0、0.20 mL、0.40 mL、0.60 mL、0.80 mL、1.00 mL、1.50 mL、2.00 mL 二氧化硫标准使用液（相当于 0、0.4 μg、0.8 μg、1.2 μg、1.6 μg、2.0 μg、3.0 μg、4.0 μg 二氧化硫），分别置于 25 mL 带塞比色管中。

于试样及标准管中各加入四氯汞钠吸收液至 10 mL，然后再加入 1 mL 氨基磺酸铵溶液（12 g/L）、1 mL 甲醛溶液（2 g/L）及 1 mL 盐酸副玫瑰苯胺溶液，摇匀，放置 20 min。用 1 cm 比色杯，以零管调节零点，于波长 550 nm 处测吸光度，绘制标准曲线比较。

5. 计算

$$X = \frac{A \times 1000}{m \times \frac{V}{100} \times 1000 \times 1000}$$

式中：X——试样中二氧化硫的含量，g/kg；

A——测定用样液中二氧化硫的质量，μg；

m——试样质量，g；

V——测定用样液的体积，mL。

计算结果保留三位有效数字。在重复性条件下获得的两次独立测定结果的绝对差值不得超过算术平均值的 10%。

6. 注意事项 此法适用于农产品中亚硫酸盐及二氧化硫残留量的测定，检出限为 1 mg/kg。

二、蒸馏法

1. 原理 在密闭容器中对试样进行酸化并加热蒸馏，以释放出其中的二氧化硫，释放物用乙酸铅溶液吸收。吸收后用浓酸酸化，再以碘标准溶液滴定，根据所消耗的碘标准溶液量计算出试样中的二氧化硫含量。

2. 仪器 全玻璃蒸馏器，碘量瓶，酸式滴定管。

3. 试剂

(1) 盐酸（1+1）：浓盐酸用水稀释一倍。

(2) 乙酸铅溶液（20 g/L）：称取 2 g 乙酸铅，溶于少量水中并稀释至 100 mL。

(3) 碘标准溶液 $\left[c\left(\frac{1}{2}I_2\right)=0.010 \text{ mol/L}\right]$。

(4) 淀粉指示液（10 g/L）：称取 1 g 可溶性淀粉，用少许水调成糊状，缓缓倾入 100 mL 沸水中，随加随搅拌，煮沸 2 min，放冷，备用，此溶液应临用时新制。

4. 方法

(1) 试样处理。固体试样用刀切或剪刀剪成碎末后混匀，称取约 5.00 g 均匀试样（试样量可视含量高低而定）。

液体试样可直接吸取 5.0~10.0 mL 试样，置于 500 mL 圆底蒸馏烧瓶中。

(2) 测定。蒸馏：将称好的试样置入圆底蒸馏烧瓶中，加入 250 mL 水，装上冷凝装置，冷凝管下端应插入碘量瓶中的 25 mL 乙酸铅（20 g/L）吸收液中，然后在蒸馏瓶中加入 10 mL 盐酸（1+1），立即盖塞，加热蒸馏。当蒸馏液约 200 mL 时，使冷凝管下端离开液面，再蒸馏 1 min。用少量蒸馏水冲洗插入乙酸铅溶液的装置部分。在检测试样的同时要做空白试验。

滴定：向取下的碘量瓶中依次加入 10 mL 浓盐酸、1 mL 淀粉指示液（10 g/L）。摇匀之后用碘标准滴定溶液（0.010 mol/L）滴定至变蓝且在 30 s 内不退色为止。

5. 计算

$$X=\frac{(A-B)\times 0.01\times 0.032\times 1000}{m}$$

式中：X——试样中二氧化硫总含量，g/kg；

A——滴定试样所用碘标准滴定溶液（0.01 mol/L）的体积，mL；

B——滴定试剂空白所用碘标准滴定溶液（0.01 mol/L）的体积，mL；

m——试样质量，g；

0.032——1 mL 碘标准溶液 $\left[c\left(\frac{1}{2}I_2\right)=1.0 \text{ mol/L}\right]$ 相当的二氧化硫的质量，g。

计算结果保留三位有效数字。在重复性条件下获得的两次独立测定结果的绝对差值不得超过算术平均值的 10%。

6. 注意事项 此法适用于色酒及葡萄糖糖浆、果脯。检出限为 1 mg/kg。

实训操作

果脯中漂白剂 SO_2 的测定

【实训目的】学会并掌握蒸馏法测定果脯中漂白剂 SO_2 的含量。

【实训原理】在密闭容器中对试样进行酸化并加热蒸馏，以释放出其中的二氧化硫，释放物用乙酸铅溶液吸收。吸收后用浓酸酸化，再以碘标准溶液滴定，根据所消耗的碘标准溶液量计算出试样中的二氧化硫含量。

【实训仪器】全玻璃蒸馏器，碘量瓶，酸式滴定管。

【实训试剂】

1. 盐酸（1+1） 浓盐酸用水稀释一倍。

2. 乙酸铅溶液（20 g/L） 称取 2 g 乙酸铅，溶于少量水中并稀释至 100 mL。

3. 碘标准溶液 $[c(\frac{1}{2}I_2)=0.010 \text{ mol/L}]$。

4. 淀粉指示液（10 g/L） 称取 1 g 可溶性淀粉，用少许水调成糊状，缓缓倾入 100 mL 沸水中，随加随搅拌，煮沸 2 min，放冷，备用，此溶液应临用时新制。

【操作步骤】

1. 制备 果脯用刀切或剪刀剪成碎末后混匀，称取约 5.00 g 均匀试样（试样量可视含量高低而定）。

2. 蒸馏 将称好的试样置于圆底蒸馏烧瓶中，加入 250 mL 水，装上冷凝装置，冷凝管下端应插入碘量瓶中的 25 mL 乙酸铅（20 g/L）吸收液中，然后在蒸馏瓶中加入 10 mL 盐酸（1+1），立即盖塞，加热蒸馏。当蒸馏液约 200 mL 时，使冷凝管下端离开液面，再蒸馏 1 min。用少量蒸馏水冲洗插入乙酸铅溶液的装置部分。

3. 滴定 向取下的碘量瓶中依次加入 10 mL 浓盐酸、1 mL 淀粉指示液（10 g/L）。摇匀之后用碘标准滴定溶液（0.010 mol/L）滴定至变蓝且在 30 s 内不退色为止。

同时要做空白试验。

【结果计算】

$$X=\frac{(A-B)\times 0.01\times 0.032\times 1000}{m}$$

式中：X——果脯中二氧化硫的含量，g/kg；

　　　A——滴定试样所用碘标准溶液的体积，mL；

　　　B——滴定试剂空白所用碘标准溶液的体积，mL；

　　　m——试样质量，g；

　　0.032——1 mL 碘标准溶液 $[c(\frac{1}{2}I_2)=1.0 \text{ mol/L}]$ 相当的二氧化硫的质量，g。

计算结果保留三位有效数字。在重复性条件下获得的两次独立测定结果的绝对差值不得超过算术平均值的 10%。

任务五　甜味剂测定

甜味剂是指赋予食品甜味，满足人们的嗜好，改进食品可口性及其加工工艺特性的食品添加剂。按其来源可分为天然甜味剂和人工合成甜味剂，按其营养价值可分为营养型与非营养型甜味剂。常用的甜味剂有糖精钠、甜蜜素、安赛蜜、阿斯巴甜、三氯蔗糖、甜菊糖苷等。糖精钠、甜蜜素、安赛蜜、阿斯巴甜、三氯蔗糖都是人工合成的甜味剂，甜菊糖苷是从植物甜叶菊中提取的天然甜味剂。

一、高效液相色谱法

1. 原理 试样加温除去二氧化碳和乙醇，调节 pH 至近中性，过滤后进高效液相色谱仪。经反相色谱分离后，根据保留时间和峰面积进行定性和定量。

2. 仪器 高效液相色谱仪，紫外检测器。

3. 试剂

(1) 甲醇：经 0.5 μm 滤膜过滤。

(2) 氨水 (1+1)：氨水加等体积水混合。

(3) 乙酸铵溶液 (0.02 mol/L)：称取 1.54 g 乙酸铵，加水至 1 000 mL 溶解，经 0.45 μm 滤膜过滤。

(4) 糖精钠标准储备液：准确称取 0.085 1 g 经 120 ℃ 烘干 4 h 后的糖精钠，加水溶解定容至 100 mL。糖精钠含量 1.0 mg/mL，作为储备液。

(5) 糖精钠标准使用液：吸取糖精钠标准储备液 10 mL 放入 100 mL 容量瓶中，加水至刻度，经 0.45 μm 滤膜过滤，该溶液每毫升相当于 0.10 mg 的糖精钠。

4. 方法

(1) 试样处理。

汽水：称取 5.00~10.00 g，放入小烧杯中，微温搅拌除去二氧化碳，用氨水 (1+1) 调 pH 约 7，加水定容至适当的体积，经 0.45 μm 滤膜过滤。

果汁类：称取 5.00~10.00 g，用氨水 (1+1) 调 pH 约 7，加水定容至适当的体积，离心沉淀，上清液经 0.45 μm 滤膜过滤。

配制酒类：称取 10.00 g，放小烧杯中，水浴加热除去乙醇，用氨水 (1+1) 调 pH 约 7，加水定容至 20 mL，经 0.45 μm 滤膜过滤。

(2) 色谱条件。色谱柱：YWG - C18 4.6 mm×250 mm，10 μm 不锈钢柱。流动相：甲醇-乙酸铵溶液 (0.02 mol/L) (5+95)。流速：1 mL/min。检测器：紫外检测器，波长 230 nm，0.2AUFS。

(3) 测定。取处理液和标准使用液各 10 μL（或相同体积）注入高效液相色谱仪进行分离，以其标准溶液峰的保留时间为依据进行定性，以其峰面积求出样液中被测物质的含量，供计算。

5. 计算

$$X = \frac{A \times 1000}{m \times \dfrac{V_2}{V_1} \times 1000}$$

式中：X——试样中糖精钠的含量，g/kg；

A——进样体积中糖精钠的质量，mg；

V_2——进样体积，mL；

V_1——试样稀释液总体积，mL；

m——试样质量，g。

计算结果保留三位有效数字。

6. 注意事项 此法适用于农产品中糖精钠的测定，检出限：取样量为 10 g，进样量为 10 μL 时，检出量为 1.5 ng。

二、气相色谱法

1. 原理 在硫酸介质中环己基氨基磺酸钠（甜蜜素）与亚硝酸反应，生成环己醇亚硝酸酯，利用气相色谱法进行定性和定量。

2. 仪器

(1) 气相色谱仪：附氢火焰离子化检测器。

(2) 涡旋混合器。

(3) 离心机。

(4) 10 μL 微量注射器。

(5) 色谱条件。色谱柱：长 2 m，内径 3 mm，U 形不锈钢柱。固定相：Chromosorb W AW DMCS 80～100 目，涂以 10％SE-30。测定条件：柱温 80 ℃，汽化温度 150 ℃，检测温度 150 ℃；氮气 40 mL/min，氢气 30 mL/min，空气 300 mL/min。

3. 试剂

(1) 正己烷。

(2) 氯化钠。

(3) 层析硅胶（或海砂）。

(4) 亚硝酸钠溶液（50 g/L）。

(5) 硫酸溶液（100 g/L）。

(6) 环己基氨基磺酸钠标准溶液（含环己基氨基磺酸钠，98％）：精确称取 1.000 0 g 环己基氨基磺酸钠，加入水溶解并定容至 100 mL，此溶液每毫升含环己基氨基磺酸钠 10 mg。

4. 方法

(1) 试样处理。

① 液体试样：摇匀后直接称取。含二氧化碳的试样先加热除去，含酒精的试样加 40 g/L 氢氧化钠溶液调至碱性，于沸水浴中加热除去，制成试样。称取 20.0 g 试样于 100 mL 带塞比色管，置冰浴中。

② 固体试样：凉果、蜜饯类试样将其剪碎制成试样。称取 2.0 g 已剪碎的试样于研钵中，加少许层析硅胶（或海砂）研磨至呈干粉状，经漏斗倒入 100 mL 容量瓶中，加水冲洗研钵，并将洗液一并转移至容量瓶中。加水至刻度，不时摇动，1 h 后过滤，即得试样，准确吸取 20 mL 于 100 mL 带塞比色管，置冰浴中。

(2) 测定。标准曲线的制备：准确吸取 1.00 mL 环己基氨基磺酸钠标准溶液于 100 mL 带塞比色管中，加水 20 mL。置冰浴中，加入 5 mL 亚硝酸钠溶液（50 g/L）、5 mL 硫酸溶液（100 g/L），摇匀，在冰浴中放置 30 min，并经常摇动，然后准确加入 10 mL 正己烷、5 g 氯化钠，摇匀后置涡旋混合器上振动 1 min（或振摇 80 次），待静止分层后吸出己烷层于 10 mL 带塞离心管中进行离心分离，每毫升正己烷提取液相当 1 mg 环己基氨基磺酸钠，将标准提取液进样 1～5 μL 于气相色谱仪中，根据响应值绘制标准曲线。

试样管加入 5 mL 亚硝酸钠溶液（50 g/L）、5 mL 硫酸溶液（100 g/L），摇匀，在冰浴中放置 30 min，并经常摇动，然后准确加入 10 mL 正己烷、5 g 氯化钠，摇匀后置涡旋混合器上振动 1 min（或振摇 80 次），待静止分层后吸出正己烷层于 10 mL 带塞离心管中进行离心分离，每毫升正己烷提取液相当 1 mg 环己基氨基磺酸钠，将试样提取液进样 1～5 μL 于气相色谱仪中，测得响应值，从标准曲线图中查出相应含量。

5. 计算

$$X = \frac{m_1 \times 10 \times 1000}{m \times V \times 1000}$$

式中：X——试样中环己基氨基磺酸钠的含量，g/kg；
m——试样质量，g；
V——进样体积，μL；
10——正己烷加入量，mL；
m_1——测定用试样中环己基氨基磺酸钠的质量，μg。

计算结果保留两位有效数字。

6. 注意事项 此法适用于饮料、凉果等食品中环己基氨基磺酸钠（甜蜜素）的测定，检出限为 4 μg。

实训操作

饮料中甜味剂糖精钠的测定

【实训目的】学会并掌握高效液相色谱法测定饮料中甜味剂糖精钠的含量。

【实训原理】试样用氨水调节 pH 至近中性，过滤后进高效液相色谱仪。经反相色谱分离后，根据保留时间和峰面积，与标准品比较，进行定性和定量分析。

【实训仪器】高效液相色谱仪（带紫外检测器）。

【实训试剂】

(1) 甲醇：经 0.5 μm 滤膜过滤。

(2) 氨水 (1+1)：氨水加等体积水混合。

(3) 乙酸铵溶液 (0.02 mol/L)：称取 1.54 g 乙酸铵，加水至 1 000 mL 溶解，经 0.45 μm 滤膜过滤。

(4) 糖精钠标准储备液：准确称取 0.0851 g 经 120 ℃ 烘干 4 h 后的糖精钠，加水溶解定容至 100 mL。糖精钠含量 1.0 mg/mL，作为储备液。

(5) 糖精钠标准使用液：吸取糖精钠标准储备液 10 mL 放入 100 mL 容量瓶中，加水至刻度，经 0.45 μm 滤膜过滤，该溶液每毫升相当于 0.10 mg 的糖精钠。

【操作步骤】

1. 试样处理 称取 10.00 g 果汁饮料，用氨水 (1+1) 调 pH 约 7，加水定容至 100 mL，以 4 000 r/min 离心 10 min，上清液经 0.45 μm 滤膜过滤，备用。

2. 标准曲线绘制 配制浓度为 10 μg/mL、20 μg/mL、40 μg/mL、60 μg/mL、80 μg/mL、100 μg/mL 的系列标准溶液，供 HPLC 分析。以浓度为横坐标，相应峰面积值为纵坐标，绘制标准曲线。

3. 色谱条件 色谱柱：YWG-C18 4.6 mm×250 mm，10 μm 不锈钢柱。流动相：甲醇-乙酸铵溶液 (0.02 mol/L) (5+95)。流速：1 mL/min。检测器：紫外检测器，波长 230 nm，0.2AUFS。

4. 试样测定 取处理液和标准系列溶液各 10 μL（或相同体积）注入高效液相色谱仪进行分离，根据保留时间和峰面积，与标准品色谱图比较，进行定性和定量分析。

【结果计算】

$$X = \frac{A \times 1000}{m \times \dfrac{V_2}{V_1} \times 1000}$$

式中：X——饮料中糖精钠的含量，g/kg；
　　　A——进样体积中糖精钠的质量，mg；
　　　V_2——进样体积，mL；
　　　V_1——试样稀释液总体积，mL；
　　　m——试样质量，g。
计算结果保留三位有效数字。

任务六　着色剂测定

着色剂是使食品着色和改善食品色泽的物质。按来源分为天然着色剂和化学合成着色剂两大类。天然着色剂是从有色动植物体内提取分离精制而成的物质。但其有效成分含量低、原料来源困难，故价格很高，逐渐被合成着色剂所代替。化学合成着色剂因其着色力强，易于调色，在食品加工过程中稳定性能好，价格低廉，在着色剂中占主要地位。但是合成着色剂很多是以煤焦油为原料制成的，在合成过程中可能被砷、铅以及其他有害物质所污染，对人体有害，故不能多用或尽量不用。

我国允许使用的合成着色剂主要有胭脂红、苋菜红、日落黄、赤藓红、柠檬黄、姜黄、新红、靛蓝和亮蓝等。《食品安全国家标准　食品添加剂使用标准》(GB 2760—2011) 规定：胭脂红、苋菜红、赤藓红、新红在各类食品中的限量为 0.05 g/kg，日落黄、柠檬黄、靛蓝的限量为 0.10 g/kg，亮蓝的限量为 0.025 g/kg。

一、高效液相色谱法

1. 原理　食品中人工合成着色剂用聚酰胺吸附法或液-液分配法提取，制成水溶液，注入高效液相色谱仪，经反相色谱分离，根据保留时间定性和与峰面积比较进行定量。

2. 仪器　高效液相色谱仪（带紫外检测器，254 nm 波长）。

3. 试剂

(1) 正己烷。

(2) 盐酸。

(3) 乙酸。

(4) 甲醇：经 0.5 μm 滤膜过滤。

(5) 聚酰胺粉（尼龙 6）：过 200 目筛。

(6) 乙酸铵溶液 (0.02 mol/L)：称取 1.54 g 乙酸铵，加水至 1 000 mL 溶解，经 0.45 μm 滤膜过滤。

(7) 氨水：量取氨水 2 mL，加水至 100 mL，混匀。

(8) 氨水-乙酸铵溶液 (0.02 mol/L)：量取氨水 0.5 mL，加乙酸铵溶液 (0.02 mol/L) 至 1 000 mL，混匀。

(9) 甲醇-甲酸溶液 (6+4)：量取甲醇 60 mL，甲酸 40 mL，混匀。

(10) 柠檬酸溶液：称取 20 g 柠檬酸 ($C_6H_8O_7 \cdot H_2O$)，加水至 100 mL，溶解混匀。

(11) 无水乙醇-氨水-水溶液 (7+2+1)：量取无水乙醇 70 mL、氨水 20 mL、水 10 mL，混匀。

(12) 三正辛胺正丁醇溶液（5%）：量取三正辛胺 5 mL，加正丁醇至 100 mL，混匀。

(13) 饱和硫酸钠溶液。

(14) 硫酸钠溶液（2 g/L）。

(15) pH＝6 的水：水加柠檬酸溶液调 pH 到 6。

(16) 合成着色剂标准溶液：准确称取按其纯度折算为 100% 质量的柠檬黄、日落黄、苋菜红、胭脂红、新红、赤藓红、亮蓝、靛蓝各 0.100 g，置 100 mL 容量瓶中，加 pH＝6 水到刻度，配成水溶液（1.00 mg/mL）。

(17) 合成着色剂标准使用液：临用时，将合成着色剂标准溶液加水稀释 20 倍，经 0.45 μm 滤膜过滤，配成每毫升相当于 50.0 μg 的合成着色剂。

4. 方法

(1) 试样处理。

橘子汁、果味水、果子露汽水等：称取 20.0～40.0 g，放入 100 mL 烧杯中，含二氧化碳试样加热驱除二氧化碳。

配制酒类：称取 20.0～40.0 g，放入 100 mL 烧杯中，加小碎瓷片数片，加热驱除乙醇。

硬糖、蜜饯类、淀粉软糖等：称取 5.00～10.00 g 粉碎试样，放入 100 mL 小烧杯中，加水 30 mL，温热溶解，若试样溶液 pH 较高，用柠檬酸溶液调 pH 到 6 左右。

巧克力豆及着色糖衣制品：称取 5.00～10.00 g，放入 100 mL 小烧杯中，用水反复洗涤色素，到试样无色素为止，合并色素漂洗液为试样溶液。

(2) 色素提取。

① 聚酰胺吸附法。试样溶液加柠檬酸溶液调 pH 到 6，加热至 60 ℃，将 1 g 聚酰胺粉加少许水调成粥状，倒入试样溶液中，搅拌片刻，以 G3 垂融漏斗抽滤，用 60 ℃ pH＝4 的水洗涤 3～5 次，然后用甲醇-甲酸混合溶液洗涤 3～5 次，再用水洗至中性，用乙醇-氨水-水混合溶液解吸 3～5 次，每次 5 mL，收集解吸液，加乙酸中和，蒸发至近干，加水溶解，定容至 5 mL。经 0.45 μm 滤膜过滤，取 10 μL 进高效液相色谱仪。

② 液-液分配法（适用于含赤藓红的试样）。将制备好的试样溶液放入分液漏斗中，加 2 mL 盐酸、三正辛胺正丁醇溶液（5%）10～20 mL，振摇提取，分取有机相，重复提取至有机相无色，合并有机相，用饱和硫酸钠溶液洗 2 次，每次 10 mL，分取有机相，放蒸发皿中，水浴加热浓缩至 10 mL，转移至分液漏斗中，加 60 mL 正己烷，混匀，加氨水提取 2～3 次，每次 5 mL，合并氨水溶液层（含水溶性酸性色素），用正己烷洗 2 次，氨水层加乙酸调成中性，水浴加热蒸发至近干，加水定容至 5 mL。经滤膜 0.45 μm 过滤，取 10 μL 进高效液相色谱仪。

(3) 色谱参考条件。色谱柱：YWG－C_{18} 10 μm 不锈钢柱 4.6 mm (i.d) ×250 mm。流动相：甲醇-乙酸铵溶液（pH＝4，0.02 mol/L）。梯度洗脱：甲醇，20%～35%，3%/min；35%～98%，9%/min；98% 继续 6 min。流速：1 mL/min。紫外检测器：254 nm 波长。

(4) 测定。取相同体积样液和合成着色剂标准使用液分别注入高效液相色谱仪，根据保留时间定性，外标峰面积法定量。

5. 计算

$$X = \frac{A \times 1000}{m \times \dfrac{V_2}{V_1} \times 1000 \times 1000}$$

式中：X——试样中着色剂的含量，g/kg；
　　　A——样液中着色剂的质量，μg；
　　　V_2——进样体积，mL；
　　　V_1——试样稀释总体积，mL；
　　　m——试样质量，g。
计算结果保留两位有效数字。

6. 注意事项 此法适用于农产品中合成着色剂的测定，检出限为：新红 5 ng、柠檬黄 4 ng、苋菜红 6 ng、胭脂红 8 ng、日落黄 7 ng、赤藓红 18 ng、亮蓝 26 ng，当进样量相当 0.025 g 时，检出浓度分别为 0.2 mg/kg，0.16 mg/kg，0.24 mg/kg，0.32 mg/kg，0.28 mg/kg，0.72 mg/kg，1.04 mg/kg。

二、薄层色谱法

水溶性酸性合成着色剂在酸性条件下被聚酰胺吸附，而在碱性条件下解吸附，再用纸色谱法或薄层色谱法进行分离后，与标准比较定性、定量。

最低检出量为 50 μg。点样量为 1 μL 时，检出浓度约为 50 mg/kg。

三、示波极谱法

食品中的合成着色剂，在特定的缓冲溶液中，在滴汞电极上可产生敏感的极谱波，波高与着色剂的浓度成正比。当食品中存在一种或两种以上互不影响测定的着色剂时，可用其进行定性定量分析。

实训操作

橘子汁中着色剂的测定

【实训目的】学会并掌握高效液相色谱法测定橘子汁中着色剂的含量。

【实训原理】食品中人工合成着色剂用聚酰胺吸附法或液-液分配法提取，制成水溶液，注入高效液相色谱仪，经反相色谱分离，根据保留时间定性和与峰面积比较进行定量。

【实训仪器】高效液相色谱仪：带紫外检测器。

【实训试剂】

1. 乙酸铵溶液（0.02 mol/L） 称取 1.54 g 乙酸铵，加水至 1 000 mL 溶解，经 0.45 μm 滤膜过滤。

2. 氨水 量取氨水 2 mL，加水至 100 mL，混匀。

3. 氨水-乙酸铵溶液（0.02 mol/L） 量取氨水 0.5 mL，加乙酸铵溶液（0.02 mol/L）至 1 000 mL，混匀。

4. 甲醇-甲酸溶液（6+4） 量取甲醇 60 mL，甲酸 40 mL，混匀。

5. 柠檬酸溶液 称取 20 g 柠檬酸（$C_6H_8O_7 \cdot H_2O$），加水至 100 mL，溶解混匀。

6. 水乙醇-氨水-水溶液（7+2+1） 量取无水乙醇 70 mL、氨水 20 mL、水 10 mL，混匀。

7. pH＝6 的水　水加柠檬酸溶液调 pH 到 6。

8. 合成着色剂标准溶液　准确称取按其纯度折算为 100％质量的柠檬黄、日落黄、苋菜红、胭脂红、新红、亮蓝、靛蓝各 0.100 g，置 100 mL 容量瓶中，加 pH＝6 水到刻度，配成水溶液（1.00 mg/mL）。

9. 合成着色剂标准使用液　临用时，将合成着色剂标准溶液加水稀释 20 倍，经 0.45 μm 滤膜过滤，配成每毫升相当于 50.0 μg 的合成着色剂。

【操作步骤】

1. 试样处理　称取 20.0～40.0 g 橘子汁，放入 100 mL 烧杯中。含二氧化碳试样加热驱除二氧化碳。

2. 色素提取　试样溶液加柠檬酸溶液调 pH 到 6，加热至 60 ℃，将 1 g 聚酰胺粉加少许水调成粥状，倒入试样溶液中，搅拌片刻，以 G3 垂融漏斗抽滤，用 60 ℃ pH＝4 的水洗涤 3～5 次，然后用甲醇-甲酸混合溶液洗涤 3～5 次，再用水洗至中性，用乙醇-氨水-水混合溶液解吸 3～5 次，每次 5 mL，收集解吸液，加乙酸中和，蒸发至近干，加水溶解，定容至 5 mL。经 0.45 μm 滤膜过滤，取 10 μL 进高效液相色谱仪。

3. 色谱参考条件　色谱柱：YWG－C_{18} 10 μm 不锈钢柱　4.6 mm（i.d）×250 mm。流动相：甲醇-乙酸铵溶液（pH＝4，0.02 mol/L）。梯度洗脱：甲醇，20％～35％，3％/min；35％～98％，9％/min；98％继续 6 min。流速：1 mL/min。紫外检测器：254 nm 波长。

4. 测定　取相同体积样液和合成着色剂标准使用液分别注入高效液相色谱仪，根据保留时间定性，外标峰面积法定量。

【结果计算】

$$X = \frac{A \times 1000}{m \times \dfrac{V_2}{V_1} \times 1000 \times 1000}$$

式中：X——橘子汁中着色剂的含量，g/kg；

　　　A——样液中着色剂的质量，μg；

　　　V_2——进样体积，mL；

　　　V_1——试样稀释总体积，mL；

　　　m——试样质量，g。

计算结果保留两位有效数字。

项目总结

食品添加剂是指为改善食品品质和色、香、味，以及为防腐和加工工艺的需要而加入食品中的化学合成或者天然物质。主要的食品添加剂有防腐剂、抗氧化剂、发色剂、漂白剂、甜味剂、着色剂等。

食品添加剂使用的基本要求：不应对人体产生任何健康危害；不应掩盖食品腐败变质；不应掩盖食品本身或加工过程中的质量缺陷或以掺杂、掺假、伪造为目的而使用食品添加剂；不应降低食品本身的营养价值；在达到预期目的前提下尽可能降低在食品中的使用量。

问题思考

1. 什么是食品添加剂?
2. 山梨酸的测定原理是什么?
3. 在进行食品中 BHA 与 BHT 的含量测定时,不同油脂含量的样品处理上有何不同,为什么?
4. 食品中硝酸盐的测定原理是什么?
5. 食品中二氧化硫的测定原理是什么?
6. 食品中糖精钠测定原理是什么?
7. 在人工合成着色剂的测定中,分别采用什么方法进行试样的处理和着色剂提取?

项目六　有毒有害成分检测

【知识目标】
1. 了解农产品中有毒有害成分的种类和危害。
2. 掌握农产品中有毒有害成分的检测原理。

【技能目标】
1. 能够正确使用农产品中有毒有害成分检测所用的仪器设备。
2. 能够熟练掌握农产品中有毒有害成分检测的操作技能。

项目导入

农产品中的重金属、农药和兽药残留、生物毒素、非法添加的有害物质以及包装材料中有害物质的污染直接影响农产品的安全性，为保证人类健康必须采用科学的方法对农产品中的有毒有害成分进行检测。

任务一　有害元素测定

农产品中有害元素主要有铅、镉、汞、砷等，这些有害元素主要来源于工业"三废"（废水、废气、废渣）、化学农药、食品加工辅料等的污染。这些有害元素污染农产品后，随着食物进入体内，会危害人体健康，甚至导致人终身残疾或死亡。检测农产品中的有害元素，可防止其危害人体健康，为加强农产品的安全性提供依据。

一、镉的测定

镉对农产品的污染主要是工业废水的排放造成的。含镉工业废水污染水体，经水生生物浓集，使水产品中镉含量明显增高。含镉污水灌溉农田亦可污染土壤，经作物吸收而使农产品中镉残留量增高。农产品被镉污染后，含镉量有很大差别，海产品和动物食品（尤其是肾）高于植物性食品，而植物性食品中以谷类、根茎类、豆类含量较高。食物是人体摄入镉的主要来源，镉是蓄积性有毒物质，即使人机体摄入很微量的镉，也会对人的肾产生危害。日本神通川流域的"骨痛病"（痛痛病）就是由于镉污染造成的一种典型的公害病，此病的主要特征是背部和下肢疼痛，行走困难，蛋白尿，骨质疏松和假性骨折。

（一）石墨炉原子化法

1. 原理　试样经灰化或酸消解后，注入原子吸收分光光度计石墨炉中，电热原子化后吸收228.8 nm共振线，在一定浓度范围内，其吸收量与镉含量成正比，与标准系列比较定量。

2. 仪器 所用玻璃仪器均需以硝酸（1+5）浸泡过夜，用水反复冲洗，最后用去离子水冲洗干净。

（1）原子吸收分光光度计：附石墨炉及镉空心阴极灯。

（2）马弗炉。

（3）恒温干燥箱。

（4）瓷坩埚。

（5）压力消解器、压力消解罐或压力溶弹。

（6）可调式电热板或可调式电炉。

3. 试剂

（1）硝酸。

（2）硫酸。

（3）过氧化氢（30%）。

（4）高氯酸。

（5）硝酸（1+1）：取50 mL硝酸慢慢加入50 ml水中。

（6）硝酸（0.5 mol/L）：取3.2 mL硝酸加入50 mL水中，稀释至100 mL。

（7）盐酸（1+1）：取50 mL盐酸慢慢加入50 mL水中。

（8）磷酸铵溶液（20 g/L）：称取2.0 g磷酸铵，以水溶解稀释至100 mL。

（9）混合酸：硝酸-高氯酸（4+1）。取4份硝酸与1份高氯酸混合。

（10）镉标准储备液：准确称取1.000 g金属镉（99.99%）分次加20 mL盐酸（1+1）溶解，加2滴硝酸，移入1 000 mL容量瓶中，加水至刻度，混匀。此溶液每毫升含1.0 mg镉。

（11）镉的标准使用液：每次吸取镉标准储备液10.0 mL于100 mL容量瓶中，加硝酸（0.5 mol/L）至刻度。如此经多次稀释成每毫升含100.0 ng镉的标准使用液。

4. 方法

（1）样品预处理。在采样和制备样品过程中，应注意样品不被污染。粮食、豆类去杂质后磨碎过20目筛，储于塑料瓶中保存备用。蔬菜、水果、鱼类、肉类及蛋类等水分含量高的鲜样用食品加工机或匀浆机打成匀浆，储于塑料瓶中保存备用。

（2）样品消解（可以根据实验室条件选用以下任何一种方法消解）

① 压力消解罐消解法。称取1.00～2.00 g试样（干样、含脂肪高的试样<1.00 g，鲜样<2.0 g或按压力消解罐使用说明书称取试样）于聚四氟乙烯内罐，加入硝酸2～4 mL浸泡过夜。再加过氧化氢（30%）2～3 mL（总量不能超过罐容积的1/3），盖好内盖，旋紧不锈钢外套，放入恒温干燥箱，120～140 ℃保持3～4 h，在箱内自然冷却至室温，用滴管将消化液洗入或过滤入（视消化液有无沉淀而定）10～25 mL容量瓶中，用水少量多次洗涤罐，洗液合并于容量瓶中并定容至刻度，混匀备用。同时做试剂空白试验。

② 干法灰化。称取1.00～5.00 g（根据镉含量而定）试样于瓷坩埚中，在可调式电热板上小火炭化至无烟，移入马弗炉500 ℃灰化6～8 h时，冷却。若个别试样灰化不彻底，则加入1 mL混合酸在可调式电炉上小火加热，反复多次直到消化完全，放冷用硝酸

(0.5 mol/L)将灰分溶解，用滴管将试样消化液洗入或过滤入（视消化液有无沉淀而定）10~25 mL容量瓶中，用水少量多次洗涤瓷坩埚，洗液合并于容量瓶中并定容至刻度，混匀备用。同时做试剂空白试验。

③ 过硫酸铵灰化法。称取1.00~5.00 g试样于瓷坩埚中，加2~4 mL硝酸浸泡1 h以上，先小火炭化，冷却后加2.00~3.00 g过硫酸铵盖于上面，继续炭化至不冒烟，转入马弗炉500 ℃恒温2 h，再升至800 ℃，保持20 min，冷却加2~3 mL硝酸（1.0 mol/L），用滴管将试样消化液洗入或过滤入（视消化液有无沉淀而定）10~25 mL容量瓶中，用水少量多次洗涤瓷坩埚，洗液合并于容量瓶中并定容至刻度，混匀备用。同时做试剂空白试验。

④ 湿式消解法。称取试样1.00~5.00 g于三角瓶或高脚烧杯中，放数粒玻璃珠，加10 mL混合酸，加盖浸泡过夜，加一小漏斗电炉上消解。若变棕黑色，再加混合酸，直至冒白烟，消化液呈无色透明或略带黄色，放冷用滴管将试样消化液洗入或过滤入（视消化液有无沉淀而定）10~25 mL容量瓶中，用水少量多次洗涤三角瓶或高脚烧杯，洗液合并于容量瓶中并定容至刻度，混匀备用。同时做试剂空白试验。

（3）仪器条件。根据各自仪器性能调至最佳状态。参考条件为波长228.8 nm；狭缝0.5~1.0 nm；灯电流8~10 mA；干燥温度120 ℃，20 s；灰化温度350 ℃，15~20 s；原子化温度1 700~2 300 ℃，4~5 s；背景校正为氘灯或塞曼效应。

（4）标准曲线绘制。准确吸取镉标准使用液0、1.0 mL、2.0 mL、3.0 mL、5.0 mL、7.0 mL、10.0 mL分别置于100 mL容量瓶中，以硝酸溶液（0.5 mol/L）定容至刻度，分别相当于镉浓度0、1.0 ng/mL、2.0 ng/mL、3.0 ng/mL、5.0 ng/mL、7.0 ng/mL、10.0 ng/mL。分别吸取镉标准系列溶液10 μL注入石墨炉原子化器，测定其吸光度，绘制标准曲线。由吸光度可求得吸光度与浓度关系的一元线性回归方程。

（5）样品测定。分别吸取样液和试剂空白液各10 μL注入石墨炉，测得其吸光度，代入标准系列的一元线性回归方程中求得样液中镉含量。

5. 计算

$$X = \frac{(A_1 - A_2) \times V \times 1000}{m \times 1000}$$

式中：X——试样中镉含量，μg/kg 或 μg/L；

A_1——测定试样消化液中镉含量，ng/mL；

A_2——空白液中镉含量，ng/mL；

V——试样消化液总体积，mL；

m——试样质量或体积，g 或 mL。

计算结果保留两位有效数字。在重复性条件下获得的两次独立测定结果的绝对差值不得超过算术平均值的20%。

6. 注意事项

（1）此方法适用于各类食品中镉的测定，检出限为0.1 μg/kg，标准曲线线性范围为0~50 ng/mL。

（2）镉标准储备液、镉标准使用液配制后应储于聚乙烯瓶内，冰箱中保存。

（3）对于有干扰的样品，则可注入适量的基体改进剂磷酸铵溶液（20 g/L）消除干扰，注入量<5 μL。绘制镉标准曲线时，也要加入与试样测定时等量的基体改进剂。

（二）火焰原子化法

1. 原理　试样经处理后，在酸性溶液中镉离子与碘离子形成络合物，并经4-甲基戊酮-2萃取分离，导入原子吸收分光光度计中，原子化以后吸收228.8 nm共振线，其吸收量与镉含量成正比，与标准系列比较定量。

2. 仪器　原子吸收分光光度计。

3. 试剂

（1）4-甲基戊酮-2（MIBK，又名甲基异丁酮）。

（2）磷酸（1+10）。

（3）盐酸（1+11）：量取10 mL盐酸加到适量水中再稀释至120 mL。

（4）盐酸（5+7）：量取50 mL盐酸加到适量水中再稀释至120 mL。

（5）混合酸：硝酸-高氯酸（3+1）。

（6）硫酸（1+1）。

（7）碘化钾溶液（250 g/L）。

（8）镉标准溶液：准确称取1.000 0 g金属镉（99.99%），溶于20 mL盐酸（5+7）中，加入2滴硝酸后，移入1 000 mL容量瓶中，以水稀释至刻度，混匀。储于聚乙烯瓶中。此溶液每毫升相当于1.0 mg镉。

（9）镉标准使用液：吸取10.0 mL镉标准溶液，置于100 mL容量瓶中，以盐酸（1+11）稀释至刻度混匀，如此多次稀释至每毫升相当于0.20 μg镉。

4. 方法

（1）样品处理。

谷类：去除其中杂物及尘土，必要时除去外壳磨碎，过40目筛混匀备用。称取5.00～10.00 g试样置于50 mL瓷坩埚中，用小火炭化至无烟后移入马弗炉中，500 ℃±25 ℃灰化约8 h后，取出坩埚放冷后，再加入少量混合酸，小火加热不使干涸，必要时加少许混合酸。如此反复处理，直至残渣中再无碳粒。待坩埚稍冷后加10 mL盐酸（1+11），溶解残渣并移入50 mL容量瓶中，再用盐酸（1+11）反复洗涤坩埚，洗液并入容量瓶中，并稀释至刻度，混匀备用。取与试样处理相同量的混合酸和盐酸（1+11）按同一操作方法做试剂空白试验。

蔬菜、瓜果及豆类：取可食部分洗净晾干，充分切碎或打碎混匀备用。称取10.00～20.00 g制备好的试样置于瓷坩埚中，加1 mL磷酸（1+10），用小火炭化至无烟后移入马弗炉中，500 ℃±25 ℃灰化约8 h后，取出坩埚放冷后，再加入少量混合酸，小火加热不使干涸，必要时加少许混合酸。如此反复处理，直至残渣中再无碳粒。待坩埚稍冷后加10 mL盐酸（1+11），溶解残渣并移入50 mL容量瓶中，再用盐酸（1+11）反复洗涤坩埚，洗液并入容量瓶中，并稀释至刻度，混匀备用。取与试样处理相同量的混合酸和盐酸（1+11）按同一操作方法做试剂空白试验。

禽、蛋、水产及乳制品：则取其可食部分充分混匀。称取5.00～10.00 g试样置于瓷坩埚中，用小火炭化至无烟后移入马弗炉中，500 ℃±25 ℃灰化约8 h后，取出坩埚放冷后，再加入少量混合酸，小火加热不使干涸，必要时加少许混合酸。如此反复处理，直至残渣中再无碳粒。待坩埚稍冷后加10 mL盐酸（1+11），溶解残渣并移入50 mL容量瓶中，再用盐酸（1+11）反复洗涤坩埚，洗液并入容量瓶中，并稀释至刻度，混匀备用。取与试样处理相同量的混合酸和盐酸（1+11）按同一操作方法做试剂空白试验。

乳类：经混匀后量取 50 mL 置于瓷坩埚中，加 1 mL 磷酸（1+10），在水浴上蒸干，用小火炭化至无烟后移入马弗炉中，500 ℃±25 ℃ 灰化约 8 h 后，取出坩埚放冷后，再加入少量混合酸，小火加热不使干涸，必要时加少许混合酸。如此反复处理，直至残渣中再无碳粒。待坩埚稍冷后加 10 mL 盐酸（1+11），溶解残渣并移入 50 mL 容量瓶中，再用盐酸（1+11）反复洗涤坩埚，洗液并入容量瓶中，并稀释至刻度，混匀备用。取与试样处理相同量的混合酸和盐酸（1+11）按同一操作方法做试剂空白试验。

（2）萃取分离。吸取 25 mL（或全量）上述制备的样液和试剂空白液，分别置于 125 mL 分液漏斗中，加 10 mL 硫酸（1+1）和 10 mL 水后混匀。吸取 0、0.25 mL、0.50 mL、1.50 mL、2.50 mL、3.50 mL、5.00 mL 镉标准使用液（相当于 0、0.05 μg、0.1 μg、0.3 μg、0.5 μg、0.7 μg、1.0 μg 镉），分别置于 125 mL 分液漏斗中，各加盐酸（1+11）至 25 mL，再加 10 mL 硫酸（1+1）和 10 mL 水混匀。在试样溶液、试剂空白液和镉标准溶液中各加入 10 mL 碘化钾溶液（250 g/L）混匀，静置 5 min 各加 10 mL 甲基异丁酮，振摇 2 min 静置分层约 0.5 h，将 MIBK 层经脱脂棉滤至 10 mL 具塞试管中备用。

（3）测定。将有机相导入火焰原子化器进行测定。测定参考条件：灯电流 6~7 mA，波长 228.8 nm，狭缝 0.15~0.2 nm，空气流量 5 L/min，氘灯背景校正（也可根据仪器型号，调至最佳条件）。以镉含量对应吸光度，绘制标准曲线或计算线性回归方程，试样吸收值与曲线比较或代入方程求出含量。

5. 计算

$$X=\frac{(A_1-A_2)\times 1000}{m\times(V_1/V_2)\times 1000}$$

式中：X——试样中镉的含量，mg/kg 或 mg/L；

A_1——测定用试样液中镉的质量，μg；

A_2——试剂空白液中镉的质量，μg；

m——试样质量或体积，g 或 mL；

V_2——试样处理液的总体积，mL；

V_1——测定用试样处理液的体积，mL。

计算结果保留两位有效数字。在重复性条件下获得的两次独立测定结果的绝对差值不得超过算术平均值的 15%。

6. 注意事项 此方法适用于各类农产品中镉的测定，检出限为 5.0 μg/kg，标准曲线线性范围为 0~50 ng/mL。

二、铅的测定

含铅工业"三废"的排放和汽车尾气是铅污染农产品的主要来源，农产品包装材料也是铅的重要来源，如陶瓷食具的釉彩、铁皮罐头盒的镀焊锡含铅，或是涂料脱落时，铅易溶出从而污染农产品，用铁桶或锡壶盛酒也可将铅溶出；印刷农产品包装材料的油墨、颜料，某些食品添加剂或生产加工中使用的化学物质含铅杂质，亦可污染食品。含铅农药［如砷酸铅 Pb（AsO$_4$）$_2$ 等］的使用，可造成农产品农作物的铅污染。铅的毒性作用主要是损害神经系统、造血系统和肾。儿童摄入过量铅可影响其生长发育，导致智力低下。

（一）石墨炉原子吸收光谱法

1. 原理 样品经灰化或酸消解后，注入原子吸收分光光度计石墨炉中，电热原子化后吸收 283.3 nm 共振线，在一定的浓度范围，其吸收值与铅含量成正比，与标准系列比较定量。

2. 仪器 原子吸收光谱仪（附石墨炉及铅空心阴极灯），马弗炉，天平（感量为 1 mg），干燥恒温箱，瓷坩埚，压力消解器、压力消解罐或压力溶弹，可调式电热板、可调式电炉。

3. 试剂 除非另有规定，所使用试剂均为分析纯，水为 GB/T 6682 规定的一级水。

（1）硝酸：优级纯。

（2）过硫酸铵。

（3）过氧化氢（30%）。

（4）高氯酸：优级纯。

（5）硝酸溶液（1+1）：取 50 mL 硝酸缓慢加入 50 mL 水中。

（6）硝酸溶液（0.5 mol/L）：取 3.2 mL 硝酸加入 50 mL 水中，并稀释至 100 mL。

（7）硝酸溶液（1 mol/L）：取 6.4 mL 硝酸加入 50 mL 水中，并稀释至 100 mL。

（8）磷酸二氢铵溶液（20 g/L）：称取 2.0 g 磷酸二氢铵，加水溶解并稀释至 100 mL。

（9）硝酸-高氯酸混合酸（9+1）：取 9 份硝酸与 1 份高氯酸混合。

（10）铅标准储备液：准确称取 1.000 g 金属铅（99.99%），分次加少量硝酸溶液（1+1），加热溶解，但总量不超过 37 mL，移入到 1 000 mL 容量瓶，加水至刻度摇匀备用。此溶液每毫升含 1.0 mg 铅。

（11）铅标准使用液：每次吸取铅标准储备液 1.0 mL 置于 100 mL 容量瓶中，加硝酸溶液（0.5 mol/L）至刻度。反复多次稀释成每毫升含 10.0 ng、20.0 ng、40.0 ng、60.0 ng、80.0 ng 铅的标准使用液。

4. 方法

（1）样品预处理。在采样和制备过程中，应注意不使试样受污染。粮食、豆类去杂物后磨碎，用 20 目筛过筛，储于塑料瓶中保存备用。蔬菜、水果、鱼类、肉类及蛋类等水分含量高的鲜样，用食品加工机或匀浆机打成匀浆，储于塑料瓶中保存备用。

（2）样品消解（可根据实验室条件，选用以下任何一种方法消解）。

① 压力消解罐消解法。称取 1～2 g 试样（精确到 0.001 g）（干样、含脂肪高的试样＜1 g，鲜样＜2 g 或按压力消解罐使用说明书称取试样）于聚四氟乙烯内罐，加硝酸 2～4 mL 浸泡过夜。再加过氧化氢（30%）2～3 mL（总量不能超过罐容积的 1/3）。盖好内盖，旋紧不锈钢外套，放入恒温干燥箱，120～140 ℃保持 3～4 h，在箱内自然冷却至室温，用滴管将消化液洗入或过滤入（视消化后样品的盐分而定）10～25 mL 容量瓶中，用水少量多次洗涤罐，洗液合并于容量瓶中并定容至刻度，混匀备用。

同时做试剂空白试验。

② 干法灰化。称取 1～5 g 试样（精确到 0.001 g，根据铅含量而定）于瓷坩埚中，先小火在可调式电热板上炭化至无烟，移入马弗炉 500 ℃±25 ℃ 灰化 6～8 h 冷却。若个别试样灰化不彻底，则加 1 mL 硝酸-高氯酸混合酸（9+1）在可调式电炉上小火加热，反复多次

直到消化完全，放冷，用硝酸（0.5 mol/L）将灰分溶解，用滴管将试样消化液洗入或过滤入（视消化后试样的盐分而定）10～25 mL 容量瓶中，用水少量多次洗涤瓷坩埚，洗液合并于容量瓶中并定容至刻度，混匀备用。

同时做试剂空白试验。

③ 过硫酸铵灰化法。称取 1～5 g 试样（精确到 0.001 g）于瓷坩埚中，加 2～4 mL 硝酸浸泡 1 h 以上，先小火炭化，冷却后加 2.00～3.00 g 过硫酸铵盖于上面，继续炭化至不冒烟转入马弗炉，500 ℃±25 ℃恒温 2 h，再升至 800 ℃保持 20 min，冷却加 2～3 mL 硝酸（1.0 mol/L），用滴管将样品消化液洗入或过滤入（视消化后试样的盐分而定）10～25 mL容量瓶中，用水少量多次洗涤瓷坩埚，洗液合并于容量瓶中并定容至刻度，混匀备用。

同时做试剂空白试验。

④ 湿式消解法。称取试样 1～5 g（精确到 0.001 g）于锥形瓶或高脚烧杯中，放数粒玻璃珠，加 10 mL 硝酸-高氯酸混合酸（9+1），加盖浸泡过夜，加一小漏斗电炉上消解。若变棕黑色，再加混合酸，直至冒白烟，消化液呈无色透明或略带黄色，放冷用滴管将试样消化液洗入或过滤入（视消化后试样的盐分而定）10～25 mL 容量瓶中，用水少量多次洗涤三角瓶或高脚烧杯，洗液合并于容量瓶中并定容至刻度，混匀备用。

同时做试剂空白试验。

(3) 仪器条件。根据各自仪器性能调至最佳状态。参考条件为：波长 283.3 nm；狭缝 0.2 nm～1.0 nm；灯电流 5～7 mA；干燥温度 120 ℃，20 s；灰化温度 450 ℃，持续 15～20 s；原子化温度 1700～2300 ℃，持续 4～5 s；背景校正为氘灯或塞曼效应。

(4) 标准曲线绘制。吸取上面配制的铅标准使用液 10.0 ng/mL（或 μg/L）、20.0 ng/mL（或 μg/L）、40.0 ng/mL（或 μg/L）、60.0 ng/mL（或 μg/L）、80.0 ng/mL（或 μg/L）各 10 μL，注入石墨炉，测得其吸光度并求得吸光度与浓度关系的一元线性回归方程。

(5) 试样测定。分别吸取样液和试剂空白液各 10 μL，注入石墨炉，测得其吸光度，代入标准系列的一元线性回归方程中求得样液中铅含量。

5. 计算

$$X=\frac{(C_1-C_0)\times V\times 1000}{m\times 1000\times 1000}$$

式中：X——试样中铅含量，mg/kg 或 mg/L；

C_1——测定样液中铅含量，ng/mL；

C_0——空白液中铅含量，ng/mL；

V——试样消化液定量总体积，mL；

m——试样质量或体积，g 或 mL。

以重复性条件下获得的两次独立测定结果的算术平均值表示，结果保留两位有效数字。在重复性条件下获得的两次独立测定结果的绝对差值不得超过算术平均值的 20%。

6. 注意事项

(1) 此方法的检出限为 0.005 mg/kg。

(2) 对有干扰试样，则注入适量的基体改进剂磷酸二氢铵溶液（20 g/L）（一般为 5 μL 或与试样同量）消除干扰。绘制铅标准曲线时也要加入与试样测定时等量的基体改进剂磷酸二氢铵溶液。

(二) 氢化物原子荧光光谱法

1. 原理 试样经酸热消化后，在酸性介质中，试样中的铅与硼氢化钠（$NaBH_4$）或硼氢化钾（KBH_4）反应生成挥发性铅的氢化物（PbH_4）。以氩气为载气，将氢化物导入电热石英原子化器中原子化，在特制铅空心阴极灯照射下，基态铅原子被激发至高能态。在去活化回到基态时，发射出特征波长的荧光，其荧光强度与铅含量成正比，根据标准系列进行定量。

2. 仪器 原子荧光光度计、铅空心阴极灯、电热板、天平（感量为 1 mg）。

3. 试剂

(1) 硝酸-高氯酸混合酸（9+1）：分别量取硝酸 900 mL 和高氯酸 100 mL，混匀。

(2) 盐酸溶液（1+1）：量取 250 mL 盐酸倒入 250 mL 水中，混匀。

(3) 草酸溶液（10 g/L）：称取 1.0 g 草酸，加水溶解至 100 mL，混匀。

硼氢化钠（10 g/L）：称取硼氢化钠 10.0 g 溶于 1 000 mL 氢氧化钠溶液（2 g/L）中，混匀。

(4) 铁氰化钾溶液（100 g/L）：称取 10.0 g 铁氰化钾 [$K_3Fe(CN)_6$]，加水溶解并稀释至 100 mL，混匀。

(5) 氢氧化钠溶液（2 g/L）：称取 2.0 g 氢氧化钠，溶于 1 L 水中，混匀。

(6) 硼氢化钠溶液（10 g/L）：称取 5.0 g 硼氢化钠（$NaBH_4$）溶于 500 mL 氢氧化钠溶液（2 g/L）中，混匀。临用前配制。

(7) 铅标准储备液（1.0 mg/mL）。

(8) 铅标准使用液（1.0 μg/mL）：精确吸取铅标准储备液，逐级稀释至 1.0 μg/mL。

4. 方法

(1) 试样消化。准确称取固体试样 0.2~2 g 或量取液体试样 2.00~10.00 g（或 mL）（均精确到 0.001 g），置入 50~100 mL 消化容器中（锥形瓶），然后加入 5~10 mL 硝酸-高氯酸混合酸（9+1）摇匀放置过夜。次日将其置于电热板上加热消解，直至消化液呈淡黄色或无色（如消解过程色泽较深，稍冷后补加少量硝酸继续消解）。待稍冷后继续加入 20 mL 水加热赶酸，至消化液 0.5~1.0 mL 为止。冷却后用少量水转入 25 mL 容量瓶中，并加入 0.5 mL 盐酸溶液（1+1）和 0.5 mL 草酸溶液（10 g/L）摇匀，再加入 1.00 mL 铁氰化钾溶液（100 g/L），用水准确稀释定容至 25 mL 摇匀，放置 30 min 后测定。

同时做试剂空白试验。

(2) 标准系列制备。准确量取铅标准使用液（1.0 μg/mL）0、0.125 mL、0.25 mL、0.50 mL、0.75 mL、1.00 mL、1.25 mL 依次加入不同的 25 mL 容量瓶中，用少量水稀释后，分别加入 0.5 mL 盐酸溶液（1+1）和 0.5 mL 草酸溶液（10 g/L）摇匀，再加入 1.0 mL 铁氰化钾溶液（100 g/L），加水稀释至刻度，摇匀放置 30 min 后待测。此标准溶液依次相当于铅溶度 0、5.0 ng/mL、10.0 ng/mL、20.0 ng/mL、30.0 ng/mL、40.0 ng/mL、50.0 ng/mL。

(3) 仪器参考条件。负高压：300 V；铅空心阴极灯电流：75 mA；原子化器：炉温 750~800 ℃，炉高 8 mm；氩气流速：载气 800 mL/min；屏蔽气：1 000 mL/min；加还原剂（硼氢化钠）时间：7.0 s；读数时间：15.0 s；延迟时间：0.0 s；测量方式：标准曲线法；读数方式：峰面积；进样体积：2.0 mL。

（4）测定。开机设定好仪器的最佳条件，逐步将炉温升至所需温度，稳定 10~20 min 后开始测量。连续用标准系列的零管进样，待读数稳定之后，转入标准系列的测量，绘制标准曲线，再转入试样测量，分别测定试样空白和试样消化液。

5. 计算

$$X = \frac{(C_1 - C_0) \times V \times 1000}{m \times 1000 \times 1000}$$

式中：X——试样中铅含量，mg/kg 或 mg/L；

C_1——试样消化液测定浓度，ng/mL；

C_0——试剂空白液测定浓度，ng/mL；

V——试样消化液定量总体积，mL；

m——试样质量或体积，g 或 mL。

以重复性条件下获得的两次独立测定结果的算术平均值表示，结果保留两位有效数字。在重复性条件下获得的两次独立测定结果的绝对差值不得超过算术平均值的 10%。

6. 注意事项 此方法的检出限：固体试样为 0.005 mg/kg，液体试样为 0.001 mg/kg。

三、砷的测定

砷包括无机砷和有机砷部分，二者之和为总砷。砷的毒性顺序为：砷化氢＞三价无机砷＞五价无机砷＞有机砷，元素砷几乎没有毒性。农产品中砷的主要来源：一是含砷农药的大量使用，如 $Pb_3(AsO_4)_2$、$Ca_3(AsO_4)_2$、Na_2AsO_3、As_2O_3 等；二是工业"三废"对环境的污染。

（一）氢化物原子荧光光谱法

1. 原理 试样经湿消解或干灰化后，加入硫脲使五价砷还原为三价砷，再加入硼氢化钠或硼氢化钾将其还原成砷化氢，由氩气载入石英原子化器中分解为原子态砷，在特制砷空心阴极灯的发射光激发下产生原子荧光，其荧光强度在固定条件下与被测溶液中的砷浓度成正比，与标准系列比较定量。

2. 仪器 原子荧光光度计。

3. 试剂

（1）氢氧化钠溶液（2 g/L）。

（2）硼氢化钠溶液（10 g/L）：称取 10.0 g 硼氢化钠（$NaBH_4$）溶于 1 000 mL 氢氧化钠溶液（2 g/L）中，混匀。此溶液于冰箱中可保存 10 d，取出后应当日使用（也可称取 14 g 硼氢化钾替代 10 g 硼氢化钠）。

（3）硫脲溶液（50 g/L）。

（4）硫酸溶液（1+9）：量取 100 mL 硫酸，缓慢倒入 900 mL 水中，混匀。

（5）氢氧化钠溶液（100 g/L）：供配制砷标准溶液用，少量即够。

（6）砷标准储备液（含砷 0.1 mg/mL）：精确称取于 100 ℃干燥 2 h 以上的三氧化二砷（As_2O_3）0.132 0 g，加 10 mL 氢氧化钠（100 g/L）溶解，用适量水转入 1 000 mL 容量瓶中，加 25 mL 硫酸溶液（1+9），用水定容至刻度。

(7) 砷标准使用液（含砷 1 μg/mL）：吸取 1.00 mL 砷标准储备液于 100 mL 容量瓶中，用水稀释至刻度。此液应当日配制使用。

(8) 湿消解试剂：硝酸、硫酸、高氯酸。

(9) 干灰化试剂：六水硝酸镁溶液（150 g/L）、氯化镁、盐酸溶液（1+1）。

4. 方法

(1) 样品消解。

① 湿消解：称取 1~2.5 g 固体样品，或量取 5~10 g（或 mL）液体试样（精确至小数点后第二位），置于 50~100 mL 锥形瓶中，同时做两份试剂空白。加硝酸 20~40 mL，硫酸 1.25 mL，摇匀后放置过夜后，置于电热板上加热消解。若消解液处理至 10 mL 左右时仍有未分解物质或色泽变深，取下放冷，补加硝酸 5~10 mL，再消解至 10 mL 左右观察，如此反复两三次，注意避免炭化。如仍不能消解完全，则加入高氯酸 1~2 mL，继续加热至消解完全后，再持续蒸发至高氯酸的白烟散尽，硫酸的白烟开始冒出。冷却后加水 25 mL，再蒸发至硫酸产生白烟。冷却用水将内容物转入 25 mL 容量瓶或比色管中，加入 2.5 mL 硫脲溶液（50 g/L），补水至刻度并混匀备测。

② 干灰化：一般应用于固体试样。称取 1~2.5 g（精确至小数点后第二位）于 50~100 mL 坩埚中，同时做两份试剂空白。加 10 mL 硝酸镁溶液（150 g/L）混匀，低热蒸干，将氧化镁 1 g 仔细覆盖在干渣上，于电炉上炭化至无黑烟，移入 550 ℃ 高温炉中灰化 4 h。取出放冷，小心加入 10 mL 盐酸溶液（1+1）以中和氧化镁并溶解灰分，转入 25 mL 容量瓶或比色管中，向容量瓶或比色管中加入 2.5 mL 硫脲溶液（50 g/L），再用硫酸溶液（1+9）分次涮洗坩埚后转出合并，直至 25 mL 刻度，混匀备测。

(2) 标准系列制备。取 25 mL 容量瓶或比色管 6 支，依次准确加入砷标准使用液（1 μg/mL）0、0.05 mL、0.2 mL、0.5 mL、2.0 mL、5.0 mL（各相当于砷浓度 0、2.0 ng/mL、8.0 ng/mL、20.0 ng/mL、80.0 ng/mL、200.0 ng/mL），各加 12.5 mL 硫酸溶液（1+9）和 2.5 mL 硫脲溶液（50 g/L），加水补充至刻度，混匀备测。

(3) 仪器参考条件。光电倍增管电压：400 V；砷空心阴极灯电流：35 mA；原子化器：温度 820~850 ℃，高度 7 mm；氩气流速：载气 600 mL/min；测量方式：荧光强度或浓度直读；读数方式：峰面积；读数延迟时间：1 s；读数时间：15 s；硼氢化钠溶液加入时间：5 s；标液或样液加入体积：2 mL。

(4) 测定。

① 浓度方式测量：如直接测荧光强度，则在开机并设定好仪器条件后，预热稳定约 20 min。按"B"键进入空白值测量状态，连续用标准系列的"0"管进样，待读数稳定后，按空挡键记录下空白值（即让仪器自动扣底）开始测量。先依次测标准系列（可不再测"0"管）。标准系列测完后应仔细清洗进样器（或更换一支），并再用"0"管测试使读数基本回零后，才能测试剂空白和试样，每测不同的试样前都应清洗进样器，记录（或打印）下测量数据。

② 仪器自动方式：利用仪器提供的软件功能可进行浓度直读测定，为此在开机、设定条件和预热后，还需输入必要的参数，即试样量（g 或 mL）、稀释体积（mL）、进样体积（mL）、结果的浓度单位、标准系列各点的重复测量次数、标准系列的点数（不计零点）及

各点的浓度值。首先进入空白值测量状态，连续用标准系列的"0"管进样以获得稳定的空白值并执行自动扣底后，再依次测标准系列（此时"0"管需再测一次）。在测样液前，需再进入空白值测量状态，先用标准系列"0"管测试使读数复原并稳定后，再用两个试剂空白各进一次样，让仪器取其均值作为扣底的空白值，随后即可依次测试样。测定完毕后退回主菜单，选择"打印报告"即可将测定结果打出。

5. 计算　如果采用荧光强度测量方式，则需先对标准系列的结果进行回归运算（由于测量时"0"管强制为0，故零点值应该输入以占据一个点位），然后根据回归方程求出试剂空白液和试样被测液的砷浓度，再按以下公式计算试样的砷含量。

$$X = \frac{C_1 - C_0}{m} \times \frac{25}{1000}$$

式中：X——试样的砷含量，mg/kg 或 mg/L；

C_1——试样被测液的浓度，ng/mL；

C_0——试剂空白液的浓度，ng/mL；

m——试样的质量或体积，g 或 mL。

计算结果保留两位有效数字。

湿消解法在重复性条件下获得的两次独立测定结果的绝对差值不得超过算术平均值的10%。干灰化法在重复性条件下获得的两次独立测定结果的绝对差值不得超过算术平均值的15%。

6. 注意事项

（1）此方法适用于各类食品中总砷的测定。检出限为 0.01 mg/kg，线性范围为 0～200 ng/mL。

（2）湿消解法测定的回收率为 90%～105%，干灰化法测定的回收率为 85%～100%。

（二）银盐法

1. 原理　试样经消化后，以碘化钾、氯化亚锡将高价砷还原成三价砷，然后与锌粒和酸产生的新生态氢生成砷化氢，经银盐溶液吸收后，形成红色胶态物，与标准系列比较定量。

2. 仪器

（1）分光光度计。

（2）测砷装置见图 6-1。

① 100～150 mL 锥形瓶：19 号标准口。

② 导气管：管口 19 号标准口或经碱处理后洗净的橡皮塞与锥形瓶密合时不应漏气。管的另一端管径为 1.0 mm。

③ 吸收管：10 mL 刻度离心管作吸收管用。

3. 试剂

（1）硝酸。

（2）硫酸。

（3）盐酸。

（4）氧化镁。

(5) 无砷锌粒。

(6) 硝酸-高氯酸混合溶液（4+1）：量取 80 mL 硝酸，加 20 mL 高氯酸，混匀。

(7) 硝酸镁溶液（150 g/L）：称取 15 g 硝酸镁 $[Mg(NO_3)_2 \cdot 6H_2O]$ 溶于水中，并稀释至 100 mL。

(8) 碘化钾溶液（150 g/L）：储存于棕色瓶中。

(9) 酸性氯化亚锡溶液：称取 40 g 氯化亚锡 $(SnCl_2 \cdot 2H_2O)$，加盐酸溶解并稀释至 100 mL，加入数粒金属锡粒。

(10) 盐酸溶液（1+1）：量取 50 mL 盐酸，加水稀释至 100 mL。

(11) 乙酸铅溶液（100 g/L）。

(12) 乙酸铅棉花：用乙酸铅溶液（100 g/L）浸透脱脂棉后，压除多余溶液并使疏松，在 100 ℃以下干燥后，储存于玻璃瓶中。

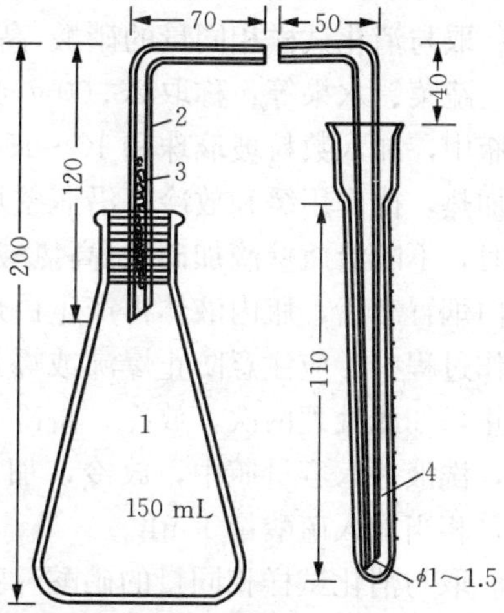

图 6-1 测砷装置（单位：mm）
1. 150 mL 锥形瓶　2. 导气管
3. 乙酸铅棉花　4. 10 mL 刻度离心管

(13) 氢氧化钠溶液（200 g/L）。

(14) 硫酸溶液（6+94）：量取 6.0 mL 硫酸加于 80 mL 水中，冷后再加水稀释至 100 mL。

(15) 二乙基二硫代氨基甲酸银-三乙醇胺-三氯甲烷溶液：称取 0.25 g 二乙基二硫代氨基甲酸银 $[(C_2H_5)_2NCS_2Ag]$ 置于乳钵中，加入少量三氯甲烷研磨，再移入 100 mL 量筒中，加入 1.8 mL 三乙醇胺，然后用三氯甲烷分次洗涤乳钵，洗液一并移入量筒中，然后用三氯甲烷稀释至 100 mL，放置过夜。滤入棕色瓶中储存。

(16) 砷标准储备液：准确称取 0.1320 g 在硫酸干燥器中干燥过的或在 100 ℃干燥 2 h 的三氧化二砷，加 5 mL 氢氧化钠溶液（200 g/L），溶解后加 25 mL 硫酸溶液（6+94），移入 1 000 mL 容量瓶中，加新煮沸冷却的水稀释至刻度，储存于棕色玻璃瓶中。此溶液每毫升相当于 0.10 mg 砷。

(17) 砷标准使用液：吸取 1.0 mL 砷标准储备液，置于 100 mL 容量瓶中，加入 1.0 mL 硫酸溶液（6+94），加水稀释至刻度。此溶液每毫升相当于 1.0 μg 砷。

4. 方法

(1) 试样处理。

① 硝酸-高氯酸-硫酸法。粮食、粉丝、粉条、豆干制品、糕点、茶叶等及其他含水分少的固体农产品：准确称取 5.00 g 或 10.00 g 的粉碎试样，置于 250~500 mL 定氮瓶中。先加水少许使之湿润，加数粒玻璃珠和 10~15 mL 硝酸-高氯酸混合溶液（4+1），放置片刻用小火缓慢加热，待作用缓和放冷。沿瓶壁加入 5 mL 或 10 mL 硫酸，再加热至瓶中液体开始变成棕色时，不断沿瓶壁滴加硝酸-高氯酸混合液至有机质分解完全。加大火力至产生白烟，待瓶口白烟冒净后，瓶内液体再产生白烟为消化完全，该溶液应澄明无色或微带黄色，放冷。在操作过程中，应注意防止爆沸或爆炸。之后加 20 mL 水煮沸，除去残余的硝酸至产生白烟为止，如此处理两次，放冷。将冷后的溶液移入 50 mL 或 100 mL 容量瓶中，用水洗涤定氮瓶，洗液并入容量瓶中，放冷，加水至刻度，混匀。定容后的溶液每 10 mL 相当

于 1 g 试样，相当加入硫酸量 1 mL。

取与消化试样相同量的硝酸-高氯酸混合液和硫酸，按同一方法做试剂空白试验。

蔬菜、水果等：称取 25.00 g 或 50.00 g 洗净并打成匀浆的试样，置于 250～500 mL 定氮瓶中，加入数粒玻璃珠和 10～15 mL 硝酸-高氯酸混合溶液（4+1），放置片刻用小火缓慢加热，待作用缓和放冷。沿瓶壁加入 5 mL 或 10 mL 硫酸，再加热至瓶中液体开始变成棕色时，不断沿瓶壁滴加硝酸-高氯酸混合液至有机质分解完全。加大火力至产生白烟，待瓶口白烟冒净后，瓶内液体再产生白烟为消化完全，该溶液应澄明无色或微带黄色，放冷。在操作过程中，应注意防止爆沸或爆炸。之后加 20 mL 水煮沸，除去残余的硝酸至产生白烟为止，如此处理两次，放冷。将冷后的溶液移入 50 mL 或 100 mL 容量瓶中，用水洗涤定氮瓶，洗液并入容量瓶中，放冷，加水至刻度，混匀。定容后的溶液每 10 mL 相当于 5 g 试样，相当加入硫酸量 1 mL。

取与消化试样相同量的硝酸-高氯酸混合液和硫酸，按同一方法做试剂空白试验。

酱、酱油、醋、冷饮、豆腐、腐乳、酱腌菜等：称取 10.00 g 或 20.00 g 试样（或吸取 10.0 mL 或 20.0 mL 液体试样），置于 250～500 mL 定氮瓶中，加入数粒玻璃珠和 5～15 mL 硝酸-高氯酸混合溶液（4+1），放置片刻用小火缓慢加热，待作用缓和放冷。沿瓶壁加入 5 mL 或 10 mL 硫酸，再加热至瓶中液体开始变成棕色时，不断沿瓶壁滴加硝酸-高氯酸混合液至有机质分解完全。加大火力至产生白烟，待瓶口白烟冒净后，瓶内液体再产生白烟为消化完全，该溶液应澄明无色或微带黄色，放冷。在操作过程中，应注意防止爆沸或爆炸。之后加 20 mL 水煮沸，除去残余的硝酸至产生白烟为止，如此处理两次，放冷。将冷后的溶液移入 50 mL 或 100 mL 容量瓶中，用水洗涤定氮瓶，洗液并入容量瓶中，放冷，加水至刻度，混匀。定容后的溶液每 10 mL 相当于 2 g 或 2 mL 试样。

取与消化试样相同量的硝酸-高氯酸混合液和硫酸，按同一方法做试剂空白试验。

含酒精性饮料或含二氧化碳饮料：吸取 10.00 mL 或 20.00 mL 试样，置于 250～500 mL 定氮瓶中，加数粒玻璃珠，先用小火加热除去乙醇或二氧化碳，再加 5～10 mL 硝酸-高氯酸混合溶液（4+1）混匀后，放置片刻用小火缓慢加热，待作用缓和放冷。沿瓶壁加入 5 mL 或 10 mL 硫酸，再加热至瓶中液体开始变成棕色时，不断沿瓶壁滴加硝酸-高氯酸混合液至有机质分解完全。加大火力至产生白烟，待瓶口白烟冒净后，瓶内液体再产生白烟为消化完全，该溶液应澄明无色或微带黄色，放冷。在操作过程中，应注意防止爆沸或爆炸。之后加 20 mL 水煮沸，除去残余的硝酸至产生白烟为止，如此处理两次，放冷。将冷后的溶液移入 50 mL 或 100 mL 容量瓶中，用水洗涤定氮瓶，洗液并入容量瓶中，放冷，加水至刻度，混匀。定容后的溶液每 10 mL 相当于 2 mL 试样。

取与消化试样相同量的硝酸-高氯酸混合液和硫酸，按同一方法做试剂空白试验。

含糖量高的农产品：称取 5.00 g 或 10.00 g 试样，置于 250～500 mL 定氮瓶中，先加少许水使之湿润，再加数粒玻璃珠和 5～10 mL 硝酸-高氯酸混合溶液（4+1）后摇匀。缓慢加入 5 mL 或 10 mL 硫酸，待作用缓和停止起泡沫后，先用小火缓缓加热（糖分易炭化），不断沿瓶壁补加硝酸-高氯酸混合液，待泡沫全部消失后，再加大火力直至有机质分解完全发生白烟，溶液应澄明无色或微带黄色，放冷。加 20 mL 水煮沸，除去残余的硝酸至产生白烟为止，如此处理两次，放冷。将冷后的溶液移入 50 mL 或 100 mL 容量瓶中，用水洗涤定氮瓶，洗液并入容量瓶中，放冷，加水至刻度，混匀。定容后的溶液每 10 mL 相当于 1 g

试样，相当于加入硫酸量 1 mL。

取与消化试样相同量的硝酸-高氯酸混合液和硫酸，按同一方法做试剂空白试验。

水产品：取可食部分试样捣成匀浆，称取 5.00 g 或 10.00 g（海产藻类、贝类可适当减少取样量），置于 250～500 mL 定氮瓶中，加数粒玻璃珠和 5～10 mL 硝酸-高氯酸混合溶液（4+1）混匀。沿瓶壁加入 5 mL 或 10 mL 硫酸，再加热至瓶中液体开始变成棕色时，不断沿瓶壁滴加硝酸-高氯酸混合液至有机质分解完全。加大火力至产生白烟，待瓶口白烟冒净后，瓶内液体再产生白烟为消化完全，该溶液应澄明无色或微带黄色，放冷。在操作过程中，应注意防止爆沸或爆炸。之后加 20 mL 水煮沸，除去残余的硝酸至产生白烟为止，如此处理两次，放冷。将冷后的溶液移入 50 mL 或 100 mL 容量瓶中，用水洗涤定氮瓶，洗液并入容量瓶中，放冷，加水至刻度，混匀。定容后的溶液每 10 mL 相当于 1 g 试样，相当加入硫酸量 1 mL。

取与消化试样相同量的硝酸-高氯酸混合液和硫酸，按同一方法做试剂空白试验。

② 硝酸-硫酸法。以硝酸代替硝酸-高氯酸混合液进行操作。

③ 灰化法。粮食、茶叶及其他含水分少的农产品：称取 5.00 g 磨碎试样，置于坩埚中，加 1 g 氧化镁及 10 mL 硝酸镁溶液，混匀，浸泡 4 h。于低温或置水浴锅上蒸干，用小火炭化至无烟后移入马弗炉中加热至 550 ℃，灼烧 3～4 h，冷却后取出。加 5 mL 水湿润后，用细玻棒搅拌，再用少量水洗下玻棒上附着的灰分至坩埚内。放水浴上蒸干后移入马弗炉 550 ℃灰化 2 h，冷却后取出。加 5 mL 水湿润灰分，再慢慢加入 10 mL 盐酸溶液（1+1），然后将溶液移入 50 mL 容量瓶中，坩埚用盐酸溶液（1+1）洗涤 3 次，每次 5 mL。再用水洗涤 3 次，每次 5 mL，洗液均并入容量瓶中，再加水至刻度，混匀。定容后的溶液每 10 mL 相当于 1 g 试样，其加入盐酸量不少于（中和需要量除外）1.5 mL。全量供银盐法测定时，不必再加盐酸。

按同一操作方法做试剂空白试验。

植物油：称取 5.00 g 试样，置于 50 mL 瓷坩埚中，加 10 g 硝酸镁，再在上面覆盖 2 g 氧化镁，将坩埚置小火上加热至刚冒烟，立即将坩埚取下以防内容物溢出。待烟小后，再加热至炭化完全。将坩埚移至马弗炉中，550 ℃以下灼烧至灰化完全，冷后取出。加 5 mL 水湿润灰分，再缓缓加入 15 mL 盐酸溶液（1+1），然后将溶液移入 50 mL 容量瓶中，坩埚用盐酸溶液（1+1）洗涤 5 次，每次 5 mL，洗液均并入容量瓶中，加盐酸溶液（1+1）至刻度混匀。定容后的溶液每 10 mL 相当于 1 g 试样，相当于加入盐酸量（中和需要量除外）1.5 mL。

按同一操作方法做试剂空白试验。

水产品：取可食部分试样捣成匀浆，称取 5.00 g 置于坩埚中，加 1 g 氧化镁及 10 mL 硝酸镁溶液混匀，浸泡 4 h。于低温或置水浴锅上蒸干，用小火炭化至无烟后移入马弗炉中加热至 550 ℃，灼烧 3～4 h，冷却后取出。加 5 mL 水湿润后，用细玻棒搅拌，再用少量水洗下玻棒上附着的灰分至坩埚内。放水浴上蒸干后移入马弗炉 550 ℃灰化 2 h，冷却后取出。加 5 mL 水湿润灰分，再慢慢加入 10 mL 盐酸溶液（1+1），然后将溶液移入 50 mL 容量瓶中，坩埚用盐酸溶液（1+1）洗涤 3 次，每次 5 mL。再用水洗涤 3 次，每次 5 mL，洗液均并入容量瓶中，再加水至刻度，混匀。定容后的溶液每 10 mL 相当于 1 g 试样，其加入盐酸量不少于（中和需要量除外）1.5 mL。全量供银盐法测定时，不必再加盐酸。

按同一操作方法做试剂空白试验。

(2) 测定。吸取一定量消化后的定容溶液(相当于5g试样)及同量的试剂空白液,分别置于150 mL锥形瓶中,补加硫酸至总量为5 mL,加水至50~55 mL。

① 标准曲线的绘制。吸取0、2.0 mL、4.0 mL、6.0 mL、8.0 mL、10.0 mL砷标准使用液(相当0、2.0 μg、4.0 μg、6.0 μg、8.0 μg、10.0 μg砷),分别置于150 mL锥形瓶中,加水至40 mL,再加10 mL硫酸溶液(1+1)。

② 用湿法消化液。于试样消化液、试剂空白液及砷标准使用液中各加3 mL碘化钾溶液(150 g/L)和0.5 mL酸性氯化亚锡溶液,混匀静置15 min。各加入3 g锌粒,立即分别塞上装有乙酸铅棉花的导气管,并使管尖端插入盛有4 mL银盐溶液的离心管中的液面下,在常温下反应45 min后,取下离心管,加三氯甲烷补足4 mL。用1 cm比色皿,以零管调节零点,于波长520 nm处测吸光度,绘制标准曲线。

③ 用灰化法消化液。取灰化法消化液及试剂空白液分别置于150 mL锥形瓶中。吸取0、2.0 mL、4.0 mL、6.0 mL、8.0 mL、10.0 mL砷标准使用液(相当0、2.0 μg、4.0 μg、6.0 μg、8.0 μg、10.0 μg砷),分别置于150 mL锥形瓶中,加水至43.5 mL,再加6.5 mL盐酸。于试样消化液、试剂空白液及砷标准使用液中各加3 mL碘化钾溶液(150 g/L)和0.5 mL酸性氯化亚锡溶液,混匀静置15 min。各加入3 g锌粒,立即分别塞上装有乙酸铅棉花的导气管,并使管尖端插入盛有4 mL银盐溶液的离心管中的液面下,在常温下反应45 min后,取下离心管,加三氯甲烷补足4 mL。用1 cm比色皿,以零管调节零点,于波长520 nm处测吸光度,绘制标准曲线。

5. 计算

$$X = \frac{(A_1 - A_2) \times 1000}{m \times V_2 / V_1 \times 1000}$$

式中:X——试样中砷的含量,mg/kg 或 mg/L;

A_1——测定用试样消化液中砷的质量,μg;

A_2——试剂空白液中砷的质量,μg;

m——试样质量或体积,g 或 mL;

V_1——试样消化液的总体积,mL;

V_2——测定用试样消化液的体积,mL。

计算结果保留两位有效数字。在重复性条件下获得的两次独立测定结果的绝对差值不得超过算术平均值的10%。

6. 注意事项

(1) 本法适用于各类农产品中总砷的测定,检出限为0.2 mg/kg。

(2) 砷化氢发生及吸收应防止在阳光直射下进行,同时应将温度控制在25 ℃左右,防止反应过慢或过激。

(3) 吸收液吸收砷化氢后呈色在150 min内稳定。

(4) 不同形状和规格的无砷锌粒,因其表面积不同,与酸反应的速度也不同,将直接影响吸收率及测定结果。故一般认为3 g蜂窝状锌粒或5 g大颗粒锌粒能获得良好的结果。

四、汞的测定

汞俗称为"水银",是典型的有害有毒元素。食品中汞为总汞,包括无机汞和有机汞。

汞在农业上的污染主要来自两个方面：一是工业"三废"，二是农业上含汞农药的大量使用。汞的毒性与汞的存在形式、汞化合物的吸收关系很大。无机汞不易吸收，毒性小，而有机汞，特别是烷基汞容易吸收且毒性大，尤其是其中的甲基汞吸收程度可达90%～100%。

(一) 原子荧光光谱分析法

1. 原理 试样经酸加热消解后，在酸性介质中，试样中汞被硼氢化钾（KBH_4）或硼氢化钠（$NaBH_4$）还原成原子态汞，由载气（氩气）带入原子化器中，在特制汞空心阴极灯照射下，基态汞原子被激发至高能态，在去活化回到基态时，发射出特征波长的荧光，其荧光强度与汞含量成正比，与标准系列比较定量。

2. 仪器 双道原子荧光光度计，高压消解罐（100 mL容量），微波消解炉。

3. 试剂

(1) 硝酸（优级纯）。

(2) 过氧化氢（30%）。

(3) 硫酸（优级纯）。

(4) 硫酸-硝酸-水（1+1+8）：量取10 mL硝酸和10 mL硫酸，缓慢倒入80 mL水中，冷却后小心混匀。

(5) 硝酸溶液（1+9）：量取50 mL硝酸，缓慢倒入450 mL水中，混匀。

(6) 氢氧化钾溶液（5 g/L）：称取5.0 g氢氧化钾溶于水中，稀释至1 000 mL，混匀。

(7) 硼氢化钾溶液（5 g/L）：称取5.0 g硼氢化钾，溶于氢氧化钾溶液（5 g/L）中，并稀释至1 000 mL，混匀，现用现配。

(8) 汞标准储备液：精密称取0.135 4 g干燥过的二氯化汞，加硫酸-硝酸-水混合酸（1+1+8）溶解后移入100 mL容量瓶中，并稀释至刻度，混匀，此溶液每毫升相当于1 mg汞。

(9) 汞标准使用液：用移液管吸取汞标准储备液（1 mg/mL）1 mL于100 mL容量瓶中，用硝酸溶液（1+9）稀释至刻度，混匀，此溶液浓度为10 μg/mL。分别吸取1 mL和5 mL汞标准溶液（10 μg/mL）于两个100 mL容量瓶中，用硝酸溶液（1+9）稀释至刻度，混匀，溶液浓度分别为100 ng/mL和500 ng/mL，分别用于测定低浓度试样和高浓度试样，制作标准曲线。

4. 方法

(1) 样品消解。

① 高压消解方法。本方法适用于粮食、豆类、蔬菜、水果、瘦肉类、鱼类、蛋类及乳与乳制品类食品中总汞的测定。

粮食及豆类等干样：称取经粉碎混匀过40目筛的干样0.2～1.00 g，置于聚四氟乙烯塑料内罐中，加5 mL硝酸，混匀后放置过夜，再加7 mL过氧化氢，盖上内盖放入不锈钢外套中，旋紧密封。然后将消解器放入普通干燥箱（烘箱）中加热，升温至120 ℃后保持恒温2～3 h，至消解完全，自然冷至室温。将消解液用硝酸溶液（1+9）定量转移并定容至25 mL，摇匀。同时做试剂空白试验。

蔬菜、瘦肉、鱼类及蛋类等水分含量高的鲜样：用捣碎机将试样打成匀浆，称取匀浆1.00～5.00 g，置于聚四氟乙烯塑料内罐中，加盖留缝放于65 ℃鼓风干燥烤箱中烘至近干取出，加 5 mL 硝酸，混匀后放置过夜，再加 7 mL 过氧化氢，盖上内盖放入不锈钢外套中，旋紧密封。然后将消解器放入普通干燥箱（烘箱）中加热，升温至 120 ℃后保持恒温 2~3 h，至消解完全，自然冷至室温。将消解液用硝酸溶液（1+9）定量转移并定容至 25 mL，摇匀。同时做试剂空白试验。

② 微波消解法。称取 0.10~0.50 g 试样于消解罐中加入 1~5 mL 硝酸和 1~2 mL 过氧化氢，盖好安全阀后，将消解罐放入微波炉消解系统中，根据不同种类的试样设置微波炉消解系统的最佳分析条件（表 6-1 和表 6-2），直至消解完全。冷却后用硝酸溶液（1+9）定量转移并定容至 25 mL（低含量样品可定容至 10 mL），混匀待测。

表 6-1 粮食、蔬菜、鱼肉类试样微波分析条件

步骤	1	2	3
功率（%）	50	75	90
压力（kPa）	343	685	1096
升压时间（min）	30	30	30
保压时间（min）	5	7	5
排风量（%）	100	100	100

表 6-2 油脂、糖类试样微波分析条件

步骤	1	2	3	4	5
功率（%）	50	70	80	100	100
压力（kPa）	343	514	686	959	1234
升压时间（min）	30	30	30	30	30
保压时间（min）	5	5	5	7	5
排风量（%）	100	100	100	100	100

（2）标准系列配制。

① 低浓度标准系列。分别吸取 100 ng/mL 汞标准使用液 0.25 mL、0.50 mL、1.00 mL、2.00 mL、2.50 mL 于 25 mL 容量瓶中，用硝酸溶液（1+9）稀释至刻度，混匀。分别相当于汞浓度 1.00 ng/mL、2.00 ng/mL、4.00 ng/mL、8.00 ng/mL、10.00 ng/mL。此标准系列适用于一般试样测定。

② 高浓度标准系列。分别吸取 500 ng/mL 汞标准使用液 0.25 mL、0.50 mL、1.00 mL、1.50 mL、2.00 mL 于 25 mL 容量瓶中，用硝酸溶液（1+9）稀释至刻度，混匀。分别相当于汞浓度 5.00 ng/mL、10.00 ng/mL、20.00 ng/mL、30.00 ng/mL、40.00 ng/mL。此标准系列适用于鱼及含汞量偏高的试样测定。

（3）仪器参考条件。光电倍增管负高压：240 V；汞空心阴极灯电流：30 mA；原子化器：温度 300 ℃，高度 8.0 mm；氩气流速：载气 500 mL/min，屏蔽气 1000 mL/min；测量方式：标准曲线法；读数方式：峰面积；读数延迟时间：1.0 s；读数时间：10.0 s；硼氢化钾溶液加液时间：8.0 s；标液或样液加液体积：2 mL。

注：AFS 系列原子荧光仪如 230、230a、2202、2202a、2201 等仪器属于全自动或断序

流动的仪器，都附有本仪器的操作软件，仪器分析条件应设置本仪器所提示的分析条件，仪器稳定后，测标准系列，至标准曲线的相关系数 $r>0.999$ 后测试样。试样前处理可适用任何型号的原子荧光仪。

(4) 测定。根据情况任选以下一种方法。

① 浓度测定方式测量。设定好仪器最佳条件，逐步将炉温升至所需温度后，稳定 $10\sim20\ \text{min}$ 后开始测量。连续用硝酸溶液（1+9）进样，待读数稳定之后，转入标准系列测量，绘制标准曲线。转入试样测量，先用硝酸溶液（1+9）进样，使读数基本回零，再分别测定试样空白和试样消化液，每测不同的试样前都应清洗进样器。测定值代入公式计算出试样中汞含量。

② 仪器自动计算结果方式测量。设定好仪器最佳条件，在试样参数画面输入以下参数：试样质量（g 或 mL），稀释体积（mL），并选择结果的浓度单位，逐步将炉温升至所需温度，稳定后测量。连续用硝酸溶液（1+9）进样，待读数稳定之后，转入标准系列测量，绘制标准曲线。在转入试样测定之前，再进入空白值测量状态，用试样空白消化液进样，让仪器取其均值作为扣底的空白值。随后即可依法测定试样。测定完毕后，选择"打印报告"即可将测定结果自动打印。

5. 计算

$$X=\frac{(c-c_0)\times V\times 1000}{m\times 1000\times 1000}$$

式中：X——试样中汞的含量，mg/kg 或 mg/L；

c——试样消化液中汞的含量，ng/mL；

c_0——试剂空白液中汞的含量，ng/mL；

V——试样消化液总体积，mL；

m——试样质量或体积，g 或 mL。

计算结果保留三位有效数字。在重复性条件下获得的两次独立测定结果的绝对差值不得超过算术平均值的 10%。

6. 注意事项 此测定方法适用于各类农产品中总汞的测定。检出限为 $0.15\ \mu\text{g/kg}$，标准曲线最佳线性范围 $0\sim60\ \mu\text{g/L}$。

(二) 冷原子吸收光谱法

1. 原理 汞蒸气对波长 253.7 nm 的共振线具有强烈的吸收作用。试样经过酸消解或催化酸消解使汞转为离子状态，在强酸性介质中用氯化亚锡还原成元素汞，以氮气或干燥空气作为载体，将元素汞吹入汞测定仪，进行冷原子吸收测定，在一定浓度范围其吸收值与汞含量成正比，与标准系列比较定量。

2. 仪器 所用玻璃仪器均需以硝酸溶液（1+5）浸泡过夜，用水反复冲洗，最后用去离子水冲洗干净。

(1) 双光束测汞仪（附气体循环泵、气体干燥装置、汞蒸气发生装置及汞蒸气吸收瓶）。

(2) 恒温干燥箱。

(3) 压力消解器、压力消解罐或压力溶弹。

(4) 60 mL 汞蒸气发生器，见图 6-2。

3. 试剂

(1) 硝酸。

(2) 盐酸。

(3) 过氧化氢（30%）。

(4) 硝酸溶液（0.5+99.5）：取 0.5 mL 硝酸慢慢加入 50 mL 水中，然后加水稀释至 100 mL。

(5) 高锰酸钾溶液（50 g/L）：称取 5.0 g 高锰酸钾置于 100 mL 棕色瓶中，以水溶解稀释至 100 mL。

(6) 硝酸-重铬酸钾溶液：称取 0.05 g 重铬酸钾溶于水中，加入 5 mL 硝酸，用水稀释至 100 mL。

(7) 氯化亚锡溶液（100 g/L）：称取 10 g 氯化亚锡溶于 20 mL 盐酸中，以水稀释至100 mL，临用时现配。

(8) 无水氯化钙。

(9) 汞标准储备液：准确称取 0.135 4 g 经干燥器干燥过的二氧化汞，溶于硝酸-重铬酸钾溶液中，移入 100 mL 容量瓶中，以硝酸-重铬酸钾溶液稀释至刻度，混匀。此溶液每毫升含 1.0 mg 汞。

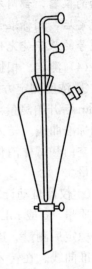

图 6-2　60 mL 汞蒸气发生器

(10) 汞标准使用液：由汞标准储备液（1.0 mg/mL）经硝酸-重铬酸钾溶液稀释成 2.0 ng/mL、4.0 ng/mL、6.0 ng/mL、8.0 ng/mL、10.0 ng/mL 的汞标准使用液。临用时现配。

4. 方法

(1) 试样制备。在采样和制备过程中，应注意不使试样污染。

粮食、豆类等样品：去杂质后磨碎，过 20 目筛，储于塑料瓶中保存备用。

蔬菜、水果、鱼类、肉类及蛋类等水分含量高的鲜样：用食品加工机或匀浆机打成匀浆，储于塑料瓶中保存备用。

(2) 试样消解。用压力消解罐消解法对试样进行消解。称取 1.00~3.00 g 试样（干样、含脂肪高的样品<1.00 g，鲜样<3.00 g 或按压力消解罐使用说明书称取试样）于聚四氟乙烯内罐，加硝酸 2~4 mL 浸泡过夜。再加过氧化氢（30%）2~3 mL（总量不能超过罐容积的 1/3）。盖好内盖，旋紧不锈钢外套，放入恒温干燥箱，120~140 ℃保持 3~4 h，在箱内自然冷却至室温，用滴管将消化液洗入或过滤入（视消化后样品的盐分而定）10.0 mL 容量瓶中，用水少量多次洗涤罐，洗液合并于容量瓶中并定容至刻度，混匀备用。同时做试剂空白试验。

(3) 仪器条件。打开测汞仪，预热 1~2 h，并将仪器性能调至最佳状态。

(4) 标准曲线绘制。吸取上面配制的汞标准使用液 2.0 ng/mL、4.0 ng/mL、6.0 ng/mL、8.0 ng/mL、10.0 ng/mL 各 5.0 mL（相当于 10.0 ng、20.0 ng、30.0 ng、40.0 ng、50.0 ng 汞），置于测汞仪的汞蒸气发生器的还原瓶中，分别加入 1.0 mL 还原剂氯化亚锡（100 g/L），迅速盖紧瓶塞，随后有气泡产生，从仪器读数显示的最高点测得其吸收值，然后打开吸收瓶上的三通阀将产生的汞蒸气吸收于高锰酸钾溶液（50 g/L）中，待测汞仪上的读数达到零点时进行下一次测定。并求得吸光度与汞质量关系的一元线性回归方程。

(5) 试样测定。分别吸取样液和试剂空白液各 5.0 mL，置于测汞仪的汞蒸气发生器的还原瓶中，分别加入 1.0 mL 还原剂氯化亚锡（100 g/L），迅速盖紧瓶塞，随后有气泡产生，从仪器读数显示的最高点测得其吸收值，然后打开吸收瓶上的三通阀将产生的汞蒸气吸收于高锰酸钾溶液（50 g/L）中，待测汞仪上的读数达到零点时进行下一次测定。将所测得吸收值，代入标准系列的一元线性回归方程中求得样液中汞含量。

5. 计算

$$X = \frac{(A_1 - A_2) \times (V_1/V_2) \times 1000}{m \times 1000}$$

式中：X——试样中汞含量，$\mu g/kg$ 或 $\mu g/L$；

A_1——试样消化液中汞质量，ng；

A_2——试剂空白液中汞质量，ng；

V_1——试样消化液总体积，mL；

V_2——测定用试样消化液体积，mL；

m——试样质量或体积，g 或 mL。

计算结果保留两位有效数字。在重复性条件下获得的两次独立测定结果的绝对差值不得超过算术平均值的 20%。

6. 注意事项 此测定方法适用于各类农产品中总汞的测定。检出限为 0.4 $\mu g/kg$。

实训操作

大米中镉的测定

【实训目的】学会并掌握石墨炉原子化法测定大米中镉的含量。

【实训原理】试样经灰化或酸消解后，注入原子吸收分光光度计石墨炉中，电热原子化后吸收 228.8 nm 共振线，在一定浓度范围内，其吸收量与镉含量成正比，与标准系列比较定量。

【实训仪器】原子吸收分光光度计（附石墨炉及镉空心阴极灯）。

【实训试剂】

1. 硝酸（0.5 mol/L） 取 3.2 mL 硝酸加入 50 mL 水中，稀释至 100 mL。

2. 盐酸（1+1） 取 50 mL 盐酸慢慢加入 50 mL 水中。

3. 镉标准储备液 准确称取 1.000 g 金属镉（99.99%）分次加 20 mL 盐酸（1+1）溶解，加 2 滴硝酸，移入 1000 mL 容量瓶中，加水至刻度，混匀。此溶液每毫升含 1.0 mg 镉。

4. 镉标准使用液 每次吸取镉标准储备液 10.0 mL 于 100 mL 容量瓶中，加硝酸（0.5 mol/L）至刻度。如此经多次稀释成每毫升含 100.0 ng 镉的标准使用液。

【操作步骤】

1. 样品预处理 在采样和制备样品过程中，应注意样品不被污染。大米去杂质后磨碎过 20 目筛，储于塑料瓶中保存备用。

2. 样品消解 称取 1.00～2.00 g 粉碎的大米试样，或按压力消解罐使用说明书称取试样，于聚四氟乙烯内罐，加入硝酸 2～4 mL 浸泡过夜。再加过氧化氢（30%）2～3 mL（总量不能超过罐容积的 1/3）。盖好内盖，旋紧不锈钢外套，放入恒温干燥箱，120～140 ℃ 保持 3～4 h，在箱内自然冷却至室温，用滴管将消化液洗入或过滤（视消化液有无沉淀而定）入 10～25 mL 容量瓶中，用水少量多次洗涤罐，洗液合并于容量瓶中并定容至刻度，混匀备用。同时做试剂空白试验。

3. 仪器条件　根据各自仪器性能调至最佳状态。参考条件为：波长 228.8 nm；狭缝 0.5~1.0 nm；灯电流 8~10 mA；干燥温度 120 ℃，20 s；灰化温度 350 ℃，15~20 s；原子化温度 1 700~2 300 ℃，4~5 s；背景校正为氘灯或塞曼效应。

4. 标准曲线绘制　准确吸取镉标准使用液 0、1.0 mL、2.0 mL、3.0 mL、5.0 mL、7.0 mL、10.0 mL 分别置于 100 mL 容量瓶中，以硝酸溶液（0.5 mol/L）定容至刻度，分别相当于镉浓度 0、1.0 ng/mL、2.0 ng/mL、3.0 ng/mL、5.0 ng/mL、7.0 ng/mL、10.0 ng/mL。分别吸取镉标准系列溶液 10 μL 注入石墨炉原子化器，测定其吸光度，绘制标准曲线。由吸光度可求得吸光度与浓度关系的一元线性回归方程。

5. 试样测定　分别吸取样液和试剂空白液各 10 μL 注入石墨炉，测得其吸光度，代入标准系列的一元线性回归方程中求得样液中镉含量。

【结果计算】

$$X = \frac{(A_1 - A_2) \times V \times 1000}{m \times 1000}$$

式中：X——大米中镉的含量，μg/kg；
　　　A_1——测定试样消化液中镉含量，ng/mL；
　　　A_2——空白液中镉含量，ng/mL；
　　　V——试样消化液总体积，mL；
　　　m——试样质量，g。

计算结果保留两位有效数字。在重复性条件下获得的两次独立测定结果的绝对差值不得超过算术平均值的 20%。

任务二　农药残留测定

农药残留（Pesticide Residues）是农药使用后一个时期内没有被分解而残留于生物体、收获物、土壤、水体、大气中的微量农药原体、有毒代谢物、降解物和杂质的总称。施用于作物上的农药，其中一部分附着于作物上，一部分散落在土壤、大气和水等环境中，环境残存的农药中的一部分又会被植物吸收。残留农药直接通过植物果实或水、大气到达人畜体内，或通过环境、食物链最终传递给人畜。农产品中常见的农药残留种类包括有机氯农药、有机磷农药、拟除虫菊酯农药、氨基甲酸酯农药等。为保证农产品安全，保障消费者健康，我国对农药使用做了限制，并制定了农药允许残留量标准。

一、有机氯农药残留检测

有机氯农药是一类含有有机氯元素的有机化合物，主要分为以苯为原料和以环戊二烯为原料两大类。前者如使用最早、应用最广的杀虫剂滴滴涕和六六六，以及杀螨剂三氯杀螨砜、三氯杀螨醇等，杀菌剂五氯硝基苯、百菌清、稻丰宁等；后者如作为杀虫剂的氯丹、七氯、艾氏剂等。此外以松节油为原料的莰烯类杀虫剂、毒杀芬和以萜烯为原料的冰片基氯也属于有机氯农药。这类农药化学性质稳定、难于分解、残留时间长，对环境造成严重污染。

(一) 毛细管柱气相色谱-电子捕获检测器法

1. 原理 试样中有机氯农药组分经有机溶剂提取、凝胶色谱层析净化，用毛细管柱气相色谱分离，电子捕获检测器检测，以保留时间定性，外标法定量。

2. 仪器 气相色谱仪（GC）[配有电子捕获检测器（ECD）]，凝胶净化柱[长 30 cm，内径 2.3～2.5 cm 具活塞玻璃层析柱，柱底垫少许玻璃棉。用洗脱剂乙酸乙酯-环己烷（1+1）浸泡的凝胶，以湿法装入柱中，柱床高约 26 cm，凝胶始终保持在洗脱剂中]，全自动凝胶色谱系统[带有固定波长（254 nm）紫外检测器，供选择使用]，旋转蒸发仪，组织匀浆器，振荡器，氮气浓缩器。

3. 试剂

(1) 丙酮（CH_3COCH_3）：分析纯，重蒸。

(2) 石油醚：沸程 30～60 ℃，分析纯，重蒸。

(3) 乙酸乙酯（$CH_3COOC_2H_5$）：分析纯，重蒸。

(4) 环己烷（C_6H_{12}）：分析纯，重蒸。

(5) 正己烷（C_6H_{14}）：分析纯，重蒸。

(6) 氯化钠（NaCl）：分析纯。

(7) 无水硫酸钠（Na_2SO_4）：分析纯，将无水硫酸钠置于干燥箱中，于 120 ℃ 干燥 4 h，冷却后，密闭保存。

(8) 聚苯乙烯凝胶：200～400 目，或同类产品。

(9) 农药标准品：α-六六六、六氯苯、β-六六六、γ-六六六、五氯硝基苯、δ-六六六、五氯苯胺、七氯、五氯苯基硫醚、艾氏剂、氧氯丹、环氧七氯、反氯丹、α-硫丹、顺氯丹、p, p′-滴滴伊、狄氏剂、异狄氏剂、β-硫丹、p, p′-滴滴滴、o, p′-滴滴涕、异狄氏剂醛、硫丹硫酸盐、p, p′-滴滴涕、异狄氏剂酮、灭蚁灵，纯度均应不低于 98%。

(10) 标准溶液的配制：分别准确称取或量取上述农药标准品适量，用少量苯溶解，再用正己烷稀释成一定浓度的标准储备液。量取适量标准储备液，用正己烷稀释为系列混合标准溶液。

4. 方法

(1) 试样制备。蛋品去壳，制成匀浆；肉品去筋后，切成小块，制成肉糜；乳品混匀待用。

(2) 提取与分配。

① 蛋类。称取试样 20 g（精确到 0.01 g）于 200 mL 具塞三角瓶中，加水 5 mL（视试样水分含量加水，使总水量约为 20 g。通常鲜蛋水分含量约 75%，加水 5 mL 即可），再加入 40 mL 丙酮，振摇 30 min 后，加入氯化钠 6 g，充分摇匀，再加入 30 mL 石油醚，振摇 30 min。静置分层后，将有机相全部转移至 100 mL 具塞三角瓶中经无水硫酸钠干燥，并量取 35 mL 于旋转蒸发瓶中，浓缩至约 1 mL，加入 2 mL 乙酸乙酯-环己烷（1+1）溶液再浓缩，如此重复 3 次，浓缩至约 1 mL，供凝胶色谱层析净化使用，或将浓缩液转移至全自动凝胶渗透色谱系统配套的进样试管中，用乙酸乙酯-环己烷（1+1）溶液洗涤旋转蒸发瓶数次，将洗涤液合并至试管中，定容至 10 mL。

② 肉类。称取试样 20 g（精确到 0.01 g），加水 15 mL（视试样水分含量加水，使总水

量约 20 g）。加 40 mL 丙酮，振摇 30 min，加入氯化钠 6 g，充分摇匀，再加入 30 mL 石油醚，振摇 30 min。静置分层后，将有机相全部转移至 100 mL 具塞三角瓶中经无水硫酸钠干燥，并量取 35 mL 于旋转蒸发瓶中，浓缩至约 1 mL，加入 2 mL 乙酸乙酯-环己烷（1+1）溶液再浓缩，如此重复 3 次，浓缩至约 1 mL，供凝胶色谱层析净化使用，或将浓缩液转移至全自动凝胶渗透色谱系统配套的进样试管中，用乙酸乙酯-环己烷（1+1）溶液洗涤旋转蒸发瓶数次，将洗涤液合并至试管中，定容至 10 mL。

③ 乳类。称取试样 20 g（精确到 0.01 g），鲜乳不需加水，加入 40 mL 丙酮，振摇 30 min 后，加入氯化钠 6 g，充分摇匀，再加入 30 mL 石油醚，振摇 30 min。静置分层后，将有机相全部转移至 100 mL 具塞三角瓶中经无水硫酸钠干燥，并量取 35 mL 于旋转蒸发瓶中，浓缩至约 1 mL，加入 2 mL 乙酸乙酯-环己烷（1+1）溶液再浓缩，如此重复 3 次，浓缩至约 1 mL，供凝胶色谱层析净化使用，或将浓缩液转移至全自动凝胶渗透色谱系统配套的进样试管中，用乙酸乙酯-环己烷（1+1）溶液洗涤旋转蒸发瓶数次，将洗涤液合并至试管中，定容至 10 mL。

④ 大豆油。称取试样 1 g（精确到 0.01 g），直接加入 30 mL 石油醚，振摇 30 min 后，将有机相全部转移至旋转蒸发瓶中，浓缩至约 1 mL，加 2 mL 乙酸乙酯-环己烷（1+1）溶液再浓缩，如此重复 3 次，浓缩至约 1 mL，供凝胶色谱层析净化使用，或将浓缩液转移至全自动凝胶渗透色谱系统配套的进样试管中，用乙酸乙酯-环己烷（1+1）溶液洗涤旋转蒸发瓶数次，将洗涤液合并至试管中，定容至 10 mL。

⑤ 植物类。称取试样匀浆 20 g，加水 5 mL（视其水分含量加水，使总水量约 20 mL），加丙酮 40 mL，振荡 30 min，加氯化钠 6 g，摇匀。加石油醚 30 mL，再振荡 30 min，静置分层后，将有机相全部转移至 100 mL 具塞三角瓶中经无水硫酸钠干燥，并量取 35 mL 于旋转蒸发瓶中，浓缩至约 1 mL，加入 2 mL 乙酸乙酯-环己烷（1+1）溶液再浓缩，如此重复 3 次，浓缩至约 1 mL，供凝胶色谱层析净化使用，或将浓缩液转移至全自动凝胶渗透色谱系统配套的进样试管中，用乙酸乙酯-环己烷（1+1）溶液洗涤旋转蒸发瓶数次，将洗涤液合并至试管中，定容至 10 mL。

（3）净化。选择手动或全自动净化方法的任何一种进行。

① 手动凝胶色谱柱净化。将试样浓缩液经凝胶柱以乙酸乙酯-环己烷（1+1）溶液洗脱，弃去 0~35 mL 流分，收集 35~70 mL 流分。将其旋转蒸发浓缩至约 1 mL，再经凝胶柱净化收集 35~70 mL 流分，蒸发浓缩，用氮气吹除溶剂，用正己烷定容至 1 mL，留待 GC 分析。

② 全自动凝胶渗透色谱系统净化。试样由 5 mL 试样环注入凝胶渗透色谱（GPC）柱，泵流速 5.0 mL/min，以乙酸乙酯-环己烷（1+1）溶液洗脱，弃去 0~7.5 min 流分，收集 7.5~15 min 流分，15~20 min 冲洗 GPC 柱。将收集的流分旋转蒸发浓缩至约 1 mL，用氮气吹至近干，用正己烷定容至 1 mL，留待 GC 分析。

（4）测定。

① 气相色谱参考条件。

色谱柱：DM-5 石英弹性毛细管柱，长 30 m、内径 0.32 mm、膜厚 0.25 μm，或等效柱。柱温：程序升温。

$$90\ ℃\ (1\ min) \xrightarrow{40\ ℃/min} 170\ ℃ \xrightarrow{2.3\ ℃/min} 230\ ℃\ (17\ min) \xrightarrow{40\ ℃/min} 280\ ℃\ (5\ min)$$

进样口温度：280 ℃。进样量：1 μL，不分流进样。检测器：电子捕获检测器（ECD），温度 300 ℃。载气流速：氮气（N_2），流速 1 mL/min；尾吹，25 mL/min。柱前压：0.5 MPa。

② 色谱分析。分别吸取 1 μL 混合标准液及试样净化液注入气相色谱仪中，记录色谱图，以保留时间定性，以试样和标准的峰高或峰面积比较定量。

③ 色谱图。有机氯农药混合标准溶液的色谱图，见图 6-3。

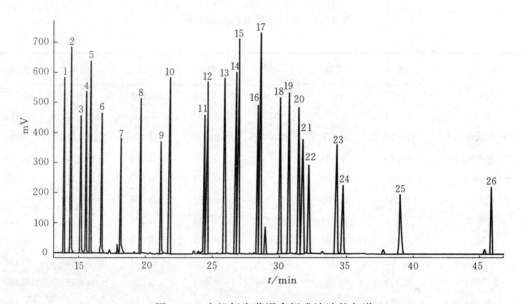

图 6-3 有机氯农药混合标准溶液的色谱

1. α-六六六 2. 六氯苯 3. β-六六六 4. γ-六六六 5. 五氯硝基苯 6. δ-六六六 7. 五氯苯胺 8. 七氯
9. 五氯苯基硫醚 10. 艾氏剂 11. 氧氯丹 12. 环氧七氯 13. 反氯丹 14. α-硫丹 15. 顺氯丹
16. p,p'-滴滴伊 17. 狄氏剂 18. 异狄氏剂 19. β-硫丹 20. p,p'-滴滴滴 21. o,p'-滴滴涕
22. 异狄氏剂醛 23. 硫丹硫酸盐 24. p,p'-滴滴涕 25. 异狄氏剂酮 26. 灭蚁灵

5. 计算

$$X = \frac{m_1 \times V_1 \times f \times 1000}{m \times V_2 \times 1000}$$

式中：X——试样中各农药的含量，mg/kg；

m_1——被测样液中各农药的含量，ng；

V_1——样液进样体积，μL；

f——稀释因子；

m——试样质量，g；

V_2——样液最后定容体积，mL。

计算结果保留两位有效数字。在重复性条件下获得的两次独立测定结果的绝对差值不得超过算术平均值的 20%。

6. 注意事项

（1）此方法规定了农产品中六六六、滴滴滴、六氯苯、灭蚁灵、七氯、氯丹、艾氏剂、狄氏剂、异狄氏剂、硫丹、五氯硝基苯的测定方法。

(2) 此方法适用于肉类、蛋类、乳类动物性食品和植物（含油脂）中α-六六六、六氯苯、β-六六六、γ-六六六、五氯硝基苯、δ-六六六、五氯苯胺、七氯、五氯苯基硫醚、艾氏剂、氧氯丹、环氧七氯、反式氯丹、α-硫丹、顺式氯丹、p,p'-滴滴伊、狄氏剂、异狄氏剂、β-硫丹、p,p'-滴滴滴、o,p'-滴滴涕、异狄氏剂醛、硫丹硫酸盐、p,p-滴滴涕、异狄氏剂酮、灭蚁灵的分析。

(3) 检出限随试样基质而不同，见表6-3。

表6-3 不同基质试样的检出限

单位：μg/kg

农药	猪肉	牛肉	羊肉	鸡肉	鱼	鸡蛋	植物油
α-六六六	0.135	0.034	0.045	0.018	0.039	0.053	0.097
六氯苯	0.114	0.098	0.051	0.089	0.030	0.060	0.194
β-六六六	0.210	0.376	0.107	0.161	0.179	0.179	0.634
γ-六六六	0.075	0.134	0.118	0.077	0.064	0.096	0.226
五氯硝基苯	0.089	0.160	0.149	0.104	0.040	0.114	0.270
δ-六六六	0.284	0.169	0.045	0.092	0.038	0.161	0.179
五氯苯胺	0.248	0.153	0.055	0.141	0.139	0.291	0.250
七氯	0.125	0.192	0.079	0.134	0.027	0.053	0.247
五氯苯基硫醚	0.083	0.089	0.078	0.050	0.131	0.082	0.151
艾氏剂	0.148	0.095	0.090	0.034	0.138	0.087	0.159
氧氯丹	0.078	0.062	0.256	0.181	0.187	0.126	0.253
环氧七氯	0.058	0.034	0.166	0.042	0.132	0.089	0.088
反氯丹	0.071	0.044	0.051	0.087	0.048	0.094	0.307
α-硫丹	0.088	0.027	0.154	0.140	0.060	0.191	0.382
顺氯丹	0.055	0.039	0.029	0.088	0.040	0.066	0.240
p,p'-滴滴伊	0.136	0.183	0.070	0.046	0.126	0.174	0.345
狄氏剂	0.033	0.025	0.024	0.015	0.050	0.101	0.137
异狄氏剂	0.155	0.185	0.131	0.324	0.101	0.481	0.481
β-硫丹	0.030	0.042	0.200	0.066	0.063	0.080	0.246
p,p'-滴滴滴	0.032	0.165	0.378	0.230	0.211	0.151	0.465
o,p'-滴滴涕	0.029	0.147	0.335	0.138	0.156	0.048	0.412
异狄氏剂醛	0.072	0.051	0.088	0.069	0.078	0.072	0.358
硫丹硫酸盐	0.140	0.183	0.153	0.293	0.200	0.267	0.260
p,p'-滴滴涕	0.138	0.086	0.119	0.168	0.198	0.461	0.481
异狄氏剂酮	0.038	0.061	0.036	0.054	0.041	0.222	0.239
灭蚁灵	0.133	0.145	0.153	0.175	0.167	0.276	0.127

（二）填充柱气相色谱-电子捕获检测器法

1. 原理 样品中六六六、滴滴涕经提取净化后用气相色谱法测定，与标准比较定量。

电子捕获检测器对于负电极强的化合物具有极高的灵敏度,利用这一特点,可分别测出痕量的六六六和滴滴涕。不同异构体和代谢物可同时分别测定。出峰顺序为:α-六六六、γ-六六六、β-六六六、δ-六六六、p,p'-滴滴伊、o,p'-滴滴涕、p,p'-滴滴滴、p,p'-滴滴涕。

2. 仪器 气相色谱仪(具电子捕获检测器),旋转蒸发器,氮气浓缩器,匀浆机,调速多用振荡器,离心机,植物样本粉碎机。

3. 试剂

(1) 丙酮(CH_3COCH_3):分析纯,重蒸。

(2) 正己烷(C_6H_{14}):分析纯,重蒸。

(3) 石油醚:沸程30~60 ℃,分析纯,重蒸。

(4) 苯(C_6H_6):分析纯。

(5) 硫酸(H_2SO_4):优级纯。

(6) 无水硫酸钠(Na_2SO_4):分析纯。

(7) 硫酸钠溶液(20 g/L)。

(8) 农药标准品:六六六(α-六六六、β-六六六、γ-六六六、和δ-六六六)纯度>99%,滴滴涕(p,p'-滴滴伊、o,p'-滴滴涕、p,p'-滴滴滴和p,p'-滴滴涕)纯度>99%。

(9) 农药标准储备液:精密称取α-六六六、β-六六六、γ-六六六、δ-六六六、p,p'-滴滴伊、o,p'-滴滴涕、p,p'-滴滴滴和p,p'-滴滴涕各10 mg溶于苯中,分别移于100 mL容量瓶中,以苯稀释至刻度混匀,浓度为100 mg/L,储存于冰箱中。

(10) 农药混合标准工作液:分别量取上述各标准储备液于同一容量瓶中,以正己烷稀释至刻度。α-六六六、γ-六六六和δ-六六六的浓度为0.005 mg/L,β-六六六和p,p'-滴滴伊浓度为0.01 mg/L,o,p'-滴滴涕浓度为0.05 mg/L,p,p'-滴滴滴浓度为0.02 mg/L,p,p'-滴滴涕浓度为0.1 mg/L。

4. 方法

(1) 试样制备。谷类制成粉末,其制品制成匀浆;蔬菜、水果及其制品制成匀浆;蛋品去壳制成匀浆;肉品去皮、筋后,切成小块,制成肉糜;鲜乳混匀待用;食用油混匀待用。

(2) 提取。

① 称取具有代表性的各类农产品样品匀浆20 g,加水5 mL(视样品水分含量加水,使总水量约20 mL),加丙酮40 mL,振荡30 min,加氯化钠6 g,摇匀。加石油醚30 mL,再振荡30 min,静置分层。取上清液35 mL经无水硫酸钠脱水,于旋转蒸发器中浓缩至近干,以石油醚定容至5 mL,加浓硫酸0.5 mL净化,振摇0.5 min,于3 000 r/min离心15 min。取上清液进行GC分析。

② 称取具有代表性的2 g粉末样品,加石油醚20 mL,振荡30 min,过滤,浓缩,定容至5 mL,加0.5 mL浓硫酸净化,振摇0.5 min,于3 000 r/min离心15 min。取上清液进行GC分析。

③ 称取具有代表性的食用油试样0.5 g,以石油醚溶解于10 mL刻度试管中,定容至刻度。加1.0 mL浓硫酸净化,振摇0.5 min,于3 000 r/min离心15 min。取上清液进行GC分析。

(3) 填充柱气相色谱条件。色谱柱：内径 3 mm，长 2 m 的玻璃柱，内装涂以 1.5% OV-17 和 2% QF-1 混合固定液的 80~100 目硅藻土；载气：高纯氮，流速 110 mL/min；柱温：185 ℃；检测器温度：225 ℃；进样口温度：195 ℃。

(4) 测定。进样量为 1~10 μL。外标法定量。

5. 计算

$$X = \frac{A_1}{A_2} \times \frac{m_1}{m_2} \times \frac{V_1}{V_2} \times \frac{1000}{1000}$$

式中：X——试样中六六六、滴滴涕及其异构体或代谢物的单一含量，mg/kg；

A_1——被测定试样各组分的峰值（峰高或面积）；

A_2——各农药组分标准的峰值（峰高或面积）；

m_1——单一农药标准溶液的含量，ng；

m_2——被测定试样的取样量，g；

V_1——被测定试样的稀释体积，mL；

V_2——被测定试样的进样体积，μL。

在重复性条件下获得的两次独立测定结果的绝对差值不得超过算术平均值的 15%。

6. 注意事项

(1) 此方法适用于农产品中六六六、滴滴涕残留量的测定。

(2) 检出限：取样量 2 g，最终体积为 5 mL，进样体积为 10 μL 时，α-六六六、β-六六六、γ-六六六、δ-六六六依次为 0.038 μg/kg、0.16 μg/kg、0.047 μg/kg、0.070 μg/kg；p, p′-滴滴伊、o, p′-滴滴涕、p, p′-滴滴滴、p, p′-滴滴涕依次为 0.23 μg/kg、0.50 μg/kg、1.8 μg/kg、2.1 μg/kg。

(3) 8 种农药的色谱图，见图 6-4。

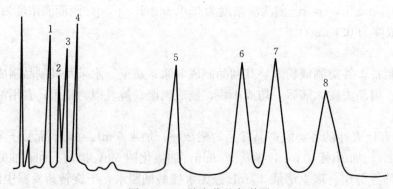

图 6-4　8 种农药的色谱图
1. α-六六六　2. β-六六六　3. γ-六六六　4. δ-六六六　5. p, p′-滴滴伊
6. o, p′-滴滴涕　7. p, p′-滴滴滴　8. p, p′-滴滴涕

二、有机磷农药残留检测

我国有机磷农药使用量占全部农药使用量 70% 以上，并且广泛用于蔬菜、水果等农作物。有机磷农药种类很多，按照其结构可分为磷酸酯和硫化磷酸酯两大类，常见的有机磷农药有：内吸磷、对硫磷、甲拌磷、敌敌畏、敌百虫、乐果、马拉硫磷、倍硫磷、杀螟硫磷等。

1. 原理 含有机磷的试样在富氢焰上燃烧,以氢磷氧(HPO)碎片的形式,放射出波长 526 nm 的特性光。这种光通过滤光片选择后,由光电倍增管接收,转换成电信号,经微电流放大器放大后被记录下来。试样的峰面积或峰高与标准品的峰面积或峰高进行比较定量。

2. 仪器 组织捣碎机,粉碎机,旋转蒸发仪,气相色谱仪(附有火焰光度检测器)。

3. 试剂

(1) 丙酮。

(2) 二氯甲烷。

(3) 氯化钠。

(4) 无水硫酸钠。

(5) 助滤剂 Celite 545。

(6) 农药标准品如下:

① 敌敌畏:纯度≥99%。

② 速灭磷:顺式纯度≥60%,反式纯度≥40%。

③ 久效磷:纯度≥99%。

④ 甲拌磷:纯度≥98%。

⑤ 巴胺磷:纯度≥99%。

⑥ 二嗪磷:纯度≥98%。

⑦ 乙嘧硫磷:纯度≥97%。

⑧ 甲基嘧啶磷:纯度≥99%。

⑨ 甲基对硫磷:纯度≥99%。

⑩ 稻瘟净:纯度≥99%。

⑪ 水胺硫磷:纯度≥99%。

⑫ 氧化喹硫磷:纯度≥99%。

⑬ 稻丰散:纯度≥99.6%。

⑭ 甲喹硫磷:纯度≥99.6%。

⑮ 克线磷:纯度≥99.9%。

⑯ 乙硫磷:纯度≥95%。

⑰ 乐果:纯度≥99.0%。

⑱ 喹硫磷:纯度≥98.2%。

⑲ 对硫磷:纯度≥99.0%。

⑳ 杀螟硫磷:纯度≥98.5%。

(7) 农药标准溶液的配制:分别准确称取各标准品,用二氯甲烷为溶剂,分别配制成 1.0 mg/mL 的标准储备液,储于冰箱(4 ℃)中,使用时根据各类农药品种的仪器响应情况,吸取不同量的标准储备液,用二氯甲烷稀释成混合标准使用液。

4. 方法

(1) 制备。谷物:经粉碎机粉碎,过 20 目筛制成待分析试样。果蔬:洗净晾干、去掉非可食部分后制成待分析试样。

(2) 提取。

果蔬：称取水果、蔬菜待分析试样 50.00 g，置于 300 mL 烧杯中，加入 50 mL 水和 100 mL 丙酮（提取液总体积为 150 mL），用组织捣碎机提取 1~2 min。匀浆液经铺有两层滤纸和约 10 g 助滤剂 Celite 545 的布氏漏斗减压抽滤。取滤液 100 mL 移至 500 mL 分液漏斗中。

谷物：称取谷物待分析试样 25.00 g，置于 300 mL 烧杯中，加入 50 mL 水和 100 mL 丙酮（提取液总体积为 150 mL），用组织捣碎机提取 1~2 min。匀浆液经铺有两层滤纸和约 10 g 助滤剂 Celite 545 的布氏漏斗减压抽滤。取滤液 100 mL 移至 500 mL 分液漏斗中。

（3）净化。向滤液中加入 10~15 g 氯化钠使溶液处于饱和状态。猛烈振摇 2~3 min，静置 10 min，使丙酮与水相分层，水相用 50 mL 二氯甲烷振摇 2 min，再静置分层。将丙酮与二氯甲烷提取液合并经装有 20~30 g 无水硫酸钠的玻璃漏斗脱水滤入 250 mL 圆底烧瓶中，再以约 40 mL 二氯甲烷分数次洗涤容器和无水硫酸钠。洗涤液也并入烧瓶中，用旋转蒸发器浓缩至约 2 mL，浓缩液定量转移至 5~25 mL 容量瓶中，加二氯甲烷定容至刻度。

（4）色谱参考条件。

① 色谱柱。玻璃柱 2.6 m×3 mm（i.d），填装涂有 4.5%DC-200+2.5%OV-17 的 Chromosorb WAW DMCS（80~100 目）的担体。玻璃柱 2.6 m×3 mm（i.d），填装涂质量分数 1.5% 的 QF-1 的 Chromosorb WAW DMCS（60~80 目）。

② 气体速度。氮气 50 mL/min，氢气 100 mL/min，空气 50 mL/min。

③ 温度。柱箱 240 ℃，汽化室 260 ℃，检测器 270 ℃。

（5）测定。吸取 2~5 μL 混合标准液及试样净化液注入色谱仪中，以保留时间定性。以试样的峰高或峰面积与标准比较定量。

5. 计算

$$X_i = \frac{A_i}{A_{si}} \times \frac{V_1}{V_2} \times \frac{V_3}{V_4} \times \frac{E_{si}}{m} \times \frac{1000}{1000}$$

式中：X_i——i 组分有机磷农药的含量，mg/kg；

A_i——试样中 i 组分的峰面积，积分单位；

A_{si}——混合标准液中 i 组分的峰面积，积分单位；

V_1——试样提取液的总体积，mL；

V_2——净化用提取液的总体积，mL；

V_3——浓缩后的定容体积，mL；

V_4——进样体积，μL；

E_{si}——注入色谱仪中的 i 标准组分的质量，ng；

m——试样的质量，g。

计算结果保留两位有效数字。在重复性条件下获得的两次独立测定结果的绝对差值不得超过算术平均值的 15%。

6. 注意事项

（1）此方法规定了水果、蔬菜、谷类中敌敌畏、速灭磷、久效磷、甲拌磷、巴胺磷、二嗪磷、乙嘧硫磷、甲基嘧啶磷、甲基对硫磷、稻瘟净、水胺硫磷、氧化喹硫磷、稻丰散、甲喹硫磷、克线磷、乙硫磷、乐果、喹硫磷、对硫磷、杀螟硫磷的残留量分析方法。

（2）此方法适用于使用过敌敌畏等 20 种农药制剂的水果、蔬菜、谷类等作物的残留量分析。

（3）有机磷农药色谱图见图 6-5。

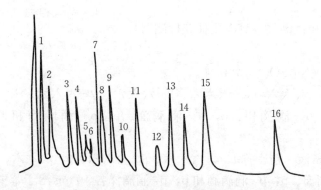

图 6-5　16 种有机磷农药（标准溶液）的色谱图
1. 敌敌畏　2. 速灭磷　3. 久效磷　4. 甲拌磷　5. 巴胺磷 6. 二嗪磷　7. 乙嘧硫磷
8. 甲基嘧啶磷　9. 甲基对硫磷　10. 稻瘟净　11. 水胺硫磷　12. 氧化喹硫磷
13. 稻丰散　14. 甲喹硫磷　15. 克线磷 16. 乙硫磷

（4）有机磷农药最低检测限，见表 6-4。

表 6-4　有机磷农药最低检测限

农药种类	保留时间（min）	最低检测限（mg/kg）	农药种类	保留时间（min）	最低检测限（mg/kg）
敌敌畏	1.21	0.005	甲基嘧啶硫磷	5.01	0.004
速磷	1.67	0.004	甲基对硫磷	6.54	0.004
久效磷	3.03	0.014	稻瘟净	6.64	0.004
甲拌磷	3.37	0.004	水胺硫磷	7.46	0.005
氧化喹硫磷	3.51	0.025	稻丰散	9.33	0.017
巴胺磷	3.94	0.011	甲喹硫磷	9.95	0.014
二嗪农	4.27	0.003	克线磷	11.64	0.009
乙嘧硫磷	4.65	0.003	乙硫磷	17	0.014

实训操作

生姜中有机氯农药残留量的测定

【实训目的】
学会并掌握填充柱气相色谱-电子捕获检测器法测定生姜中有机氯农药残留量。

【实训原理】样品中六六六、滴滴涕经提取净化后用气相色谱法测定，与标准比较定量。

电子捕获检测器对于负电极强的化合物具有极高的灵敏度,利用这一特点,可分别测出痕量的六六六和滴滴涕。不同异构体和代谢物可同时分别测定。出峰顺序为:α-六六六、γ-六六六、β-六六六、δ-六六六、p,p'-滴滴伊、o,p'-滴滴涕、p,p'-滴滴滴、p,p'-滴滴涕。

【实训仪器】气相色谱仪(具电子捕获检测器)。

【实训试剂】

1. 无水硫酸钠(Na_2SO_4) 分析纯。

2. 农药标准品 六六六(α-六六六、β-六六六、γ-六六六、和δ-六六六)纯度>99%,滴滴涕(p,p'-滴滴伊、o,p'-滴滴涕、p,p'-滴滴滴和p,p'-滴滴涕)纯度>99%。

3. 农药标准储备液 精密称取α-六六六、β-六六六、γ-六六六、δ-六六六、p,p'-滴滴伊、o,p'-滴滴涕、p,p'-滴滴滴和p,p'-滴滴涕各10 mg溶于苯中,分别移于100 mL容瓶中,以苯稀释至刻度混匀,浓度为100 mg/L,储存于冰箱中。

4. 农药混合标准工作液 分别量取上述各标准储备液于同一容量瓶中,以正己烷稀释至刻度。α-六六六、γ-六六六和δ-六六六的浓度为0.005 mg/L,β-六六六和p,p'-滴滴伊浓度为0.01 mg/L,o,p'-滴滴涕浓度为0.05 mg/L,p,p'-滴滴滴浓度为0.02 mg/L,p,p'-滴滴涕浓度为0.1 mg/L。

【操作步骤】

1. 提取 取代表性生姜制成匀浆,称取样品匀浆20 g,加水5 mL(视样品水分含量加水,使总水量约20 mL),加丙酮40 mL,振荡30 min,加氯化钠6 g,摇匀。加石油醚30 mL,再振荡30 min,静置分层。取上清液35 mL经无水硫酸钠脱水,于旋转蒸发器中浓缩至近干,以石油醚定容至5 mL,加浓硫酸0.5 mL净化,振摇0.5 min,于3 000 r/min离心15 min。取上清液进行GC分析。

2. 色谱条件 色谱柱:内径3 mm,长2 m的玻璃柱,内装涂以1.5% OV-17和2% QF-1混合固定液的80~100目硅藻土;载气:高纯氮,流速110 mL/min;柱温:185 ℃;检测器温度:225 ℃;进样口温度:195 ℃。

3. 测定 进样量为1~10 μL。外标法定量。

【结果计算】

$$X = \frac{A_1}{A_2} \times \frac{m_1}{m_2} \times \frac{V_1}{V_2} \times \frac{1000}{1000}$$

式中:X——生姜中六六六、滴滴涕及其异构体或代谢物的单一含量,mg/kg;

A_1——被测定试样各组分的峰值(峰高或面积);

A_2——各农药组分标准的峰值(峰高或面积);

m_1——单一农药标准溶液的含量,ng;

m_2——被测定试样的取样量,g;

V_1——被测定试样的稀释体积,mL;

V_2——被测定试样的进样体积,μL。

在重复性条件下获得的两次独立测定结果的绝对差值不得超过算术平均值的15%。

任务三 兽药残留测定

兽药残留（Residues of Veterinary Drug）全称为"兽药在动物源食品中的残留"，具体是指动物产品的任何可食部分所含兽药的母体化合物及（或）其代谢物，以及与兽药有关的杂质。兽药残留的主要兽药有抗生素类、磺胺类、呋喃类、抗寄生虫类和激素类药物。产生兽药残留的主要原因有：非法使用违禁或淘汰药物、不遵守休药期规定、滥用药物、违背有关标签的规定、屠宰前用药。兽药残留不仅对人体健康造成直接危害，而且对畜牧业的发展和生态环境也造成极大危害，因此对动物性农产品进行兽药残留的检测至关重要。

一、青霉素族抗生素测定

1. 原理 样品中青霉素族抗生素残留物用乙腈-水溶液提取，提取液经浓缩后，用缓冲溶液溶解，固相萃取小柱净化，洗脱液经氮气吹干后，用液相色谱-质谱/质谱测定，外标法定量。

2. 仪器 液相色谱-质谱/质谱仪：配有电喷雾离子源，旋转蒸发器，固相萃取装置，离心机，均质器，涡旋混合器，pH 计，氮吹仪。

3. 试剂 除另有说明外，所用试剂均为分析纯，水为 GB/T 6682—1992 规定的一级水。

（1）乙腈：高效液相色谱级。

（2）甲醇：高效液相色谱级。

（3）甲酸：高效液相色谱级。

（4）氯化钠。

（5）氢氧化钠。

（6）磷酸二氢钾。

（7）磷酸氢二钾。

（8）氢氧化钠溶液（0.1 mol/L）：称取 4 g 氢氧化钠，并用水稀释至 1 000 mL。

（9）乙腈水溶液（15+2）。

（10）乙腈水溶液（30+70）。

（11）0.05 mol/L 磷酸盐缓冲溶液（pH=8.5）：称取 8.7 g 磷酸氢二钾，超纯水溶解，稀释至 1 000 mL，用磷酸二氢钾调节 pH 至 8.5±0.1。

（12）0.025 mol/L 磷酸盐缓冲溶液（pH=7.0）：称取 3.4 g 磷酸二氢钾，超纯水溶解，稀释至 1 000 mL，用氢氧化钠调节 pH 至 7.0±0.1。

（13）0.01 mol/L 乙酸铵溶液（pH=4.5）：称取 0.77 g 乙酸铵，超纯水溶解，稀释至 1 000 mL，用甲酸调节 pH 至 4.5±0.1。

（14）11 种青霉素族抗生素标准品：羟氨苄青霉素、氨苄青霉素、邻氯青霉素、双氯青霉素、乙氧萘青霉素、苯唑青霉素、苄青霉素、苯氧甲基青霉素、苯咪青霉素、甲氧苯青霉素、苯氧乙基青霉素，纯度均≥95%。

（15）11 种青霉素族抗生素标准储备液：分别称取适量标准品，用乙腈水溶液（30+70）溶解并定容至 100 mL，各种青霉素族抗生素浓度为 100 μg/mL，置于−18 ℃冰箱避光保存，保存期 5 d。

(16) 11 种青霉素族抗生素混合标准中间溶液：分别吸取适量的标准储备液于 100 mL 容量瓶中，用 0.025 mol/L 磷酸盐缓冲溶液（pH＝7.0）定容至刻度，配成混合标准中间溶液。各种青霉素族抗生素浓度为：羟氨苄青霉素 500 ng/mL、氨苄青霉素 200 ng/mL、苯咪青霉素 100 ng/mL、邻氯青霉素 100 ng/mL、双氯青霉素 1 000 ng/mL、乙氧萘青霉素 200 ng/mL、苯唑青霉素、苄青霉素 100 ng/mL、苯氧甲基青霉素 50 ng/mL、苯咪青霉素 200 ng/mL、甲氧苯青霉素 10 ng/mL、苯氧乙基青霉素 1 000 ng/mL。置于－4 ℃冰箱避光保存，保存期 5 d。

(17) 混合标准工作溶液：准确移取标准中间溶液适量，用空白样品基质配制成不同浓度系列的混合标准工作溶液（用时现配）。

(18) Oasis HLB 固相萃取小柱或者相当者：500 mg，6 mL。使用前用甲醇和水预处理，即先用 2 mL 甲醇淋洗小柱，然后用 1 mL 水淋洗小柱。

4. 方法

(1) 提取。

① 肝、肾、肌肉组织、鸡蛋样品。称取约 5 g 试样（精确到 0.01 g）于 50 mL 离心管中，加入 15 mL 乙腈水溶液（15＋2），均质 30 s，4 000 r/min 离心 5 min，上清液转移至 50 mL 离心管中；另取一离心管，加入 10 mL 乙腈水溶液（15＋2），洗涤均质器刀头，用玻棒捣碎离心管中的沉淀，加入上述洗涤均质器刀头溶液，在涡旋混合器上振荡 1 min，4 000 r/min 离心 5 min，上清液合并至 50 mL 离心管中，重复用 10 mL 乙腈水溶液（15＋2）洗涤刀头并提取一次，上清液合并至 50 mL 离心管中，用乙腈水溶液（15＋2）定容至 40 mL。准确移取 20 mL 入 100 mL 鸡心瓶。

② 牛乳样品。称取 10 g 样品（精确到 0.01 g）于 50 mL 离心管中，加入 20 mL 乙腈水溶液（15＋2），均质提取 30 s，4 000 r/min 离心 5 min，上清液转移至 50 mL 离心管中；另取一离心管，加入 10 mL 乙腈水溶液（15＋2）洗涤均质器刀头，用玻棒捣碎离心管中的沉淀，加入上述洗涤均质器刀头溶液，在涡旋混合器上振荡 1 min，4 000 r/min 离心 5 min，上清液合并至 50 mL 离心管中，重复用 10 mL 乙腈水溶液（15＋2）洗涤刀头并提取一次，上清液合并至 50 mL 离心管中，用乙腈水溶液（15＋2）定容至 50 mL。准确移取 25 mL 入 100 mL 鸡心瓶。将鸡心瓶于旋转蒸发器上（37 ℃水浴）蒸发除去乙腈（易起沫样品可加入 4 mL 饱和氯化钠溶液）。

(2) 净化。立即向已除去乙腈的鸡心瓶中加入 25 mL 磷酸盐缓冲溶液（0.05 mol/L，pH＝8.5），涡旋混匀 1 min，用 0.1 mol/L 氢氧化钠溶液调节 pH 为 8.5，以 1 mL/min 的速度通过经过预处理的固相萃取柱，先用 2 mL 磷酸盐缓冲溶液（0.05 mol/L，pH＝8.5）淋洗 2 次，再用 1 mL 超纯水淋洗，然后用 3 mL 乙腈洗脱（速度控制在 1 mL/min）。将洗脱液于 45 ℃下氮气吹干，用 0.025 mol/L 磷酸盐缓冲溶液（pH＝7.0）定容至 1 mL，过 0.45 μm 滤膜后，立即用液相色谱-质谱/质谱仪测定。

(3) 仪器条件

① 液相色谱条件。色谱柱：C_{18} 柱，250 mm×4.6 mm（内径），粒度 5 μm，或相当者。流动相：A 组分是 0.01 mol/L 乙酸铵溶液（甲酸调 pH 至 4.5），B 组分是乙腈。梯度洗脱程序见表 6－5。流速：1.0 mL/min。进样量：100 μL。

表6-5 梯度洗脱程序

步骤	时间（min）	流速（mL/min）	组分A（%）	组分B（%）
1	0	1.0	98.0	2.0
2	3.00	1.0	98.0	2.0
3	5.00	1.0	90.0	10.0
4	15.00	1.0	70.0	30.0
5	20.00	1.0	60.0	40.0
6	20.10	1.0	98.0	2.0
7	30.00	1.0	98.0	2.0

② 质谱条件。离子源：电喷雾离子源。扫描方式：正离子扫描。检测方式：多反应监测。雾化气、气帘气、辅助气、碰撞气均为高纯氮气。

使用前应调节各参数使质谱灵敏度达到检测要求，主要参考条件：电喷雾电压（IS）：5 500 V；雾化气压力（GS1）：0.483 MPa（70 Psi）；气帘气压力（CUR）：0.207 MPa（30 Psi）；辅助气压力（GS2）：0.621 MPa（90 Psi）；离子源温度（TEM）：700 ℃。

（4）测定。根据试样中被测物的含量情况，选取响应值相近的标准工作液一起进行色谱分析。标准工作液和待测液中青霉素族抗生素的响应值均应在仪器线性响应范围内。对标准工作液和样液等体积进行测定。在上述色谱条件下，11种青霉素的参考保留时间分别约为：羟氨苄青霉素 8.5 min、氨苄青霉素 12.2 min、苯咪青霉素 16.5 min、甲氧苯青霉素 16.8 min、苄青霉素 18.1 min、苯氧甲基青霉素 19.4 min、苯唑青霉素 20.3 min、苯氧乙基青霉素 20.5 min、邻氯青霉素 21.5 min、乙氧萘青霉素 22.3 min、双氯青霉素 23.5 min。

① 定性测定。按照上述条件测定样品和建立标准工作曲线，如果样品中化合物质量色谱峰的保留时间与标准溶液相比在±2.5%的允许偏差之内；待测化合物的定性离子对的重构离子色谱峰的信噪比（S/N）≥3，定量离子对的重构离子色谱峰的信噪比（S/N）≥10；定性离子对的相对丰度与浓度相当的标准溶液相比，相对丰度偏差不超过表6-6的规定，则可判断样品中存在相应的目标化合物。

表6-6 定性确证时相对离子丰度的最大允许偏差

相对离子丰度	>50%	>20%~50%	>10%~20%	≤10%
允许的相对偏差	±20%	±25%	±30%	±50%

② 定量测定。按外标法使用标准工作曲线进行定量测定。
③ 空白试验。除不加试样外，均按上述操作步骤进行。

5. 计算

$$X = \frac{c \times V \times 1000}{m \times 1000}$$

式中：X——试样中青霉素族残留量，$\mu g/kg$；

c——从标准曲线上得到的青霉素族残留溶液浓度，ng/mL；

V——样液最终定容体积，mL；

m——最终样液代表的试样质量，g。

用色谱数据处理机或按公式计算试样中青霉素族抗生素残留量，计算结果需扣除空白值。

6. 注意事项

（1）此方法规定了动物源性农产品中青霉素族抗生素残留液相色谱-质谱/质谱测定和确证方法。适用于猪肌肉、猪肝、猪肾、牛乳和鸡蛋中羟氨苄青霉素、氨苄青霉素、邻氯青霉素、双氯青霉素、乙氧萘青霉素、苯唑青霉素、苄青霉素、苯氧甲基青霉素、苯咪青霉素、甲氧苯青霉素、苯氧乙基青霉素等11种青霉素族抗生素残留量的检测。

（2）11种青霉素族抗生素的检出限分别为：羟氨苄青霉素 5 μg/kg、氨苄青霉素 2 μg/kg、邻氯青霉素 1 μg/kg、双氯青霉素 10 μg/kg、乙氧萘青霉素 2 μg/kg、苯唑青霉素 2 μg/kg、苄青霉素 1 μg/kg、苯氧甲基青霉素 0.5 μg/kg、苯咪青霉素 1 μg/kg、甲氧苯青霉素 0.1 μg/kg、苯氧乙基青霉素 10 μg/kg。

二、激素多残留测定

动物激素类药物主要用于提高动物的繁殖和加快生长发育速度，使用于动物的激素类药物主要有两类：肾上腺皮质激素、性激素与促性腺激素。激素类药物残留超标可能会影响消费者的正常生理机能，并具有一定的致癌性，可能导致儿童早熟、儿童发育异常、儿童异性趋向等。

1. 原理 试样中的目标化合物经均质、酶解，用甲醇-水溶液提取，经固相萃取富集净化，液相色谱-质谱/质谱仪测定，内标法定量。

2. 仪器 液相色谱-串联四极杆质谱仪（配有电喷雾离子源），电子天平（感量为0.0001 g和0.01 g），组织匀浆机，涡旋混合器，恒温振荡器，超声清洗仪，离心机（10 000 r/min），固相萃取装置，氮吹仪，pH计，移液器。

3. 试剂 除特殊注明外，此方法所用试剂均为色谱纯，水为GB/T 6682规定的一级水。

（1）甲醇。

（2）二氯甲烷。

（3）乙腈。

（4）甲酸。

（5）乙酸：分析纯。

（6）乙酸钠（$NaAC \cdot 4H_2O$）：分析纯。

（7）β-葡萄糖醛酸酶/芳香基硫酸酯酶溶液：β-葡萄糖醛酸酶 4.5 U/mL，芳香基硫酸酯酶 14 U/mL。

（8）乙酸-乙酸钠缓冲溶液（pH=5.2）：称取 43.0 g 乙酸钠（$NaAC \cdot 4H_2O$），加入 22 mL 乙酸，用水溶解并定容到 1 000 mL，用乙酸调节 pH=5.2。

（9）甲醇-水溶液（1+1）：取 50 mL 甲醇和 50 mL 水混合。

（10）二氯甲烷-甲醇溶液（7+3）：取 70 mL 二氯甲烷和 30 mL 甲醇混合。

（11）0.1%甲酸水溶液：精确量取甲酸 1 mL，加水稀释至 1 000 mL。

（12）标准品：去甲雄烯二酮、群勃龙、勃地酮、氟甲睾酮、诺龙、雄烯二酮、睾酮、普拉雄酮、甲睾酮、异睾酮、表雄酮、康力龙、17β-羟基雄烷-3-酮、美睾酮、达那唑、美雄诺龙、羟甲烯二酮、美雄醇、雌二醇、雌三醇、雌酮、炔雌醇、己烷雌酚、己烯雌酚、己二烯雌酚、炔诺酮、21α-羟基孕酮、17α-羟基孕酮、左炔诺孕酮、甲羟孕酮、乙酸甲地孕酮、孕酮、甲羟孕酮乙酸酯、乙酸氯地孕酮、曲安西龙、醛固酮、泼尼松、可的松、氢化可的松、泼尼松龙、氟米松、地塞米松、乙酸氟氢可的松、甲基泼尼松龙、倍氯米松、曲安奈德、氟轻松、氟米龙、布地奈德、丙酸氯倍他索，纯度均大于97%。

（13）同位素内标：炔诺孕酮-d_6、孕酮-d_9、甲地孕酮乙酸酯-d_3、甲羟孕酮-d_3、美仑孕酮-d_3、炔诺酮-$^{13}C_2$、氯睾酮乙酸酯-d_3、氯睾酮-d_3、16β-羟基司坦唑醇-d_3、甲睾酮-d_3、勃地龙-d_3、氢化可的松-d_3、睾酮-$^{13}C_2$、雌酮-d_2、雌二酮-$^{13}C_2$、己烯雌酚-d_6、己二烯雌酚-d_2、己烷雌酚-d_4。

（14）标准储备液：分别准确称取10.0 mg的标准品及内标于10 mL容量瓶中，用甲醇溶解并定容至刻度制成1.0 mg/mL标准储备液，-18℃以下保存，标准储备液在12个月内稳定。

（15）混合内标工作液：用甲醇将各标准储备液配制成浓度为100 μg/L的混合内标工作液。

（16）混合标准工作液：根据需要，用甲醇-水溶液（1+1）将各标准储备液配制为适当浓度（0.5 μg/L、1 μg/L、2 μg/L、5 μg/L、10 μg/L、20 μg/L和40 μg/L，其中炔诺酮、表雄酮、布地奈德、17β-羟基雄烷-3-酮、氟米龙、氟甲睾酮为其他化合物浓度的5倍），标准工作溶液中含各内标浓度为10 μg/L。

（17）ENVI-Carb固相萃取柱（500 mg，6 mL）或相当者：使用前依次用6 mL二氯甲烷-甲醇溶液（7+3）、6 mL甲醇、6 mL水活化。

（18）氨基固相萃取柱（500 mg，6 mL）：使用前用6 mL二氯甲烷-甲醇溶液（7+3）活化。

4. 方法

（1）试样制备。

① 动物肌肉、肝、虾。从所取全部样品中取出有代表性样品约500 g，剔除筋膜，虾去除头和壳。用组织捣碎机充分捣碎均匀，均分成两份，分别装入洁净容器中密封，并标明标记，于-18℃以下冷冻存放。

② 牛乳。从所取全部样品中取出有代表性样品约500 g，充分摇匀，均分成两份，分别装入洁净容器中密封，并标明标记，于0～4℃以下冷藏存放。

③ 鸡蛋。从所取全部样品中取出有代表性样品约500 g，去壳后用组织捣碎机充分搅拌均匀，均分成两份，分别装入洁净容器中密封，并标明标记，于0～4℃以下冷藏存放。

注：制样操作过程中应防止样品被污染或其中的残留物发生变化。

（2）提取。称取5 g试样（精确至0.01 g）于50 mL具塞塑料离心管中，准确加入混合内标工作液100 μL和10 mL乙酸-乙酸钠缓冲溶液（pH=5.2），涡旋混匀，再加入β-葡萄糖醛酸酶/芳香基硫酸酯酶溶液100 μL，于37℃±1℃振荡酶解12 h。取出冷却至室温，加入25 mL甲醇超声提取30 min，0～4℃下10 000 r/min离心10 min。将上清液转入洁净烧杯，加水100 mL，混匀后待净化。

(3) 净化。提取液以 2～3 mL/min 的速度上样于活化过的 ENVI-Carb 固相萃取柱。将小柱减压抽干,再将活化好的氨基柱串接在 ENVI-Carb 固相萃取柱下方。用 6 mL 二氯甲烷-甲醇溶液(7+3)洗脱并收集洗脱液,取下 ENVI-Carb 小柱,再用 2 mL 二氯甲烷-甲醇溶液(7+3)洗氨基柱,洗脱液在微弱的氮气流下吹干,用 1 mL 甲醇-水溶液(1+1)溶解残渣,供仪器测定。

(4) 雄激素、孕激素、皮质醇激素测定。

① 液相色谱条件。色谱柱:ACQUITY UPLC™ BEH C_{18} 柱,2.1 mm(内径)×100 mm,1.7 μm,或相当者。流动相:A,0.1%甲酸水溶液;B,甲醇。梯度淋洗,梯度淋洗程序见表 6-7。流速:0.3 mL/min。柱温:40 ℃。进样量:10 μL。

表 6-7 雄激素、孕激素、皮质醇激素测定梯度淋洗程序

步骤	时间(min)	组分 A(%)	组分 B(%)
1	0	50	50
2	8	36	64
3	11	16	84
4	12.5	0	100
5	14.5	0	100
6	15	50	50
7	17	50	50

② 雄激素、孕激素测定参考质谱条件。电离源:电喷雾正离子模式。毛细管电压:3.5 kV。源温度:100 ℃。脱溶剂气温度:450 ℃。脱溶剂气流量:700 L/h。碰撞室压力:0.31 Pa(3.1×10^{-3} mbar)。

③ 皮质醇激素测定参考质谱条件。电离源:电喷雾负离子模式。毛细管电压:3.0 kV。源温度:100 ℃。脱溶剂气温度:450 ℃。脱溶剂气流量:700 L/h。碰撞室压力:0.31 Pa(3.1×10^{-3} mbar)。

(5) 雌激素测定。

① 雌激素测定液相色谱条件。色谱柱:ACQUITY UPLC™ BEH C_{18} 柱,2.1 mm(内径)×100 mm,1.7 μm,或相当者。流动相:A,水;B,乙腈。梯度淋洗:梯度淋洗程序见表 6-8。流速:0.3 mL/min。柱温:40 ℃。进样量:10 μL。

表 6-8 雌激素测定梯度淋洗程序

步骤	时间(min)	组分 A(%)	组分 B(%)
1	0	65	35
2	4	50	50
3	4.5	0	100
4	5.5	0	100
5	5.6	65	35
6	9	65	35

② 雌激素测定质谱条件。电离源:电喷雾负离子模式。毛细管电压:3.0 kV。源温度:

100 ℃。脱溶剂气温度：450 ℃。脱溶剂气流量：700 L/h。碰撞室压力：0.31 Pa（3.1×10^{-3} mbar）。

（6）定性。各测定目标化合物的定性以保留时间和与两对离子（特征离子对/定量离子对）所对应的 LC‑MS/MS 色谱峰相对丰度进行。要求被测试样中目标化合物的保留时间与标准溶液中目标化合物的保留时间一致，同时被测试样中目标化合物的两对离子对应的 LC‑MS/MS 色谱峰丰度比与标准溶液中目标化合物的色谱峰丰度比一致，允许的偏差见表 6‑9。

表 6‑9　定性测定时相对离子丰度的最大允许偏差

相对离子丰度	>50%	>20%～50%	>10%～20%	≤10%
允许的相对偏差	±20%	±25%	±30%	±50%

（7）定量。采用内标法定量。每次测定前配制标准系列，按浓度由小到大的顺序，依次上机测定，得到目标物浓度与峰面积比的工作曲线。

5. 计算

$$X_i = \frac{C_{si} \times V}{m}$$

式中：X_i——试样中检测目标化合物残留量，μg/kg；

C_{si}——由回归曲线计算得到的上机试样溶液中目标化合物含量，μg/L；

V——浓缩至干后试样的定容体积，mL；

m——试样的质量，g。

6. 注意事项

（1）此方法规定了动物源食品中激素残留量的 LC‑MS/MS 测定方法。适用于猪肉、猪肝、鸡蛋、牛乳、牛肉、鸡肉和虾等动物源食品中 50 种激素残留的确证和定量测定。

（2）50 种激素在不同基质中的测定低限为 0.4～2 μg/kg。各化合物的加标回收率在 75.2%～121.8%，相对标准偏差为 2.4%～20.8%。

实训操作

牛乳中青霉素残留量的测定

【实训目的】学会并掌握液相色谱-质谱/质谱法测定牛乳中青霉素残留量。

【实训原理】样品中青霉素族抗生素残留物用乙腈-水溶液提取，提取液经浓缩后，用缓冲溶液溶解，固相萃取小柱净化，洗脱液经氮气吹干后，用液相色谱-质谱/质谱测定，外标法定量。

【实训仪器】液相色谱-质谱/质谱仪（配有电喷雾离子源）。

【实训试剂】

（1）氢氧化钠溶液（0.1 mol/L）：称取 4 g 氢氧化钠，并用水稀释至 1 000 mL。

（2）乙腈水溶液（15+2）。

（3）0.05 mol/L 磷酸盐缓冲溶液（pH=8.5）：称取 8.7 g 磷酸氢二钾，超纯水溶解，稀释至 1 000 mL，用磷酸二氢钾调节 pH 至 8.5±0.1。

（4）0.025 mol/L 磷酸盐缓冲溶液（pH=7.0）：称取 3.4 g 磷酸二氢钾，超纯水溶解，稀释至 1 000 mL，用氢氧化钠调节 pH 至 7.0±0.1。

（5）0.01 mol/L 乙酸铵溶液（pH=4.5）：称取 0.77 g 乙酸铵，超纯水溶解，稀释至 1 000 mL，用甲酸调节 pH 至 4.5±0.1。

（6）11 种青霉素族抗生素标准品：羟氨苄青霉素、氨苄青霉素、邻氯青霉素、双氯青霉素、乙氧萘青霉素、苯唑青霉素、苄青霉素、苯氧甲基青霉素、苯咪青霉素、甲氧苯青霉素、苯氧乙基青霉素，纯度均≥95%。

（7）11 种青霉素族抗生素标准储备液：分别称取适量标准品，用乙腈水溶液（30+70）溶解并定容至 100 mL，各种青霉素族抗生素浓度为 100 μg/mL，置于-18 ℃ 冰箱避光保存，保存期 5 d。

（8）11 种青霉素族抗生素混合标准中间溶液：分别吸取适量的标准储备液于 100 mL 容量瓶中，用 0.025 mol/L 磷酸盐缓冲溶液（pH=7.0）定容至刻度，配成混合标准中间溶液。各种青霉素族抗生素浓度为：羟氨苄青霉素 500 ng/mL、氨苄青霉素 200 ng/mL、苯咪青霉素 100 ng/mL、邻氯青霉素 100 ng/mL、双氯青霉素 1 000 ng/mL、乙氧萘青霉素 200 ng/mL、苯唑青霉素、苄青霉素 100 ng/mL、苯氧甲基青霉素 50 ng/mL、苯咪青霉素 200 ng/mL、甲氧苯青霉素 10 ng/mL、苯氧乙基青霉素 1 000 ng/mL。置于-4 ℃ 冰箱避光保存，保存期 5 d。

（9）混合标准工作溶液：准确移取标准中间溶液适量，用空白样品基质配制成不同浓度系列的混合标准工作溶液（用时现配）。

【操作步骤】

（1）提取。称取 10 g 牛乳样品（精确到 0.01 g）于 50 mL 离心管中，加入 20 mL 乙腈水溶液（15+2），均质提取 30 s，4 000 r/min 离心 5 min，上清液转移至 50 mL 离心管中；另取一离心管，加入 10 mL 乙腈水溶液（15+2）洗涤均质器刀头，用玻棒捣碎离心管中的沉淀，加入上述洗涤均质器刀头溶液，在涡旋混合器上振荡 1 min，4 000 r/min 离心 5 min，上清液合并至 50 mL 离心管中，重复用 10 mL 乙腈水溶液（15+2）洗涤刀头并提取一次，上清液合并至 50 mL 离心管中，用乙腈水溶液（15+2）定容至 50 mL。准确移取 25 mL 入 100 mL 鸡心瓶。将鸡心瓶于旋转蒸发器上（37 ℃ 水浴）蒸发除去乙腈（易起沫样品可加入 4 mL 饱和氯化钠溶液）。

（2）净化。立即向已除去乙腈的鸡心瓶中加入 25 mL 磷酸盐缓冲溶液（0.05 mol/L，pH=8.5），涡旋混匀 1 min，用 0.1 mol/L 氢氧化钠溶液调节 pH 为 8.5，以 1 mL/min 的速度通过经过预处理的固相萃取柱，先用 2 mL 磷酸盐缓冲溶液（0.05 mol/L，pH=8.5）淋洗 2 次，再用 1 mL 超纯水淋洗，然后用 3 mL 乙腈洗脱（速度控制在 1 mL/min）。将洗脱液于 45 ℃ 下用氮气吹干，用 0.025 mol/L 磷酸盐缓冲溶液（pH=7.0）定容至 1 mL，过 0.45 μm 滤膜后，立即用液相色谱-质谱/质谱仪测定。

（3）仪器条件。

① 液相色谱条件。色谱柱：C_{18} 柱，250 mm×4.6 mm（内径），粒度 5 μm，或相当者。流动相：A 组分是 0.01 mol/L 乙酸铵溶液（甲酸调 pH 至 4.5），B 组分是乙腈。流速：1.0 mL/min。进样量：100 μL。

② 质谱条件。离子源：电喷雾离子源。扫描方式：正离子扫描。检测方式：多反应监测。雾化气、气帘气、辅助气、碰撞气均为高纯氮气。

使用前应调节各参数使质谱灵敏度达到检测要求，主要参考条件：电喷雾电压（IS），5 500 V；雾化气压力（GS1），0.483 MPa（70 Psi）；气帘气压力（CUR），0.207 MPa（30 Psi）；辅助气压力（GS2），0.621 MPa（90 Psi）；离子源温度（TEM），700 ℃。

（4）测定。根据试样中被测物的含量情况，选取响应值相近的标准工作液一起进行色谱分析。标准工作液和待测液中青霉素族抗生素的响应值均应在仪器线性响应范围内。对标准工作液和样液等体积进行测定。在上述色谱条件下，11 种青霉素的参考保留时间分别约为：羟氨苄青霉素 8.5 min、氨苄青霉素 12.2 min、苯咪青霉素 16.5 min、甲氧苯青霉素 16.8 min、苄青霉素 18.1 min、苯氧甲基青霉素 19.4 min、苯唑青霉素 20.3 min、苯氧乙基青霉素 20.5 min、邻氯青霉素 21.5 min、乙氧萘青霉素 22.3 min、双氯青霉素 23.5 min。

① 定性测定。按照上述条件测定样品，建立标准工作曲线，如果样品中化合物质量色谱峰的保留时间与标准溶液相比在±2.5%的允许偏差之内；待测化合物的定性离子对的重构离子色谱峰的信噪比（S/N）≥3，定量离子对的重构离子色谱峰的信噪比（S/N）≥10；定性离子对的相对丰度与浓度相当的标准溶液相比，相对丰度偏差不超过规定，则可判断样品中存在相应的目标化合物。

② 定量测定。按外标法使用标准工作曲线进行定量测定。

③ 空白试验。除不加试样外，均按上述操作步骤进行。

【结果计算】

$$X = \frac{C \times V \times 1000}{m \times 1000}$$

式中：X——牛乳中青霉素残留量，μg/kg；

C——从标准曲线上得到的青霉素族残留溶液浓度，ng/mL；

V——样液最终定容体积，mL；

m——最终样液代表的试样质量，g。

任务四 黄曲霉毒素测定

黄曲霉毒素，也称作黄曲霉素，是一种有强烈生物毒性的化合物，常由黄曲霉及另外几种霉菌在霉变的谷物中产生，如大米、豆类、花生等，是目前为止最强的致癌物质。黄曲霉毒素加热至 280 ℃以上才开始分解，所以一般的加热不易破坏其结构。黄曲霉毒素主要有 B_1、B_2、G_1 与 G_2 等 4 种类型，又以 B_1 的毒性最强。大米储存不当，极容易发霉变黄，产生黄曲霉毒素。黄曲霉毒素与肝癌有密切关系，还会引起组织失血、厌食等症状。

一、荧光光度法

1. 原理 样品经提取、浓缩、薄层分离后，黄曲霉毒素 M_1 与黄曲霉毒素 B_1 在紫外光（波长 365 nm）下产生蓝紫色荧光，根据其在薄层上显示荧光的最低检出量来测定含量。

2. 仪器 10 目圆孔筛，小型粉碎机，玻璃板（5 cm×20 cm），展开槽（长 25 cm，宽 6 cm），高 4 cm，紫外光灯（100～125 W），带 365 nm 滤光片，微量注射器。

3. 试剂

(1) 甲醇：分析纯。

(2) 石油醚：分析纯。

(3) 三氯甲烷：分析纯。

(4) 无水硫酸钠：分析纯。

(5) 异丙醇：分析纯。

(6) 硅胶 G：层析用。

(7) 氯化钠及氯化钠溶液（40 g/L）。

(8) 硫酸溶液（1+3）。

(9) 玻璃砂：用酸处理后洗净干燥，约相当 20 目。

(10) 黄曲霉毒素 M_1 标准溶液：用三氯甲烷配制成每毫升相当于 10 μg 的黄曲霉毒素 M_1 标准溶液。以三氯甲烷作空白试剂，黄曲霉毒素 M_1 的紫外最大吸收峰的波长应接近 357 nm，摩尔消光系数为 19 950。避光，置于 4℃冰箱中保存。

(11) 黄曲霉毒素 M_1 与黄曲霉毒素 B_1 混合标准使用液：用三氯甲烷配制成每毫升相当于各含 0.04 μg 黄曲霉毒素 M_1 与黄曲霉毒素 B_1。避光，置于 4℃冰箱中保存。

4. 方法 整个操作需在暗室条件下进行。

(1) 样品提取。

① 样品提取制备表，见表 6-10。

表 6-10 样品提取制备表

样品	称样量（g）	加水量（mL）	加甲醇（mL）	提取液量（mL）	加氯化钠溶液（mL）	浓缩体积（mL）	滴加体积（μL）	方法灵敏度（μg/kg）
牛乳	30	0	90	62	25	0.4	100	0.1
炼乳	30	0	90	52	35	0.4	50	0.2
牛乳粉	15	20	90	59	28	0.4	40	0.5
乳酪	15	5	90	56	31	0.4	40	0.5
奶油	10	45	55	80	0	0.4	40	0.5
猪肝	30	0	90	59	28	0.4	50	0.2
猪肾	30	0	90	61	26	0.4	50	0.2
猪瘦肉	30	0	90	58	29	0.4	50	0.2
猪血	30	0	90	61	26	0.4	50	0.2

注：1. 提取液量计算：$X = \frac{8}{15} \times 90 + A + B$

式中：X——提取液量，mL；

A——试样中的水分量，mL；

B——加水量，mL。

2. 样品中的水分量参照《中国食物成分表》。

3. 因各提取液中含 48 mL 甲醇，需 39 mL 水才能调到甲醇与水的体积为（55+45），因此加入氯化钠溶液（40 g/L）的体积等于甲醇和水的总体积（87 mL）减去提取液的体积（mL）。

②乳与炼乳。称取 30.00 g 混匀的样品，置于小烧杯中，再分别用 90 mL 甲醇移于 300 mL 具塞锥形瓶中，盖严防漏。振荡 30 min，用折叠式快速滤纸滤于 100 mL 具塞量筒中。按表 6-10 收集 62 mL 乳与 52 mL 炼乳（各相当于 16 g 样品）提取液。

③乳粉。取 15.00 g 样品，置于具塞锥形瓶中，加入 20 mL 水，使样品湿润后再加入 90 mL 甲醇，振荡 30 min，用折叠式快速滤纸滤于 100 mL 具塞量筒中。按表 6-10 收集 59 mL 提取液（相当于 8 g 样品）。

④干酪。称取 15.00 g 切细、过 10 目圆孔筛混匀样品，置于具塞锥形瓶中，加 5 mL 水和 90 mL 甲醇，振荡 30 min，用折叠式快速滤纸滤于 100 mL 具塞量筒中。按表 6-10 收集 56 mL 提取液（相当于 8 g 样品）。

⑤奶油。称取 10.00 g 样品，置于小烧杯中，用 40 mL 石油醚将奶油溶解并移于具塞锥形瓶中。加 45 mL 水和 55 mL 甲醇，振荡 30 min 后，将全部液体移于分液漏斗中。再加入 1.5 g 氯化钠摇动溶解，待分层后，按表 6-10 收集 80 mL 提取液（相当于 8 g 样品）于具塞量筒中。

⑥新鲜猪组织。取新鲜或冷冻保存的猪组织样品（包括肝、肾、血、瘦肉）先切细，混匀后称取 30.00 g，置于小乳钵中，加玻璃砂少许磨细，新鲜全血用打碎机打匀，或用玻璃珠振摇抗凝。混匀后称取 30.00 g，将各样品置于 300 mL 具塞锥形瓶中，加入 90 mL 甲醇，振荡 30 min，用折叠式快速滤纸滤于 100 mL 具塞量筒中。按表 6-10 收集 59 mL 猪肝、61 mL 猪肾、58 mL 猪瘦肉及 61 mL 猪血等提取液（各相当于 16 g 样品）。

（2）净化。

①用石油醚分配净化。将以上收集的提取液移入 250 mL 分液漏斗中，再按各种食品加入一定体积的氯化钠溶液（40 g/L）（表 6-10）。再加入 40 mL 石油醚，振摇 2 min，待分层后，将下层甲醇-氯化钠水层移于原量筒中，将上层石油醚溶液从分液漏斗上口倒出，弃去。再将量筒中溶液转移入原分液漏斗中。再重复用石油醚提取两次，每次 30 mL，最后将量筒中溶液仍移入分液漏斗中。奶油样液总共用石油醚提取两次，每次 40 mL。

②用三氯甲烷分配提取。于原量筒中加入 20 mL 三氯甲烷，摇匀后，再倒入原分液漏斗中，振摇 2 min。待分层后，将下层三氯甲烷移入原量筒中，再重复用三氯甲烷提取两次，每次 10 mL 合并于原量筒中。弃去上层甲醇水溶液。

③用水洗三氯甲烷层与浓缩制备。将合并后的三氯甲烷层倒回原分液漏斗中，加入 30 mL 氯化钠溶液（40 g/L），振摇 30 s，静置。待上层混浊液有部分澄清时，即可将下层三氯甲烷层收集于原量筒中。加入 10 g 无水硫酸钠，振摇放置澄清后，将此液经装有少许无水硫酸钠的定量慢速滤纸过滤于 100 mL 蒸发皿中。氯化钠水层用 10 mL 三氯甲烷提取一次，并经过滤器一并滤于蒸发皿中。最后将无水硫酸钠也一起倒于滤纸上，用少量三氯甲烷洗量筒与无水硫酸钠，也一并滤于蒸发皿中，于 65 ℃ 水浴上通风挥干，用三氯甲烷将蒸发皿中残留物转移于浓缩管中，蒸发皿中残渣太多，则经滤纸滤入浓缩管中。于 65 ℃ 用减压吹气法将此液浓缩至 0.4 mL 以下，再用少量三氯甲烷洗管壁后，浓缩定量至 0.4 mL 备用。

（3）测定。

①硅胶 G 薄层板的制备。薄层板厚度为 0.3 mm，105 ℃ 活化 2 h，在干燥器内可保存 1～2 d。

②点板。取薄层板（5 cm×20 cm）两块，距板下端3 cm的基线上各滴加两点，在距第一板与第二板的左边缘0.8~1 cm处各滴加10 μL黄曲霉毒素 M_1 与黄曲霉毒素 B_1 混合标准使用液，在距各板左边缘2.8~3 cm处各滴加同一样液点（各种食品的滴加体积见表6-10），在第二板的第2点上再滴加10 μL黄曲霉毒素 M_1 与黄曲霉毒素 B_1 混合标准使用液。一般可将薄层板放在盛有干燥硅胶的层析槽内进行滴加，边加边用冷风机冷风吹干。

③展开。

横展：在槽内加入15 mL事先用无水硫酸钠脱水的无水乙醚（每500 mL无水乙醚中加20 g无水硫酸钠）。将薄层板靠近标准点的长边置于槽内，展至板端后，取出挥干，再同上继续展开一次。

纵展：将横展两次挥干后的薄层板，再用异丙醇-丙酮-苯-正己烷-石油醚（沸程60~90 ℃）-三氯甲烷（5+10+10+10+10+55）混合展开剂纵展至前沿距原点距离为10~12 cm取出挥干。

再横展：将纵展挥干后的薄层板靠近标准点的长边置于槽内，展至板端后，取出挥干，再同上继续用乙醚横展1~2次。

④观察与评定结果。在紫外光灯下将第一、第二板相互比较观察，若第二板的第二点在黄曲霉毒素 M_1 与黄曲霉毒素 B_1 标准点的相应处出现最低检出量（黄曲霉毒素 M_1 与黄曲霉毒素 B_1 的比移值依次为0.25和0.43），而在第一板相同位置上未出现荧光点，则样品中黄曲霉毒素 M_1 与黄曲霉毒素 B_1 含量在其所定的方法灵敏度以下（表6-10）。

如果第一板的相同位置上出现黄曲霉毒素 M_1 与黄曲霉毒素 B_1 的荧光点，则第二板第二点的样液点是否各与滴加的标准点重叠。如果重叠，再进行以下的定量与确证试验。

⑤稀释定量。样液中的黄曲霉毒素 M_1 与黄曲霉毒素 B_1 荧光点的荧光强度与黄曲霉毒素 M_1 与黄曲霉毒素 B_1 的最低检出量（0.000 4 μg）的荧光强度一致，则乳、炼乳、乳粉、干酪与奶油样品中黄曲霉毒素 M_1 与黄曲霉毒素 B_1 的含量依次为0.1 μg/kg、0.2 μg/kg、0.5 μg/kg、0.5 μg/kg及0.5 μg/kg；新鲜猪组织（肝、肾、血、瘦肉）样品均为0.2 μg/kg（表6-10）。

如样液中黄曲霉毒素 M_1 与黄曲霉毒素 B_1 的荧光强度比最低检出量强，则根据其强度逐一进行测定，估计减少滴加微升数或经稀释后再滴加不同微升数，直至样液点的荧光强度与最低检出量点的荧光强度一致为止。

⑥确证试验。在做完定性或定量的薄层板上，将要确证的黄曲霉毒素 M_1 与黄曲霉毒素 B_1 的点用大头针圈出。喷以硫酸溶液（1+3），放置5 min后，在紫外光灯下观察，若样液中黄曲霉毒素 M_1 与黄曲霉毒素 B_1 点与标准点一样均变为黄色荧光，则进一步确证检出的荧光点是黄曲霉毒素 M_1 与黄曲霉毒素 B_1。

5. 计算

$$X = 0.0004 \times \frac{V_1}{V_2} \times D \times \frac{1000}{m}$$

式中：X——黄曲霉毒素 M_1 或黄曲霉毒素 B_1 含量，μg/kg；

V_1——样液浓缩后体积，mL；

V_2——出现最低荧光样液的滴加体积，mL；

D——浓缩样液的总稀释倍数；

m——浓缩样液中所相当的试样质量，g；

0.000 4——黄曲霉毒素 M_1 或黄曲霉毒素 B_1 的最低检出量，μg。

6. 注意事项

（1）此方法规定了牛乳及其制品、奶油及新鲜猪组织（肝、肾、血及瘦肉）等食品中黄曲霉毒素 M_1 与黄曲霉毒素 B_1 的测定方法。

（2）此方法适用于牛乳及其制品、奶油及新鲜猪组织（肝、肾、血及瘦肉）等食品中黄曲霉毒素 M_1 与黄曲霉毒素 B_1 的测定。

二、液质联用法

1. 原理 液体试样或固体试样提取液经均质、超声提取、离心，取上清液经免疫亲和柱净化，洗脱液经氮气吹干、定容，微孔滤膜过滤，液相色谱分离，电喷雾离子源离子化，多反应离子监测（MRM）方式检测。基质加标外标法定量。

2. 仪器 液相色谱-质谱联用仪（带电喷雾离子源）；色谱柱（ACQUITY UPLC HSS T3，柱长 100 mm，柱内径 2.1 mm，填料粒径 1.8 μm），或同等性能的色谱柱。天平（感量为 0.001 g 和 0.000 01 g）；匀浆器；超声波清洗器；离心机（转速≥6 000 r/min）；50 mL 具塞 PVC 离心管；水浴（温控 30 ℃±2 ℃、50 ℃±2 ℃），温度范围 25～60 ℃；容量瓶（100 mL）；玻璃烧杯（250 mL、50 mL）；带刻度的磨口玻璃试管（5 mL、10 mL、20 mL）；移液管（1.0 mL、2.0 mL 和 50.0 mL）；玻璃棒；10 目圆孔筛；250 mL 分液漏斗；100 mL 圆底烧瓶；旋转蒸发仪；pH 计（精度为 0.01）；250 mL 具塞锥形瓶；免疫亲和柱（针筒式 3 mL）；10 mL 和 50 mL 一次性注射器；固相萃取装置（带真空系统）；一次性微孔滤头（带 0.22 μm 微孔滤膜，水相系）。

3. 试剂 除非另有规定，本方法所用试剂均为分析纯，水为 GB/T 6682 规定的一级水。

（1）甲酸（HCOOH）。

（2）乙腈（CH_3CN）：色谱纯。

（3）石油醚（C_nH_{2n+2}）：沸程为 30～60 ℃。

（4）三氯甲烷（$CHCl_3$）。

（5）氮气：纯度≥99.9%。

（6）黄曲霉毒素 M_1 标准样品：纯度≥98%。

（7）乙腈-水溶液（1+4）：在 400 mL 水中加入 100 mL 乙腈。

（8）乙腈-水溶液（1+9）：在 450 mL 水中加入 50 mL 乙腈。

（9）甲酸水溶液（0.1%）：吸取 1 mL 甲酸，用水稀释至 1 000 mL。

（10）乙腈-甲醇溶液（50+50）：在 500 mL 乙腈中加入 500 mL 甲醇。

（11）氢氧化钠溶液（0.5 mol/L）：称取 2 g 氢氧化钠溶解于 100 mL 水中。

（12）空白基质溶液。分别称取与待测样品基质相同的、不含所测黄曲霉毒素的阴性试样 8 份于 100 mL 烧杯中，进行试液提取和净化（参见方法中的试液提取和净化）。合并所得 8 份试样的纯化液，用 0.22 μm 微孔滤膜的一次性滤头过滤。弃去前 0.5 mL 滤液，接取少量滤液供液相色谱-质谱联用仪检测。

获得色谱-质谱图后,与黄曲霉毒素 M_1 色谱质谱标准图对照,在相应的保留时间处,应不含黄曲霉毒素 M_1。剩余滤液转移至棕色瓶中,在-20 ℃电冰箱内保存,供配制标准系列溶液使用。

(13) 黄曲霉毒素 M_1 标准储备液。分别称取 0.10 mg 标准品黄曲霉毒素 M_1(精确至 0.01 mg),用三氯甲烷溶解定容至 10 mL,此标准溶液浓度为 0.01 mg/mL。溶液转移至棕色玻璃瓶中后,在-20 ℃电冰箱内保存,备用。

(14) 黄曲霉毒素 M_1 标准系列工作溶液。吸取黄曲霉毒素 M_1 标准储备液 10 μL 于 10 mL 容量瓶中,用氮气将三氯甲烷吹至近干,空白基质溶液定容至刻度,所得浓度为 10 ng/mL 的黄曲霉毒素 M_1 标准中间溶液。再用空白基质溶液将黄曲霉毒素 M_1 标准中间溶液稀释为 0.5 ng/mL、0.8 ng/mL、1.0 ng/mL、2.0 ng/mL、4.0 ng/mL、6.0 ng/mL、8.0 ng/mL 的标准系列工作液。

4. 方法

(1) 试液提取。

① 乳。称取 50 g(精确至 0.01 g)混匀的试样,置于 50 mL 具塞离心管中,在水浴中加热到 35～37 ℃。在 6 000 r/min 离心 15 min,收集全部上清液,供净化用。

② 发酵乳(包括固体状、半固体状和带果肉型)。称取 50 g(精确至 0.01 g)混匀的试样,置于 50 mL 具塞离心管中,用氢氧化钠溶液(0.5 mol/L)在酸度计指示下调 pH 至 7.4,在 9 500 r/min 下匀浆 5 min,在水浴中加热到 35～37 ℃。在 6 000 r/min 下离心 15 min,收集全部上清液,供净化用。

③ 乳粉和粉状婴幼儿配方食品。称取 10 g(精确至 0.01 g)试样,置于 250 mL 烧杯中。将 50 mL 已预热到 50 ℃的水加入到乳粉中,用玻璃棒将其混合均匀。如果乳粉仍未完全溶解,将烧杯置于 50 ℃的水浴中放置 30 min。溶解后冷却至 20 ℃,移入 100 mL 容量瓶中,用少量的水分次洗涤烧杯,洗涤液一并移入容量瓶中,用水定容至刻度,摇匀后分别移至两个 50 mL 离心管中,在 6 000 r/min 下离心 15 min,混合上清液,用移液管移取 50 mL 上清液供净化处理用。

④ 干酪。称取经切细、过 10 目圆孔筛混匀的试样 5 g(精确至 0.01 g),置于 50 mL 离心管中,加 2 mL 水和 30 mL 甲醇,在 9 500 r/min 下匀浆 5 min,超声提取 30 min,在 6 000 r/min 下离心 15 min。收集上清液并移入 250 mL 分液漏斗中。在分液漏斗中加入 30 mL 石油醚,振摇 2 min,待分层后,将下层移于 50 mL 烧杯中,弃去石油醚层。重复用石油醚提取 2 次。将下层溶液移到 100 mL 圆底烧瓶中,减压浓缩至约 2 mL,浓缩液倒入离心管中,烧瓶用乙腈-水溶液(1+4)5 mL 分 2 次洗涤,洗涤液一并倒入 50 mL 离心管中,加水稀释至约 50 mL,在 6 000 r/min 下离心 5 min,上清液供净化处理。

⑤ 奶油。称取 5 g(精确至 0.01 g)试样,置于 50 mL 烧杯中,用 20 mL 石油醚将其溶解并移于 250 mL 具塞锥形瓶中。加 20 mL 水和 30 mL 甲醇,振荡 30 min 后,将全部液体移于分液漏斗中。待分层后,将下层溶液全部移到 100 mL 圆底烧瓶中,在旋转蒸发仪中减压浓缩至约 5 mL,加水稀释至约 50 mL,供净化处理。

(2) 净化。

① 免疫亲和柱的准备。将一次性的 50 mL 注射器筒与亲和柱上顶部相串联,再将亲和柱与固相萃取装置连接起来。根据免疫亲和柱的使用说明书要求,控制试液的 pH。

② 试样的纯化。将试液提取液移至 50 mL 注射器筒中，调节固相萃取装置的真空系统，控制试样以 2~3 mL/min 稳定的流速过柱。取下 50 mL 的注射器筒，装上 10 mL 注射器筒。注射器筒内加入水，以稳定的流速洗柱，然后抽干亲和柱。脱开真空系统，在亲和柱下部放入 10 mL 刻度试管，上部装上另一个 10 mL 注射器筒，加入 4 mL 乙腈洗脱黄曲霉毒素 M_1，洗脱液收集在刻度试管中，洗脱时间不少于 60 s。然后用氮气缓缓地在 30 ℃下将洗脱液蒸发至近干（如果蒸发至干，会损失黄曲霉毒素 M_1），用乙腈-水溶液（1+9）稀释至 1 mL。

（3）液相色谱参考条件。流动相：A 液，0.1% 甲酸溶液；B 液，乙腈-甲醇溶液（1+1）。梯度洗脱：洗脱条件见表 6-11。流动相流动速度：0.3 mL/min。柱温：35 ℃。试液温度：20 ℃。进样量：10 μL。

表 6-11 液相色谱梯度淋洗条件

时间（min）	流动组 A（%）	流动组 B（%）	梯度变化曲线
0	68.0	32.0	—
4.20	55.0	45.0	6
5.00	0.0	100.0	6
5.70	0.0	100.0	1
6.00	68.0	32.0	6

注：1 为即时变化，6 为线性变化。

（4）质谱参考条件。检测方式：多离子反应监测（MRM）。母离子能量：329.0。定量子离子能量：273.5。碰撞能量：22。定性子离子能量：259.5。离子化方式：ESI+。离子源控制条件：见表 6-12。

表 6-12 离子源控制条件

电离方式	电喷雾电离，负离子
毛细管电压（kV）	3.5
锥孔电压（V）	45
射频透镜 1 电压（V）	12.5
射频透镜 2 电压（V）	12.5
离子源温度（℃）	120
锥孔反吹气流量（L/h）	50
脱溶剂气温度（℃）	350
脱溶剂气流量（L/h）	500
电子倍增电压（V）	650

（5）定性。试样中黄曲霉毒素 M_1 色谱峰的保留时间与相应标准色谱峰的保留时间相比较，变化范围应在 ±2.5%。

黄曲霉毒素 M_1 的定性离子的重构离子色谱峰的信噪比应大于等于 3（S/N≥3），定量离子的重构离子色谱峰的信噪比应大于等于 10（S/N≥10）。

每种化合物的质谱定性离子必须出现，至少应包括 1 个母离子和 2 个子离子，而且同一检测批次，对同一化合物，样品中目标化合物的两个子离子的相对丰度比与浓度相当的标准溶液相比，其允许偏差不超过表 6-13 规定的范围。

表 6-13 定性时相对离子丰度的最大允许偏差

相对离子丰度	>50%	>20%～50%	>10%～20%	≤10%
允许相对偏差	±20%	±25%	±30%	±50%

各检测目标化合物以保留时间和两对离子（特征离子对/定量离子对）所对应的 LC-MS/MS 色谱峰面积相对丰度进行定性。要求被测试样中目标化合物的保留时间与标准溶液中目标化合物的保留时间一致（一致的条件是偏差小于 20%），同时要求被测试样中目标化合物的两对离子对应 LC-MS/MS 色谱峰面积比与标准溶液中目标化合物的面积比一致。

（6）试样测定。按照液相色谱参考条件和质谱参考条件，测定试液和标准系列溶液中黄曲霉毒素 M_1 的离子强度，外标法定量。色谱质谱图见图 6-6。

色谱参考保留时间：黄曲霉毒素 M_1 保留时间为 3.23 min。

（7）空白试验。不称取试样，按相同的步骤做空白实验。应确认不含有干扰被测组分的物质。

（8）标准曲线绘制。将标准系列溶液由低到高浓度进样检测，以峰面积-浓度作图，得到标准曲线回归方程。

（9）定量测定。待测样液中被测组分的响应值应在标准曲线线性范围内，超过线性范围时，则应将样液用空白基质溶液稀释后重新进样分析，或减少取样量进行提取净化处理后再进样分析。

5. 计算

$$X=\frac{A\times V\times f\times 1}{m}$$

式中：X——试样中黄曲霉毒素 M_1 的含量，μg/kg；

A——试样中黄曲霉毒素 M_1 的浓度，ng/mL；

V——样品定容体积，mL；

f——样液稀释因子；

m——试样的称样量，g。

以重复性条件下获得的两次独立测定结果的算术平均值表示，结果保留三位有效数字。重复性条件下获得的两次独立测定结果的绝对差值不得超过算术平均值的 10%。

6. 注意事项

（1）此方法规定了乳和乳制品中黄曲霉毒素 M_1 的测定方法。适用于乳和乳制品中黄曲霉毒素 M_1 的测定。检出限为 0.01 μg/kg（以乳计）。

（2）黄曲霉毒素 M_1 的色谱质谱图，见图 6-6。

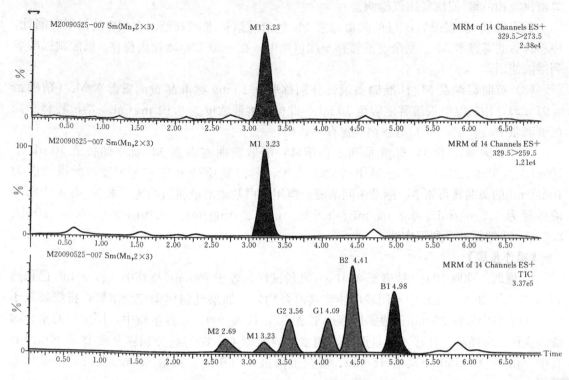

图 6-6 黄曲霉毒素 M_1 的色谱质谱图

实训操作

乳粉中黄曲霉毒素的测定

【实训目的】学会并掌握液质联用法测定乳粉中黄曲霉毒素的含量。

【实训原理】试样液体或固体试样提取液经均质、超声提取、离心，取上清液经免疫亲和柱净化，洗脱液经氮气吹干、定容，微孔滤膜过滤，经液相色谱分离，电喷雾离子源离子化，多反应离子监测（MRM）方式检测。基质加标外标法定量。

【实训仪器】液相色谱-质谱联用仪（带电喷雾离子源）。

【实训试剂】

(1) 黄曲霉毒素 M_1 标准样品：纯度≥98%。

(2) 乙腈-水溶液（1+4）：在 400 mL 水中加入 100 mL 乙腈。

(3) 乙腈-水溶液（1+9）：在 450 mL 水中加入 50 mL 乙腈。

(4) 甲酸水溶液（0.1%）：吸取 1 mL 甲酸，用水稀释至 1 000 mL。

(5) 乙腈-甲醇溶液（50+50）：在 500 mL 乙腈中加入 500 mL 甲醇。

(6) 氢氧化钠溶液（0.5 mol/L）：称取 2 g 氢氧化钠溶解于 100 mL 水中。

(7) 空白基质溶液。分别称取与待测样品基质相同的、不含所测黄曲霉毒素的阴性试样 8 份于 100 mL 烧杯中，进行试液提取和净化（参见方法中的试液提取和净化）。合并所得 8 份试样的纯化液，用 0.22 μm 微孔滤膜的一次性滤头过滤。弃去前 0.5 mL 滤液，接取少量滤液供液相色谱-质谱联用仪检测。

获得色谱-质谱图后，与黄曲霉毒素 M_1 色谱质谱标准图对照，在相应的保留时间处，应不含黄曲霉毒素 M_1。剩余滤液转移至棕色瓶中，在 $-20\ ℃$ 电冰箱内保存，供配制标准系列溶液使用。

(8) 黄曲霉毒素 M_1 标准储备液：分别称取 0.10 mg 标准品黄曲霉毒素 M_1（精确至 0.01 mg），用三氯甲烷溶解定容至 10 mL，此标准溶液浓度为 0.01 mg/mL。溶液转移至棕色玻璃瓶中后，在 $-20\ ℃$ 电冰箱内保存，备用。

(9) 黄曲霉毒素 M_1 标准系列工作溶液：吸取黄曲霉毒素 M_1 标准储备液 10 μL 于 10 mL 容量瓶中，用氮气将三氯甲烷吹至近干，空白基质溶液定容至刻度，所得浓度为 10 ng/mL 的黄曲霉毒素 M_1 标准中间溶液。再用空白基质溶液将黄曲霉毒素 M_1 标准中间溶液稀释为 0.5 ng/mL、0.8 ng/mL、1.0 ng/mL、2.0 ng/mL、4.0 ng/mL、6.0 ng/mL、8.0 ng/mL 的标准系列工作液。

【操作步骤】

1. 提取 称取 10 g（精确至 0.01 g）乳粉试样，置于 250 mL 烧杯中。将 50 mL 已预热到 50 ℃ 的水加入到乳粉中，用玻璃棒将其混合均匀。如果乳粉仍未完全溶解，将烧杯置于 50 ℃ 的水浴中放置 30 min。溶解后冷却至 20 ℃，移入 100 mL 容量瓶中，用少量的水分次洗涤烧杯，洗涤液一并移入容量瓶中，用水定容至刻度，摇匀后分别移至两个 50 mL 离心管中，在 6 000 r/min 下离心 15 min，混合上清液，用移液管移取 50 mL 上清液供净化处理用。

2. 净化

(1) 免疫亲和柱的准备。将一次性的 50 mL 注射器筒与亲和柱上顶部相串联，再将亲和柱与固相萃取装置连接起来。

(2) 试样的纯化。将试液提取液移至 50 mL 注射器筒中，调节固相萃取装置的真空系统，控制试样以 2~3 mL/min 稳定的流速过柱。取下 50 mL 的注射器筒，装上 10 mL 注射器筒。注射器筒内加入水，以稳定的流速洗柱，然后抽干亲和柱。脱开真空系统，在亲和柱下部放入 10 mL 刻度试管，上部装上另一个 10 mL 注射器筒，加入 4 mL 乙腈洗脱黄曲霉毒素 M_1，洗脱液收集在刻度试管中，洗脱时间不少于 60 s。然后用氮气缓缓地在 30 ℃ 下将洗脱液蒸发至近干（如果蒸发至干，会损失黄曲霉毒素 M_1），用乙腈-水溶液（1+9）稀释至 1 mL。

3. 液相色谱条件 流动相：A 液，0.1% 甲酸溶液；B 液，乙腈-甲醇溶液（1+1）。流动相流动速度：0.3 mL/min。柱温：35 ℃。试液温度：20 ℃。进样量：10 μL。

4. 质谱参考条件 检测方式：多离子反应监测（MRM）。母离子能量：329.0。定量子离子能量：273.5。碰撞能量：22。定性子离子能量：259.5。离子化方式：ESI+。

5. 定性 黄曲霉毒素 M_1 的定性离子的重构离子色谱峰的信噪比应大于等于 3（S/N≥3），定量离子的重构离子色谱峰的信噪比应大于等于 10（S/N≥10）。

6. 试样测定 按照液相色谱参考条件和质谱参考条件，测定试液和标准系列溶液中黄曲霉毒素 M_1 的离子强度，外标法定量。色谱参考保留时间：黄曲霉毒素 M_1 保留时间为 3.23 min。

7. 空白试验 不称取试样，按相同的步骤做空白实验。应确认不含有干扰被测组分的

8. **标准曲线绘制** 将标准系列溶液浓度由低到高进样检测，以峰面积-浓度作图，得到标准曲线回归方程。

9. **定量测定** 待测样液中被测组分的响应值应在标准曲线线性范围内，超过线性范围时，应将样液用空白基质溶液稀释后重新进样分析，或减少取样量进行提取净化处理后再进样分析。

【结果计算】

$$X = \frac{A \times V \times f \times 1}{m}$$

式中：X——乳粉中黄曲霉毒素 M_1 的含量，$\mu g/kg$；
A——试样中黄曲霉毒素 M_1 的浓度，ng/mL；
V——样品定容体积，mL；
f——样液稀释因子；
m——试样的称样量，g。

以重复性条件下获得的两次独立测定结果的算术平均值表示，结果保留三位有效数字。重复性条件下获得的两次独立测定结果的绝对差值不得超过算术平均值的 10%。

任务五　包装材料有害物质检测

一、主要有害物质

农产品包装是指采用适当的包装材料、容器和包装技术，把农产品包裹起来，以使农产品在运输和储藏过程中保持其价值和原有的状态。农产品包装可将农产品与外界隔绝，防止微生物以及有害物质的污染，避免虫害的侵袭。同时良好的包装还可起到延缓脂肪的氧化，避免营养成分的分解，阻止水分、香味的蒸发散逸，保持农产品固有的风味、颜色和外观等作用。但是，由于包装材料直接和农产品接触，很多材料成分可迁移到农产品中，造成农产品污染。主要农产品包装材料及有害物质见表 6-14。

表 6-14　主要农产品包装材料及有害物质

包装材料类别	包装材质	可能污染物	备注
热塑性塑料	聚乙烯（PE）	单体乙烯、低聚乙烯、增塑剂、稳定剂	不宜盛装油脂，其再生品不可作农产品包装材料
	聚丙烯（PP）	增塑剂、稳定剂	可包装各种农产品，其再生品不可作农产品包装材料
	聚苯乙烯（PS）	常残留有苯乙烯、乙苯、甲苯、异丙苯等挥发性物质	FDA 规定用于农产品包装的该材料苯乙烯含量小于 1%
	聚氯乙烯（PVC）	单体氯乙烯、增塑剂、稳定剂	氯乙烯有麻醉、致癌、致畸作用

(续)

包装材料类别	包装材质	可能污染物	备注
热固性塑料	三聚氰胺（蜜胺）	甲醛	我国暂定此材料中甲醛含量不得超过30 mg/L水浸泡液，不宜与包装农产品直接接触，正在被其他材料取代
	脲醛树脂（电玉）	甲醛	
	酚醛树脂	甲醛、苯酚	
丙烯腈共聚塑料	聚丙烯腈-丁乙烯	丙烯腈	CAC提出农产品中丙烯腈应小于0.02 mg/kg
	聚丙烯腈-苯乙烯	丙烯腈	
橡胶	天然橡胶/合成橡胶	单体、促进剂、抗老化剂、填充剂	促进剂：金属氧化物、乌洛托品；抗氧化剂：酚及芳香胺类；填充剂：炭黑（含苯并芘）
纸类	农产品包装纸、玻璃纸	造纸原料中的农残、回收纸中的油墨、荧光增白剂、石蜡	荧光增白剂及石蜡中的多氯联苯是致癌剂
无机包装材料	铁、铝、不锈钢玻璃搪瓷、陶瓷	铅、铬、镍、铝、锡、钠、钴、铜瓷釉或陶釉中含有的铅、铬、锑等	

目前农产品用的包装材料包括塑料成型品、涂料、橡胶制品及包装用纸等。农产品包装材料的测定，一般是模拟不同农产品，制备几种浸泡液（水、4%乙酸、20%或65%乙醇及正己烷），在一定温度下，以试样浸泡一定时间后，测定其高锰酸钾消耗量、蒸发残渣、重金属及退色试验。

二、聚乙烯包装材料检测

此方法适用于以聚乙烯、聚苯乙烯、聚丙烯为原料制作的各种食具、容器及农产品用包装薄膜或其他各种农产品用工具、管道等制品中各项卫生指标的测定。

(一) 取样方法

每批按0.1%取试样，小批时取样数不少于10只（以500 mL容积/只计，小于500 mL/只时，试样应相应加倍取量）。其中半数供化验用，另半数保存两个月，以备做仲裁分析用，分别注明产品名称、批号、取样日期。试样洗净备用。

(二) 浸泡条件

1. 水　60 ℃，浸泡2 h。
2. 乙酸（4%）　60 ℃，浸泡2 h。
3. 乙醇（65%）　室温，浸泡2 h。
4. 正己烷　室温，浸泡2 h。

以上浸泡液按接触面积每平方厘米加2 mL，在容器中则加入浸泡液至2/3~4/5容积为准。

(三) 高锰酸钾消耗量

1. 原理　试样经用浸泡液浸泡后，测定其高锰酸钾消耗量，表示可溶出有机物质的含量。

2. 试剂

(1) 硫酸溶液（1+2）。

(2) 1/5 高锰酸钾标准溶液 $[c(1/5\ KMnO_4)=0.01\ mol/L]$。

(3) 1/2 草酸标准溶液 $[c(1/2\ H_2C_2O_4\cdot 2H_2O)=0.01\ mol/L]$。

3. 方法

(1) 锥形瓶的处理。取 100 mL 水，放入 250 mL 锥形瓶中，加入 5 mL 硫酸溶液（1+2）和 5 mL 高锰酸钾溶液，煮沸 5 min，倒去，用水冲洗备用。

(2) 滴定。准确吸取 100 mL 水浸泡液（有残渣则需过滤）于上述处理过的 250 mL 锥形瓶中，加 5 mL 硫酸溶液（1+2）及 1/5 高锰酸钾标准溶液 10.0 mL，再加玻璃珠 2 粒，准确煮沸 5 min 后，趁热加入 1/2 草酸标准溶液 10.0 mL，再以 1/5 高锰酸钾标准溶液滴定至微红色，记住二次高锰酸钾溶液滴定量。

另取 100 mL 水按上法同样做试剂空白试验。

4. 计算

$$X=\frac{(V_1-V_2)\times c\times 31.6\times 1000}{100}$$

式中：X——试样中高锰酸钾消耗量，mg/L；

V_1——试样浸泡液滴定时消耗高锰酸钾溶液的体积，mL；

V_2——试剂空白滴定时消耗高锰酸钾溶液的体积，mL；

c——1/5 高锰酸钾标准溶液的浓度，mol/L；

31.6——与 1.0 mL 的 1/5 高锰酸钾标准溶液 $[c(1/5\ KMnO_4)=0.001\ mol/L]$ 相当的高锰酸钾的质量，mg。

计算结果保留三位有效数字。在重复性条件下获得的两次独立测定结果的绝对差值不得超过算术平均值的 10%。

（四）蒸发残渣

1. 原理 试样经用各种溶液浸泡后，蒸发残渣即表示在不同浸泡液中的溶出量。4 种溶液为模拟接触水、酸、酒、油不同性质农产品的情况。

2. 方法 取各种浸泡液 200 mL，分次置于预先在 100 ℃±5 ℃ 干燥至恒重的 50 mL 玻璃蒸发皿或恒重过的小瓶浓缩器（为回收正己烷用）中，在水浴上蒸干，于 100 ℃±5 ℃ 干燥 2 h，在干燥器中冷却 0.5 h 后称重，再于 100 ℃±5 ℃ 干燥 1 h，在干燥器重冷却 0.5 h 后称至恒重。

同时做空白试验。

3. 计算

$$X=\frac{(m_1-m_2)\times 1000}{200}$$

式中：X——试样浸泡液（不同浸泡液）蒸发残渣，mg/L；

m_1——试样浸泡液蒸发残渣质量，mg；

m_2——空白浸泡液的质量，mg。

计算结果保留三位有效数字。在重复性条件下获得的两次独立测定结果的绝对差值不得超过算术平均值的10%。

(五) 重金属

1. 原理 浸泡液中重金属（以铅计）与硫化钠作用，在酸性溶液中形成黄棕色硫化铅，与标准比较不得更深，即表示重金属含量符合标准。

2. 试剂

(1) 硫化钠溶液。称取5g硫化钠，溶于10 mL水和30 mL甘油的混合液中，或将30 mL水和90 mL甘油混合后分成二等份，一份加5g氢氧化钠溶解后通入硫化氢气体（硫化铁加稀盐酸）使溶液饱和后，将另一份水和甘油混合液倒入，混合均匀后装入瓶中，密闭保存。

(2) 铅标准溶液。准确称取0.159 8 g硝酸铅，溶于10 mL硝酸溶液（10%）中，移入1 000 mL容量瓶中，加水稀释至刻度。此溶液每毫升相当于100 μg铅。

(3) 铅标准使用液。吸取10.0 mL铅标准溶液，置于100 mL容量瓶中，加水稀释至刻度。此溶液每毫升相当于10 μg铅。

3. 方法 吸取20.0 mL乙酸浸泡液（4%）与50 mL比色管中，加水至刻度。另取2 mL铅标准使用液于50 mL比色管中，加20 mL乙酸溶液（4%），加水至刻度混匀，两液中各加硫化钠溶液2滴，混匀后，放置5 min，以白色为背景，从上方或侧面观察，试样呈色不能比标准液更深。

结果的表述：呈色大于标准管试样，重金属[以铅（Pb）计]报告值>1。

(六) 脱色试验

取洗净待测食具一个，用沾有冷餐油、乙醇（65%）的棉花，在接触农产品部位的小面积，用力往返擦拭100次，棉花上不得染有颜色。

4种浸泡液也不得染有颜色。

三、三聚氰胺包装材料检测

此方法适用于以三聚氰胺为原料制作的各种食具、容器及其他各种食品用工具的各项卫生指标的分析。

1. 取样方法 每批按0.1%取试样，小批时取样数不少于10只（以500 mL容积/只计，小于500 mL/只时，试样应相应加倍取量）。其中半数供化验用，另半数保存两个月，以备做仲裁分析用，分别注明产品名称、批号、取样日期。试样洗净备用。

2. 浸泡条件

(1) 水：60 ℃，浸泡2 h。

(2) 乙酸（4%）：60 ℃，浸泡2 h。

(3) 乙醇（65%）：室温，浸泡2 h。

(4) 正己烷：室温，浸泡2 h。

以上浸泡液按接触面积每平方厘米加2 mL，在容器中则加入浸泡液至2/3~4/5容积为准。

（一）高锰酸钾消耗量

1. 原理　试样用浸泡液浸泡后，测定其高锰酸钾消耗量，表示可溶出有机物质的含量。

2. 试剂　硫酸溶液（1+2），1/5 高锰酸钾标准溶液 $[c(\frac{1}{5}KMnO_4)=0.01\ mol/L]$，1/2 草酸标准溶液 $[c(\frac{1}{2}H_2C_2O_4 \cdot 2H_2O)=0.01\ mol/L]$。

3. 方法

（1）锥形瓶的处理。取 100 mL 水，放入 250 mL 锥形瓶中，加入 5 mL 硫酸溶液（1+2）和 5 mL 高锰酸钾溶液，煮沸 5 min，倒去，用水冲洗备用。

（2）滴定。准确吸取 100 mL 水浸泡液（有残渣则需过滤）于上述处理过的 250 mL 锥形瓶中，加 5 mL 硫酸溶液（1+2）及 1/5 高锰酸钾标准溶液 10.0 mL，再加玻璃珠 2 粒，准确煮沸 5 min 后，趁热加入 1/2 草酸标准溶液 10.0 mL，再以 1/5 高锰酸钾标准溶液滴定至微红色，记住二次高锰酸钾溶液滴定量。

另取 100 mL 水按上法同样做试剂空白试验。

4. 计算

$$X=\frac{(V_1-V_2)\times c\times 31.6\times 1000}{100}$$

式中：X——试样中高锰酸钾消耗量，mg/L；

V_1——试样浸泡液滴定时消耗高锰酸钾溶液的体积，mL；

V_2——试剂空白滴定时消耗高锰酸钾溶液的体积，mL；

c——1/5 高锰酸钾标准溶液的浓度，mol/L；

31.6——与 1.0 mL 的 1/5 高锰酸钾标准溶液 $[c(\frac{1}{5}KMnO_4)=0.001\ mol/L]$ 相当的高锰酸钾的质量，mg。

计算结果保留三位有效数字。在重复性条件下获得的两次独立测定结果的绝对差值不得超过算术平均值的 10%。

（二）蒸发残渣

1. 原理　试样经用各种溶液浸泡后，蒸发残渣即表示在不同浸泡液中的溶出量。4 种溶液为模拟接触水、酸、酒、油不同性质农产品的情况。

2. 方法　取各种浸泡液 200 mL，分次置于预先在 100 ℃±5 ℃干燥至恒重的 50 mL 玻璃蒸发皿或恒重过的小瓶浓缩器（为回收正己烷用）中，在水浴上蒸干，于 100 ℃±5 ℃干燥 2 h，在干燥器中冷却 0.5 h 后称重，再于 100 ℃±5 ℃干燥 1 h，在干燥器重冷却 0.5 h 后称至恒重。

同时做空白试验。

3. 计算

$$X=\frac{(m_1-m_2)\times 1000}{200}$$

式中：X——试样浸泡液（不同浸泡液）蒸发残渣，mg/L；

m_1——试样浸泡液蒸发残渣质量，mg；

m_2——空白浸泡液的质量，mg。

计算结果保留三位有效数字。在重复性条件下获得的两次独立测定结果的绝对差值不得超过算术平均值的 10%。

（三）重金属

1. 原理 浸泡液中重金属（以铅计）与硫化钠作用，在酸性溶液中形成黄棕色硫化铅，与标准比较不得更深，即表示重金属含量符合标准。

2. 试剂

（1）硫化钠溶液。称取 5 g 硫化钠，溶于 10 mL 水和 30 mL 甘油的混合液中，或将 30 mL 水和 90 mL 甘油混合后分成二等份，一份加 5 g 氢氧化钠溶解后通入硫化氢气体（硫化铁加稀盐酸）使溶液饱和后，将另一份水和甘油混合液倒入，混合均匀后装入瓶中，密闭保存。

（2）铅标准溶液。准确称取 0.159 8 g 硝酸铅，溶于 10 mL 硝酸溶液（10%）中，移入 1 000 mL 容量瓶中，加水稀释至刻度。此溶液每毫升相当于 100 μg 铅。

（3）铅标准使用液。吸取 10.0 mL 铅标准溶液，置于 100 mL 容量瓶中，加水稀释至刻度。此溶液每毫升相当于 10 μg 铅。

3. 方法 吸取 20.0 mL 乙酸（4%）浸泡液与 50 mL 比色管中，加水至刻度。另取 2 mL 铅标准使用液于 50 mL 比色管中，加 20 mL 乙酸溶液（4%），加水至刻度混匀，两液中各加硫化钠溶液 2 滴，混匀后，放置 5 min，以白色为背景，从上方或侧面观察，试样呈色不能比标准液更深。

结果的表述：呈色大于标准管试样，重金属［以铅（Pb）计］报告值>1。

（四）甲醛

1. 原理 甲醛与盐酸苯肼在酸性情况下经氧化生成红色化合物，与标准系列比较定量，最低检出限为 5 mg/L。

2. 试剂

（1）盐酸苯肼溶液（10 g/L）：称取 1.0 g 盐酸苯肼，加 80 mL 水溶解，再加 2 mL 盐酸溶液（10+2），加水稀释至 100 mL，过滤，储存于棕色瓶中。

（2）铁氰化钾溶液（20 g/L）。

（3）盐酸溶液（10+2）：量取 100 mL 盐酸，加水稀释至 120 mL。

（4）甲醛标准溶液：吸取 2.5 mL 甲醛溶液（36%～38%），置于 250 mL 容量瓶中，加水稀释至刻度，用碘量法标定，最后稀释至每毫升相当于 100 μg 甲醛。

（5）甲醛标准使用液：吸取 10.0 mL 甲醛标准溶液，置于 100 mL 容量瓶中，加水稀释至刻度。此溶液每毫升相当于 10.0 μg 甲醛。

3. 方法 吸取 10.0 mL 乙酸（4%）浸泡液于 100 mL 容量瓶中，加水至刻度，混匀。再吸取 2 mL 此稀释液于 25 mL 比色管中。吸取 0、0.2 mL、0.4 mL、0.6 mL、0.8 mL、1.0 mL 甲醛标准使用液（相当于 0、2 μg、4 μg、6 μg、8 μg、10 μg 甲醛），分别置于 25 mL 比色管中，加水至 2 mL。于试样及标准管各加 1 mL 盐酸苯肼溶液摇匀，放置 20 min。各加铁氰化钾溶液 0.5 mL，放置 4 min，各加 2.5 mL 盐酸溶液（10+2），再加水至 10 mL，混匀。在 10～40 min 内以 1 cm 比色杯，用零管调节零点，在 520 nm 波长处测吸光度，绘制标准曲线比较。

4. 计算

$$X = \frac{m \times 1000}{10 \times \frac{V}{100} \times 1000}$$

式中：X——浸泡液中甲醛的含量，mg/L；
　　　m——测定时所取稀释液中甲醛的质量，μg；
　　　V——测定时所取稀释浸泡液体积，mL。

计算结果保留三位有效数字。在重复性条件下获得的两次独立测定结果的绝对差值不得超过算术平均值的 10%。

（五）脱色试验

取洗净待测食具一个，用沾有冷餐油、乙醇（65%）的棉花，在接触农产品部位的小面积，用力往返擦拭 100 次，棉花上不得染有颜色。

四种浸泡液也不得染有颜色。

四、包装材料中甲醛测定

甲醛为较高毒性的物质，甲醛中毒对人体健康的影响主要表现在嗅觉异常、刺激、过敏、肺功能异常、肝功能异常和免疫功能异常等方面，具有强烈的促癌和致癌作用，已经被世界卫生组织确定为致癌和致畸形物质，是公认的变态反应源，也是潜在的强致突变物之一。

1. 原理　在 pH＝5.0 的乙酸-乙酸钠缓冲溶液中，甲醛与硫酸联氨反应生成质子化醛腙产物，在电位 −1.04 V 处产生灵敏的吸附还原波，该电流的峰高与甲醛的溶度在一定范围内呈良好的直线关系。试样的峰高与甲醛标准曲线的峰高比较定量。

2. 仪器　MP-2 型溶出分析仪或示波极谱仪。三电极体系：滴汞电极为工作电极，饱和氯化钾甘汞电极为参比电极，铂辅助电极。10 mL 容量瓶。微量进样器。

3. 试剂　试剂均为分析纯，水为蒸馏水或去离子水。

（1）氢氧化钾溶液（280 g/L）：称取 28 g 氢氧化钾，加水溶解放冷后并稀释至 100 mL。

（2）硫酸联氨溶液（20 g/L）：称取 2.0 g 硫酸联氨 [$H_4N_2 \cdot H_2SO_4$]，用约 40 ℃ 热水溶解，冷却至室温后，在酸度计上用氢氧化钾溶液（280 g/L）调节至 pH＝5.0，加水稀释至 100 mL。

（3）乙酸-乙酸钠缓冲溶液：称取 0.82 g 无水乙酸钠或 1.36 g 乙酸钠，用水溶解，在酸度计上用乙酸溶液（1 mol/L）调节至 pH＝5.0，加水稀释至 100 mL。

（4）甲醛标准溶液。吸取 10 mL 甲醛（38%～40%）于 500 mL 容量瓶中，加入 0.5 mL 硫酸溶液（1+35），加水稀释至刻度，混匀。吸取 5 mL，置于 250 mL 碘量瓶中，加 40 mL 碘标准溶液（0.1 mol/L）和 15 mL 氢氧化钠溶液（40 g/L），摇匀，放置 10 min，加 3 mL 盐酸溶液（1+1）[或 20 mL 硫酸溶液（1+35）] 酸化，再放置 10～15 min，加入 100 mL 水，摇匀，用硫代硫酸钠标准溶液（0.1 mol/L）滴定至草黄色，加入 1 mL 淀粉指示液（5 g/L）继续滴定至蓝色消失为终点。同时做空白试验。

甲醛标准溶液的浓度计算：

$$X = \frac{(V_1 - V_2) \times c \times 15}{5}$$

式中：X——甲醛标准溶液的浓度，mg/mL；

V_1——空白试验消耗硫代硫酸钠标准溶液的体积，mL；

V_2——试样滴定消耗硫代硫酸钠标准溶液的体积，mL；

c——硫代硫酸钠标准溶液的浓度，mol/L；

15——与 1.0 mL 碘标准溶液 $[c(\frac{1}{2}I_2) = 1.000 \text{ mol/L}]$ 相当的甲醛质量，mg；

5——标定用甲醛标准溶液的体积，mL。

根据计算的含量，将甲醛标准溶液用水稀释至每毫升相当于 100 μg 甲醛。

(5) 甲醛标准使用液：精密吸取 10.0 mL 甲醛标准溶液，置于 100 mL 容量瓶中，用水稀释至刻度。此溶液每毫升相当于 10.0 μg 甲醛，使用时配制。

4. 方法

(1) 标准曲线制备。精密吸取 0、0.2 mL、0.4 mL、0.6 mL、0.8 mL、1.0 mL 甲醛标准使用液（相当于 0、2.0 μg、4.0 μg、6.0 μg、8.0 μg、10.0 μg 甲醛），分别置于 10 mL 容量瓶中。加 2 mL 乙酸-乙酸钠缓冲溶液（pH=5.0）和 0.6 mL 硫酸联氨溶液（20 g/L），加水至刻度，混匀。放置 2 min，将试液全部移入电解池（15 mL 烧杯）中。于起始电位 −0.80 V 开始扫描，读取电位 −1.04 V 处 2 次微分的峰高值。以甲醛浓度为横坐标，峰高为纵坐标制成标准曲线。

(2) 浸泡条件。不同材质的包装材料的浸泡条件，见表 6-15。

表 6-15 不同材质的包装材料的浸泡条件

名　称	试验条件		
	溶剂	温度（℃）	时间（min）
聚乙烯（PE）、聚苯乙烯（PS）、聚丙烯（PP）、三聚氰胺（MA）、不饱和聚酯及玻璃钢制品、发泡聚苯乙烯	乙酸溶液（4%）	60	120
罐头内壁环氧酚醛树脂、涂料、涂膜；脱模涂料膜；水基改性环氧易拉罐内壁涂料膜	水	95	30
漆酚涂料	乙酸溶液（4%）	60	120

(3) 试样测定。用微量进样器吸取 4% 乙酸浸泡液 0.01～0.03 mL。水浸泡液取 1.0～5.0 mL 于 10 mL 容量瓶中。加 2 mL 乙酸-乙酸钠缓冲溶液（pH=5.0）和 0.6 mL 硫酸联氨溶液（20 g/L），加水至刻度，混匀。放置 2 min，将试液全部移入电解池（15 mL 烧杯）中。于起始电位 −0.80 V 开始扫描，读取电位 −1.04 V 处 2 次微分的峰高值。试样的峰高值从标准曲线上查出相当于甲醛的含量。

5. 计算

$$X = \frac{m \times 1000}{V \times 1000}$$

式中：X——试样浸泡液中甲醛的含量，mg/L；

m——测定时所取试样浸泡液中甲醛的质量，μg；

V——测定时所取试样浸泡液体积，mL。

在重复性条件下获得的两次独立测定结果的绝对值不得超过算术平均值的5%。

6. 注意事项

（1）此方法规定了测定农产品包装材料中游离甲醛的示波极谱法。

（2）此方法适用于农产品包装用三聚氰胺树脂成型品、水基改性环氧易拉罐内壁涂料、罐头内壁脱模涂料、环氧酚醛涂料及农产品容器漆酚涂料中游离甲醛的测定。

实训操作

聚乙烯包装材料中蒸发残渣的测定

【实训目的】学会并掌握聚乙烯包装材料中蒸发残渣的测定原理和方法。

【实训原理】试样经用各种溶液浸泡后，蒸发残渣即表示在不同浸泡液中的溶出量。4种溶液为模拟接触水、酸、酒、油不同性质农产品的情况。

【实训仪器】电子天平；电热恒温干燥箱。

【操作步骤】

1. 取样 每批按0.1%取试样，小批时取样数不少于10只（以500 mL容积/只计，小于500 mL/只时，试样应相应加倍取量）。其中半数供化验用，另半数保存两个月，以备做仲裁分析用，分别注明产品名称、批号、取样日期。试样洗净备用。

2. 浸泡

（1）水：60 ℃，浸泡2 h。

（2）乙酸（4%）：60 ℃，浸泡2 h。

（3）乙醇（65%）：室温，浸泡2 h。

（4）正己烷：室温，浸泡2 h。

以上浸泡液按接触面积每平方厘米加2 mL，在容器中则加入浸泡液至2/3～4/5容积为准。

3. 测定 取各种浸泡液200 mL，分次置于预先在100 ℃±5 ℃干燥至恒重的50 mL玻璃蒸发皿或恒重过的小瓶浓缩器（为回收正己烷用）中，在水浴上蒸干，于100 ℃±5 ℃干燥2 h，在干燥器中冷却0.5 h后称重，再于100 ℃±5 ℃干燥1 h，在干燥器重冷却0.5 h后称至恒重。

同时做空白试验。

【结果计算】

$$X = \frac{(m_1 - m_2) \times 1000}{200}$$

式中：X——试样浸泡液（不同浸泡液）蒸发残渣，mg/L；

m_1——试样浸泡液蒸发残渣质量，mg；

m_2——空白浸泡液的质量，mg。

计算结果保留三位有效数字。在重复性条件下获得的两次独立测定结果的绝对差值不得超过算术平均值的 10%。

任务六　其他有害成分检测

一、克仑特罗残留测定

克仑特罗（Clenbuterol）俗称瘦肉精，是一种 β-肾上腺受体激动剂，在临床上用于治疗支气管哮喘、慢性支气管炎和肺气肿等疾病。因该药可以提高瘦肉率，减少脂肪沉积和促进动物生长，被一些畜牧养殖企业作为养殖促进剂使用。克仑特罗可引起食物中毒，严重者可引起死亡。

（一）气相色谱-质谱法（GC-MS）

1. 原理　固体试样剪碎，用高氯酸溶液匀浆。液体试样加入高氯酸溶液，进行超声加热提取，用异丙醇-乙酸乙酯（40+60）萃取，有机相浓缩，经弱阳离子交换柱进行分离，用乙醇-浓氨水（98+2）溶液洗脱，洗脱液浓缩，经 N,O-双三甲基硅烷三氟乙酰胺（BSTFA）衍生后于气质联用仪上进行测定。以美托洛尔为内标，定量。

2. 仪器　气相色谱-质谱联用仪（GC-MS），磨口玻璃离心管（长 11.5 cm，内径 3.5 cm，具塞），5 mL 玻璃离心管，超声波清洗器，酸度计，离心机，振荡器，旋转蒸发器，涡旋式混合器，恒温加热器，N_2-蒸发器，匀浆器。

3. 试剂

（1）盐酸克仑特罗：纯度≥99.5%。

（2）美托洛尔：纯度≥99%。

（3）磷酸二氢钠。

（4）氢氧化钠。

（5）氯化钠。

（6）高氯酸。

（7）浓氨水。

（8）异丙醇。

（9）乙酸乙酯。

（10）甲醇：HPLC 级。

（11）甲苯：色谱纯。

（12）乙醇。

（13）衍生剂：N,O-双三甲基硅烷三氟乙酰胺（BSTFA）。

（14）高氯酸溶液（0.1 mol/L）。

（15）氢氧化钠溶液（1 mol/L）。

（16）磷酸二氢钠缓冲液（0.1 mol/L，pH=6.0）。

（17）异丙醇-乙酸乙酯（40+60）。

（18）乙醇-浓氨水（98+2）。

（19）美托洛尔内标标准溶液：准确称取美托洛尔标准品，用甲醇溶解配成浓度为

240 mg/L的内标储备液,储于冰箱中,使用时用甲醇稀释成2.4 mg/L内标使用液。

(20) 克仑特罗标准溶液:准确称取克仑特罗标准品,用甲醇溶解配成浓度为250 mg/L的标准储备液,储于冰箱中。使用时用甲醇稀释成0.5 mg/L的克仑特罗标准使用液。

(21) 弱阳离子交换柱(LC-WCX)(3 mL)。

(22) 针筒式微孔过滤膜(0.45 μm,水相)。

4. 方法

(1) 提取。

① 肌肉、肝或肾试样。称取肌肉、肝或肾试样10 g(精确到0.01 g),用20 mL高氯酸溶液(0.1 mol/L)匀浆,置于磨口玻璃离心管中。然后置于超声波清洗器中超声20 min,取出置于80 ℃水浴中加热30 min。取出冷却后离心(4 500 r/min)15 min,倾出上清液,沉淀用5 mL高氯酸溶液(0.1 mol/L)洗涤,再离心,将两次的上清液合并。用氢氧化钠溶液(1 mol/L)调pH至9.5±0.1,若有沉淀产生,再离心(4 500 r/min)10 min,将上清液转移至磨口玻璃离心管中,加入8 g氯化钠,混匀,加入25 mL异丙醇-乙酸乙酯(40+60),置于振荡器上振荡提取20 min。提取完毕,放置5 min(若有乳化层稍离心一下)。用吸管小心将上层有机相移至旋转蒸发瓶中,用20 mL异丙醇-乙酸乙酯(40+60)再重复萃取一次,合并有机相,于60 ℃在旋转蒸发器上浓缩至近干。用1 mL磷酸二氢钠缓冲液(0.1 mol/L, pH=6.0)充分溶解残留物,经针筒式微孔过滤膜过滤,洗涤三次后完全转移至5 mL玻璃离心管中,并用磷酸二氢钠缓冲液(0.1 mol/L, pH=6.0)定容至刻度。

② 尿液试样。用移液管量取尿液5 mL,加入20 mL高氯酸溶液(0.1 mol/L),超声20 min混匀。置于80 ℃水浴中加热30 min。用氢氧化钠溶液(1 mol/L)调pH至9.5±0.1,若有沉淀产生,再离心(4 500 r/min)10 min,将上清液转移至磨口玻璃离心管中,加入8 g氯化钠,混匀,加入25 mL异丙醇-乙酸乙酯(40+60),置于振荡器上振荡提取20 min。提取完毕,放置5 min(若有乳化层稍离心一下)。用吸管小心将上层有机相移至旋转蒸发瓶中,用20 mL异丙醇-乙酸乙酯(40+60)再重复萃取一次,合并有机相,于60 ℃在旋转蒸发器上浓缩至近干。用1 mL磷酸二氢钠缓冲液(0.1 mol/L, pH=6.0)充分溶解残留物,经针筒式微孔过滤膜过滤,洗涤三次后完全转移至5 mL玻璃离心管中,并用磷酸二氢钠缓冲液(0.1 mol/L, pH=6.0)定容至刻度。

③ 血液试样。将血液于4 500 r/min离心,用移液管量取上层血清1 mL置于5 mL玻璃离心管中,加入20 mL高氯酸溶液(0.1 mol/L)混匀,置于超声波清洗器中超声20 min,取出置于80 ℃水浴中加热30 min。取出冷却后离心(4 500 r/min)15 min,倾出上清液,沉淀用1 mL高氯酸溶液(0.1 mol/L)洗涤,离心(4 500 r/min)10 min,合并上清液,再重复一遍洗涤步骤,合并上清液。向上清液中加入约1 g氯化钠,加入2 mL异丙醇-乙酸乙酯(40+60),在涡旋混合器上振荡萃取5 min,放置5 min(若有乳化层稍离心一下),小心移出有机相于5 mL玻璃离心管中。

按以上萃取步骤重复萃取两次,合并有机相。将有机相在N_2-浓缩器上吹干。用1 mL磷酸二氢钠缓冲液(0.1 mol/L, pH=6.0)充分溶解残留物,经筒式微孔过滤膜过滤完全转移至5 mL玻璃离心管中,并用磷酸二氢钠缓冲液(0.1 mol/L, pH=6.0)定容至刻度。

(2) 净化。依次用10 mL乙醇、3 mL水、3 mL磷酸二氢钠缓冲液(0.1 mol/L, pH=

6.0）、3 mL 水冲洗弱阳离子交换柱，取适量样品提取液至弱阳离子交换柱上，弃去流出液，分别用 4 mL 水和 4 mL 乙醇冲洗柱子，弃去流出液，用 6 mL 乙醇-浓氨水（98+2）冲洗柱子，收集流出液。将流出液在 N_2-蒸发器上浓缩至干。

（3）衍生化。于净化、吹干的试样残渣中加入 100～500 μL 甲醇，50 μL 内标工作液（2.4 mg/L），在 N_2-蒸发器上浓缩至干，迅速加入 40 μL 衍生剂（BSTFA），盖紧塞子，在涡旋混合器上混匀 1 min，置于 75 ℃ 的恒温加热器中衍生 90 min。衍生反应完成后取出冷却至室温，在涡旋混合器上混匀 30 s，置于 N_2-蒸发器上浓缩至干。加入 200 μL 甲苯，在涡旋混合器上充分混匀，待气质联用仪进样。同时用克仑特罗标准使用液做系列同步衍生。

（4）气相色谱-质谱法测定参数设定。气相色谱法柱：DB-5 MS 柱，30 m×0.25 mm×0.25 μm。载气：He。柱前压：55 160 Pa（8psi）。进样口温度：240 ℃。进样量：1 μL，不分流。柱温程序：70 ℃ 保持 1 min，以 18 ℃/min 速度升至 200 ℃，以 5 ℃/min 的速度再升至 245 ℃，再以 25 ℃/min 速度升至 280 ℃ 并保持 2 min。EI 源。电子轰击能：70eV。离子源温度：200 ℃。接口温度：285 ℃。溶剂延迟：12 min。EI 源检测特征质谱峰：克仑特罗 m/z 86、187、243、262；美托洛尔 m/z 72、223。

（5）测定。吸取 1 μL 衍生的试样液或标准液注入气质联用仪中，以试样峰（m/z 86、187、243、262、264、277、333）与内标峰（m/z 72、223）的相对保留时间定性，要求试样峰中至少有 3 对选择离子相对强度（与基峰的比例）不超过标准相应选择离子相对强度平均值的 ±20% 或 3 倍标准差。以试样峰（m/z 86）与内标峰（m/z 72）的峰面积比单点或多点校准定量。

5. 计算　按内标法单点或多点校准计算试样中克仑特罗的含量。

$$X=\frac{A\times f}{m}$$

式中：X——试样中克仑特罗的含量，μg/kg 或 μg/L；

　　　A——试样色谱峰与内标色谱峰的峰面积比值对应的克仑特罗质量，ng；

　　　f——试样稀释倍数；

　　　m——试样的取样量，g 或 mL。

计算结果表示到小数点后两位。在重复性条件下获得的两次独立测定结果的绝对差值不得超过算术平均值的 20%。

6. 注意事项

（1）此方法规定了动物性食品中克仑特罗的测定方法。适用于新鲜或冷冻的畜、禽肉与内脏及其制品中克仑特罗残留的测定，也适用于生物材料（人或动物血液、尿液）中克仑特罗的测定。

（2）此方法的检出限为 0.5 μg/kg，线性范围为 0.025～2.5 ng。

（二）高效液相色谱法（HPLC）

固体试样剪碎，用高氯酸溶液匀浆。液体试样加入高氯酸溶液，进行超声加热提取，用异丙醇-乙酸乙酯（40+60）萃取，有机相浓缩，经弱阳离子交换柱进行分离，用乙醇-氨水（98+2）溶液洗脱，洗脱液经浓缩，流动相定容后在高效液相色谱仪上进行测定，外标法定量。

此方法的检出限为 0.5 μg/kg，线性范围为 0.5～4 ng。

二、苏丹红测定

苏丹红是一种化学染色剂，属偶氮系列化工合成染料，主要用于石油、机油和其他的一些工业溶剂中，目的是使其增色，也用于鞋、地板等的增光。苏丹红并非食品添加剂，对人体的肝、肾器官具有明显的毒性作用。苏丹红有Ⅰ、Ⅱ、Ⅲ、Ⅳ号 4 种，苏丹红具有致突变性和致癌性，我国禁止在食品中使用。

1. 原理　样品经溶剂提取、固相萃取净化后，用反相高效液相色谱-紫外可见光检测器进行色谱分析，采用外标法定量。

2. 仪器　高效液相色谱仪（配有紫外可见光检测器），分析天平（感量 0.1 mg），旋转蒸发仪，均质机，离心机，0.45 μm 有机滤膜。

3. 试剂

（1）乙腈：色谱纯。

（2）丙酮：色谱纯、分析纯。

（3）甲酸：分析纯。

（4）乙醚：分析纯。

（5）正己烷：分析纯。

（6）无水硫酸钠：分析纯。

（7）层析柱管：1 cm（内径）×5 cm（高）的注射器管。

（8）层析用氧化铝（中性 100～200 目）：105 ℃干燥 2 h，于干燥器中冷至室温，每 100 g 中加入 2 mL 水降活，混匀后密封，放置 12 h 后使用。

注：不同厂家和不同批号氧化铝的活度有差异，须根据具体购置的氧化铝产品略做调整，活度的调整采用标准溶液过柱，将 1 μg/mL 的苏丹红的混合标准溶液 1 mL 加到柱中，用 5%丙酮正己烷溶液 60 mL 完全洗脱为准，4 种苏丹红在层析柱上的流出顺序为苏丹红Ⅱ、苏丹红Ⅳ、苏丹红Ⅰ、苏丹红Ⅲ，可根据每种苏丹红的回收率做出判断。苏丹红Ⅱ、苏丹红Ⅳ的回收率较低表明氧化铝活性偏低，苏丹红Ⅲ的回收率偏低时表明活性偏高。

（9）氧化铝层析柱：在层析柱管底部塞入一薄层脱脂棉，干法装入处理过的氧化铝至 3 cm 高，轻敲实后加一薄层脱脂棉，用 10 mL 正己烷预淋洗，洗净柱中杂质后，备用。

（10）5%丙酮的正己烷液：吸取 50 mL 丙酮用正己烷定容至 1 L。

（11）标准物质：苏丹红Ⅰ、苏丹红Ⅱ、苏丹红Ⅲ、苏丹红Ⅳ；纯度≥95%。

（12）标准储备液：分别称取苏丹红Ⅰ、苏丹红Ⅱ、苏丹红Ⅲ、苏丹红Ⅳ各 10.0 mg（按实际含量折算），用乙醚溶解后用正己烷定容至 250 mL。

4. 方法

（1）样品处理。

① 红辣椒粉等粉状样品。称取 1～5 g（准确至 0.001 g）样品于三角瓶中，加入 10～30 mL 正己烷，超声 5 min，过滤，用 10 mL 正己烷洗涤残渣数次，至洗出液无色，合并正己烷液，用旋转蒸发仪浓缩至 5 mL 以下，慢慢加入氧化铝层析柱中。为保证层析效果，在柱中保持正己烷液面为 2 mm 左右时上样，在全程的层析过程中不应使柱干涸，用正己烷少

量多次淋洗浓缩瓶，一并注入层析柱。控制氧化铝表层吸附的色素带宽宜小于 0.5 cm，待样液完全流出后，视样品中含油类杂质的多少用 10~30 mL 正己烷洗柱，直至流出液无色，弃去全部正己烷淋洗液，用含 5%丙酮的正己烷液 60 mL 洗脱，收集、浓缩后，用丙酮转移并定容至 5 mL，经 0.45 μm 有机滤膜过滤后待测。

② 红辣椒油、火锅料、奶油等油状样品。称取 0.5~2 g（准确至 0.001 g）样品于小烧杯中，加入适量正己烷（1~10 mL）溶解，难溶解的样品可于正己烷中加温溶解，慢慢加入氧化铝层析柱中。为保证层析效果，在柱中保持正己烷液面为 2 mm 左右时上样，在全程的层析过程中不应使柱干涸，用正己烷少量多次淋洗浓缩瓶，一并注入层析柱。控制氧化铝表层吸附的色素带宽宜小于 0.5 cm，待样液完全流出后，视样品中含油类杂质的多少用 10~30 mL 正己烷洗柱，直至流出液无色，弃去全部正己烷淋洗液，用含 5%丙酮的正己烷液 60 mL 洗脱，收集、浓缩后，用丙酮转移并定容至 5 mL，经 0.45 μm 有机滤膜过滤后待测。

③ 辣椒酱、番茄沙司等含水量较大的样品。称取 10~20 g（准确至 0.01 g）样品于离心管中，加 10~20 mL 水将其分散成糊状，含增稠剂的样品多加水，加入 30 mL 丙酮-正己烷溶液（3+1），匀浆 5 min，3 000 r/min 离心 10 min，吸出正己烷层，于下层再加入 20 mL×2 次正己烷匀浆，离心，合并 3 次正己烷，加入无水硫酸钠 5 g 脱水，过滤后于旋转蒸发仪上蒸干并保持 5 min，用 5 mL 正己烷溶解残渣后，慢慢加入氧化铝层析柱中。为保证层析效果，在柱中保持正己烷液面为 2 mm 左右时上样，在全程的层析过程中不应使柱干涸，用正己烷少量多次淋洗浓缩瓶，一并注入层析柱。控制氧化铝表层吸附的色素带宽宜小于 0.5 cm，待样液完全流出后，视样品中含油类杂质的多少用 10~30 mL 正己烷洗柱，直至流出液无色，弃去全部正己烷淋洗液，用含 5%丙酮的正己烷液 60 mL 洗脱，收集、浓缩后，用丙酮转移并定容至 5 mL，经 0.45 μm 有机滤膜过滤后待测。

④ 香肠等肉制品。称取粉碎样品 10~20 g（准确至 0.01 g）于三角瓶中，加入 60 mL 正己烷充分匀浆 5 min，滤出清液，再以 20 mL×2 次正己烷匀浆，过滤。合并 3 次滤液，加入 5 g 无水硫酸钠脱水，过滤后于旋转蒸发仪上蒸至 5 mL 以下，慢慢加入氧化铝层析柱中。为保证层析效果，在柱中保持正己烷液面为 2 mm 左右时上样，在全程的层析过程中不应使柱干涸，用正己烷少量多次淋洗浓缩瓶，一并注入层析柱。控制氧化铝表层吸附的色素带宽宜小于 0.5 cm，待样液完全流出后，视样品中含油类杂质的多少用 10~30 mL 正己烷洗柱，直至流出液无色，弃去全部正己烷淋洗液，用含 5%丙酮的正己烷液 60 mL 洗脱，收集、浓缩后，用丙酮转移并定容至 5 mL，经 0.45 μm 有机滤膜过滤后待测。

(2) 色谱条件。色谱柱：Zorbax SB-C18 3.5 μm 4.6 mm×150 mm（或相当型号色谱柱）。流动相：溶剂 A，0.1%甲酸的水溶液：乙腈=85：15；溶剂 B，0.1%甲酸的乙腈溶液：丙酮=80：20。梯度洗脱：流速 1 mL/min，柱温 30 ℃。梯度条件见表 6-16。检出波长：苏丹红 I，478 nm；苏丹红 II、苏丹红 III、苏丹红 IV，520 nm；于苏丹红 I 出峰后切换。进样量：10 μL。

(3) 标准曲线。吸取标准储备液 0、0.1 mL、0.2 mL、0.4 mL、0.8 mL、1.6 mL，用正己烷定容至 25 mL，此标准系列浓度为 0、0.16 μg/mL、0.32 μg/mL、0.64 μg/mL、1.28 μg/mL、2.56 μg/mL，绘制标准曲线。

表 6-16 梯度条件

时间（min）	流动相		曲线
	A（%）	B（%）	
0	25	75	线性
10.0	25	75	线性
25.0	0	100	线性
32.0	0	100	线性
35.0	25	75	线性
40.0	25	75	线性

5. 计算

$$X = \frac{C \times V}{M}$$

式中：X——样品中苏丹红含量，mg/kg；

　　　C——由标准曲线得出的样液中苏丹红的浓度，μg/mL；

　　　V——样液定容体积，mL；

　　　M——样品质量，g。

6. 注意事项

（1）此方法规定了农产品中苏丹红Ⅰ、苏丹红Ⅱ、苏丹红Ⅲ、苏丹红Ⅳ的高效液相色谱测定方法。适用于农产品中苏丹红染料的检测。

（2）此方法最低检测限：苏丹红Ⅰ、苏丹红Ⅱ、苏丹红Ⅲ、苏丹红Ⅳ均为 10 μg/kg。

三、孔雀石绿残留量测定

孔雀石绿是人工合成的有机化合物。孔雀石绿是有毒的三苯甲烷类化学物，既是染料，也是杀菌剂。孔雀石绿具有潜在的致癌、致畸、致突变的作用，我国禁止在水产养殖中使用。

1. 原理　样品中残留的孔雀石绿或结晶紫用硼氢化钾还原为其相应的代谢产物隐色孔雀石绿或隐色结晶紫，乙腈-乙酸铵缓冲混合液提取，二氯甲烷液液萃取，固相萃取柱净化，反相色谱柱分离，荧光检测器检测，外标法定量。

2. 仪器　高效液相色谱仪（配荧光检测器），匀浆机，离心机（4 000 r/min），涡旋混合器，固相萃取装置，旋转蒸发仪。

3. 试剂　除另有规定外，所有试剂均为分析纯，试验用水应符合 GB/T 6682 一级水的标准。

（1）乙腈：色谱纯。

（2）二氯甲烷。

（3）酸性氧化铝：分析纯，粒度 0.071～0.150 mm。

（4）二甘醇。

（5）硼氢化钾。

（6）无水乙酸铵。

(7) 冰乙酸。

(8) 氨水。

(9) 硼氢化钾溶液（0.03 mol/L）：称取 0.405 g 硼氢化钾于烧杯中，加 250 mL 水溶解，现配现用。

(10) 硼氢化钾溶液（0.2 mol/L）：称取 0.54 g 硼氢化钾于烧杯中，加 50 mL 水溶解，现配现用。

(11) 20%盐酸羟胺溶液：溶解 12.5 g 盐酸羟胺在 50 mL 水中。

(12) 对甲苯磺酸溶液（0.05 mol/L）：称取 0.95 g 对甲苯磺酸，用水稀释至 100 mL。

(13) 乙酸铵缓冲溶液（0.1 mol/L）：称取 7.71 g 无水乙酸铵溶解于 1 000 mL 水中，用氨水调 pH 至 10.0。

(14) 乙酸铵缓冲溶液（0.125 mol/L）：称取 9.64 g 无水乙酸铵溶解于 1 000 mL 水中，用冰乙酸调 pH 至 4.5。

(15) 酸性氧化铝固相萃取柱：500 mg，3 mL。使用前用 5 mL 乙腈活化。

(16) Varian PRS 柱或相当者：500 mg，3 mL。使用前用 5 mL 乙腈活化。

(17) 标准品：孔雀石绿（MG）分子式为 $[(C_{23}H_{25}N_2)(C_2HO_4)]_2C_2H_2O_4$，结晶紫（GV）分子式为 $C_{25}H_{30}ClN_3$，纯度大于 98%。

(18) 标准储备液：准确称取适量的孔雀石绿、结晶紫标准品，用乙腈分别配制成 100 μg/mL 的标准储备液。

(19) 混合标准中间液（1 μg/mL）：分别准确吸取 1.00 mL 孔雀石绿和结晶紫的标准储备液至 100 mL 容量瓶中，用乙腈稀释至刻度，配制成 1 μg/mL 的混合标准中间溶液。-18 ℃避光保存。

(20) 混合标准工作溶液：根据需要，临用时准确吸取一定量的混合标准中间溶液，加入 0.40 mL 硼氢化钾溶液（0.03 mol/L），用乙腈准确稀释至 2.00 mL，配制适当浓度的混合标准工作液。

4. 方法

(1) 取样。鱼去鳞、去皮，沿背脊取肌肉部分；虾去头、壳、肠腺，取肌肉部分；蟹、甲鱼等取可食部分。样品切为不大于 0.5 cm×0.5 cm×0.5 cm 的小块后混合。

(2) 提取。称取 5.00 g 样品于 50 mL 离心管内，加入 10 mL 乙腈，10 000 r/min 匀浆提取 30 s，加入 5 g 酸性氧化铝，振荡 2 min，4 000 r/min 离心 10 min，上清液转移至 125 mL 分液漏斗中，在分液漏斗中加入 2 mL 二甘醇，3 mL 硼氢化钾溶液（0.2 mol/L），振摇 2 min。

另取 50 mL 离心管加入 10 mL 乙腈，洗涤匀浆机刀头 10 s，洗涤液移入前一离心管中，加入 3 mL 硼氢化钾溶液（0.2 mol/L），用玻棒捣散离心管中的沉淀并搅匀，涡旋混合器上振荡 1 min，静置 20 min，4 000 r/min 离心 10 min，上清液并入 125 mL 分液漏斗中。

在 50 mL 离心管中继续加入 1.5 mL 盐酸羟胺溶液（20%）、2.5 mL 对-甲苯磺酸溶液（0.05 mol/L），振荡 2 min，再加入 10 mL 乙腈，继续振荡 2 min，4 000 r/min 离心 10 min，上清液并入 125 mL 分液漏斗中，重复上述操作一次。

在分液漏斗中加入 20 ml 二氯甲烷，具塞，剧烈振摇 2 min，静置分层，将下层溶液转移至 250 mL 茄形瓶中，继续在分液漏斗中加入 5 mL 乙腈、10 mL 二氯甲烷，振摇 2 min，把全部溶液转移至 50 mL 离心管，4 000 r/min 离心 10 min，下层溶液合并至 250 mL 茄形瓶，45 ℃旋转蒸发至近干，用 2.5 mL 乙腈溶解残渣。

（3）净化。将 PRS 柱安装在固相萃取装置上，上端连接酸性氧化铝固相萃取柱，用 5 mL乙腈活化，转移提取液到柱上，再用乙腈洗茄形瓶两次，每次 2.5 mL，依次过柱，弃去酸性氧化铝柱，吹 PRS 柱近干，在不抽真空的情况下，加入 3 mL 等体积混合的乙腈和乙酸铵缓冲溶液（0.1 mol/L），收集洗脱液，乙腈定容至 3 mL，过 0.45 μm 滤膜，供液相色谱测定。

（4）色谱条件。色谱柱：ODS-C_{18}柱，250 mm×4.6 mm（内径），粒度 5 μm。流动相：乙腈+乙酸铵缓冲溶液（0.125 mol/L，pH=4.5）=80+20。流速：1.3 mL/min。柱温：35 ℃。激发波长：265 nm。发射波长：360 nm。进样量：20 μL。

（5）色谱分析。分别注入 20 μL 孔雀石绿和结晶紫混合标准工作溶液及样品提取液于液相色谱仪中，按上述色谱条件进行色谱分析，记录峰面积，响应值均应在仪器检测的线性范围之内。根据标准品的保留时间定性，外标法定量。

5. 计算

$$X = \frac{A \times C_s \times V}{A_s \times m}$$

式中：X——样品中待测组分残留量，mg/kg；

C_s——待测组分标准工作液的浓度，μg/mL；

A——样品中待测组分的峰面积；

A_s——待测组分标准工作液的峰面积；

V——样液最终定容体积，mL；

m——样品质量，g。

相对标准偏差≤15%。

6. 注意事项

（1）此方法规定了水产品中孔雀石绿及其代谢物隐色孔雀石绿残留总量、结晶紫及其代谢物隐色结晶紫残留总量的高效液相色谱荧光测定方法。

（2）此方法适用于水产品可食部分中孔雀石绿和结晶紫残留的测定，孔雀石绿、结晶紫的检出限均为 0.5 μg/kg。孔雀石绿和结晶紫混合标准溶液的线性范围是：0.1～600 ng/mL。

四、油脂中丙二醛测定

油脂受到光、热、空气中氧的作用，发生酸败反应，分解出醛、酸之类的化合物。丙二醛是脂质过氧化物分解产物的一种，从丙二醛的含量可反映油脂过氧化的程度。

1. 原理 丙二醛能与硫代巴比妥酸（TBA）作用生成粉红色化合物，在 538 nm 波长处有吸收高峰，利用此性质即能测出丙二醛含量，从而推导出油脂酸败的程度。

2. 仪器 恒温水浴，离心机（2 000 r/min）；72 型分光光度计；100 mL 有盖三角瓶；25 mL 纳氏比色管；100 mm×13 mm 试管；定性滤纸。

3. 试剂

（1）TBA 水溶液：准确称取 TBA 0.288 g 溶于水中，并稀释至 100 mL（如 TBA 不易溶解，可加热至全溶澄清，然后稀释至 100 mL），相当于 0.02 mol/L。

(2) 三氯乙酸混合液：准确称取三氯乙酸（分析纯）7.5 g 及 0.1 g 乙二胺四乙酸二钠（EDTA），用水溶解，稀释至 100 mL。

(3) 三氯甲烷（分析纯）。

(4) 丙二醛标准储备液：精确称取 1,1,3,3-四乙氧基丙烷 0.315 g，溶解后稀释至 1 000 mL，每毫升溶液相当于丙二醛 100 μg。置于冰箱内保存。

(5) 丙二醛标准使用液：精确吸取丙二醛标准储备液 10 mL，稀释至 100 mL，每毫升溶液相当于丙二醛 10 μg。置于冰箱内备用。

4. 方法

(1) 试样处理。准确称取在 70 ℃ 水浴上融化均匀的油脂样品 10 g，置于 100 mL 有盖三角瓶内，加入 50 mL 三氯乙酸混合液，振摇 30 min（保持油脂熔融状态，如冷结即在 70 ℃ 水浴上略微加热使之融化后继续振摇），用双层滤纸过滤，除去油脂，重复用双层滤纸过滤一次。

(2) 标准曲线制备。准确吸取每毫升相当于丙二醛 10 μg 的标准溶液 0.1 mL、0.2 mL、0.3 mL、0.4 mL、0.5 mL、0.6 mL 置于 25 mL 纳氏比色管内，加入 TBA 溶液 5.00 mL，混匀，加塞，置于 90 ℃ 水浴内保温 40 min，取出，室温冷却 1 h，移入小试管内，离心 5 min，上清液倾入 25 mL 纳氏比色管内，加入 5 mL 三氯甲烷，摇匀，静置 2 min，吸出上清液于 538 nm 波长比色，根据浓度与吸光度关系作标准曲线。

(3) 样品测定。准确吸取样品滤液 5.00 mL 置于 25 mL 比色管内，加入 TBA 溶液 5.00 mL，混匀，加塞，置于 90 ℃ 水浴内保温 40 min，取出，室温冷却 1 h，移入小试管内，离心 5 min，上清液倾入 25 mL 纳氏比色管内，加入 5 mL 三氯甲烷，摇匀，静置 2 min，吸出上清液于 538 nm 波长比色。

同时做空白试验。

5. 计算 样品测出的吸光度读数，从标准曲线求出相应浓度 A，然后计算出样品中的丙二醛含量。

$$X = \frac{A}{10}$$

式中：X——丙二醛含量，mg；

A——油脂的相对浓度。

实训操作

辣椒酱中苏丹红的测定

【实训目的】 学会并掌握高效液相色谱法测定辣椒酱中苏丹红的含量。

【实训原理】 样品经溶剂提取、固相萃取净化后，用反相高效液相色谱-紫外可见光检测器进行色谱分析，采用外标法定量。

【实训仪器】 高效液相色谱仪（配有紫外可见光检测器）。

【实训试剂】

1. 5%丙酮的正己烷液 吸取 50 mL 丙酮用正己烷定容至 1 L。

2. 标准物质 苏丹红Ⅰ、苏丹红Ⅱ、苏丹红Ⅲ、苏丹红Ⅳ，纯度≥95%。

3. 标准贮备液 分别称取苏丹红Ⅰ、苏丹红Ⅱ、苏丹红Ⅲ、苏丹红Ⅳ各 10.0 mg（按实际含量折算），用乙醚溶解后用正己烷定容至 250 mL。

【操作步骤】

1. 样品处理 称取 10～20 g（准确至 0.01 g）辣椒酱样品于离心管中，加 10～20 mL 水将其分散成糊状，含增稠剂的样品多加水，加入 30 mL 丙酮-正己烷溶液（3+1），匀浆 5 min，3 000 r/min 离心 10 min，吸出正己烷层，于下层再加入 20 mL×2 次正己烷匀浆，离心，合并 3 次正己烷，加入无水硫酸钠 5 g 脱水，过滤后于旋转蒸发仪上蒸干并保持 5 min，用 5 mL 正己烷溶解残渣后，慢慢加入氧化铝层析柱中。为保证层析效果，在柱中保持正己烷液面为 2 mm 左右时上样，在全程的层析过程中不应使柱干涸，用正己烷少量多次淋洗浓缩瓶，一并注入层析柱。控制氧化铝表层吸附的色素带宽宜小于 0.5 cm，待样液完全流出后，视样品中含油类杂质的多少用 10～30 mL 正己烷洗柱，直至流出液无色，弃去全部正己烷淋洗液，用含 5% 丙酮的正己烷液 60 mL 洗脱，收集、浓缩后，用丙酮转移并定容至 5 mL，经 0.45 μm 有机滤膜过滤后待测。

2. 色谱条件 色谱柱：Zorbax SB - C18 3.5 μm 4.6 mm×150 mm（或相当型号色谱柱）。流动相：溶剂 A，0.1% 甲酸的水溶液：乙腈=85：15；溶剂 B，0.1% 甲酸的乙腈溶液：丙酮=80：20。梯度洗脱：流速 1 mL/min，柱温 30 ℃。检出波长：苏丹红Ⅰ 478 nm；苏丹红Ⅱ、苏丹红Ⅲ、苏丹红Ⅳ 520 nm；于苏丹红Ⅰ出峰后切换。进样量：10 μL。

3. 标准曲线 吸取标准储备液 0、0.1 mL、0.2 mL、0.4 mL、0.8 mL、1.6 mL，用正己烷定容至 25 mL，此标准系列浓度为 0、0.16 μg/mL、0.32 μg/mL、0.64 μg/mL、1.28 μg/mL、2.56 μg/mL，绘制标准曲线。

【结果计算】

$$X=\frac{C\times V}{M}$$

式中：X——样品中苏丹红含量，mg/kg；

C——由标准曲线得出的样液中苏丹红的浓度，μg/mL；

V——样液定容体积，mL；

M——样品质量，g。

项目总结

农产品中有毒有害成分主要包括重金属、农药和兽药残留、生物毒素、包装材料中的有害物质以及非法添加的有害物质，这些有毒有害成分含量一旦超标直接影响到农产品的食用安全，进而危害人类的健康，因此必须加强农产品质量检测。

问题思考

1. 简述石墨炉原子吸收光谱法测定农产品中铅含量的方法。
2. 简述气相色谱法测定水果和蔬菜中有机磷农药的样品提取过程。
3. 简述荧光光度法测定农产品中黄曲霉毒素的操作步骤。
4. 造成农药和兽药污染的可能原因是什么？
5. 如何减少农产品来自包装材料的污染？

参 考 文 献

陈月英. 2010. 食品营养与卫生 [M]. 北京：中国农业出版社.
程云燕，李双石. 2007. 食品分析与检验 [M]. 北京：化学工业出版社.
贾君. 2011. 食品分析与检验技术 [M]. 北京：中国农业出版社.
姜黎. 2010. 食品理化检验与分析 [M]. 天津：天津大学出版社.
林继元，边亚娟. 2011. 食品理化检验技术 [M]. 武汉：武汉理工大学出版社.
刘兴友. 2008. 食品理化检验学 [M]. 2版. 北京：中国农业大学出版社.
陆叙元. 2012. 食品分析检测 [M]. 杭州：浙江大学出版社.
彭珊珊. 2011. 食品分析检测及其实训教程 [M]. 北京：中国轻工业出版社.
唐三定. 2010. 农产品质量检测技术 [M]. 北京：中国农业大学出版社.
王朝臣，吴君艳. 2013. 食品理化检验项目化教程 [M]. 北京：化学工业出版社.
王辉. 2010. 农产品营养物质分析 [M]. 北京：中国农业大学出版社.
王燕. 2008. 食品检验技术（理化部分）[M]. 北京：中国轻工业出版社.
吴晓彤. 2008. 食品检测技术 [M]. 北京：化学工业出版社.
吴永宁. 2003. 现代食品安全科学 [M]. 北京：化学工业出版社.
徐思源. 2013. 食品分析与检验 [M]. 北京：中国劳动社会保障出版社.
徐小方，杜宗绪. 2008. 园艺产品质量检测 [M]. 北京：中国农业出版社.
尹凯丹，张奇志. 2008. 食品理化分析 [M]. 北京：化学工业出版社.
张水华. 2004. 食品分析 [M]. 北京：中国轻工业出版社.
张玉廷. 2009. 农产品检验技术 [M]. 北京：化学工业出版社.
周光理. 2006. 食品分析与检验技术 [M]. 北京：化学工业出版社.
朱克永. 2011. 食品检测技术 [M]. 北京：科学出版社.

图书在版编目（CIP）数据

农产品质量检测技术/杜宗绪主编．—北京：中国农业出版社，2015.2（2018.12重印）
高等职业教育农业部"十二五"规划教材
ISBN 978-7-109-20201-6

Ⅰ.①农… Ⅱ.①杜… Ⅲ.①农产品-质量检验-高等职业教育-教材 Ⅳ.①S37

中国版本图书馆 CIP 数据核字（2015）第 035922 号

中国农业出版社出版
（北京市朝阳区麦子店街 18 号楼）
（邮政编码 100125）
策划编辑 李 恒
文字编辑 甘敏敏

中国农业出版社印刷厂印刷 新华书店北京发行所发行
2015 年 4 月第 1 版 2018 年 12 月北京第 2 次印刷

开本：787mm×1092mm 1/16 印张：14.75
字数：346 千字
定价：38.00 元
（凡本版图书出现印刷、装订错误，请向出版社发行部调换）